Die Generation Y

Vorwort zur 2. Auflage

Die 2009 erschienene erste Auflage dieses Buches ist überwiegend freundlich und wohlwollend aufgenommen worden. Bei der Vorbereitung der Neuauflage ging es folglich – neben der Beseitigung kleiner Fehler – primär um Aktualisierungen der Daten und einige Veränderungen in der Argumentation. Die Generation Y ist älter geworden, die Gesellschaft sowie der Arbeitsmarkt haben sich nicht unwesentlich verändert und durch meine internationale Tätigkeit als Berater von Unternehmen verschiedener Branchen und Größen kann ich noch einige zusätzliche Jahre an Erfahrungen in diese 2. Auflage einfließen lassen.

Hinzu kommt, dass sich die wissenschaftlichen Grundlagen für Generationsstudien weiterentwickelt haben: Nach der Sozialisationshypothese entstehen die grundlegenden Wertvorstellungen eines Menschen weitgehend in der Sozialisation und reflektieren die während der formativen Phase, d. h. zwischen dem 16. und 24. Lebensjahr, vorherrschenden Bedingungen. Daher gibt es erst heute einen wissenschaftlich fundierten Grund, etwas über die übernächste Generation, die in den 1990er Jahren geboren wurde, zu sagen. In einem neuen Kapitel über die Zukunft werden einige Daten über die 1990er-Generation im Zusammenhang mit neuen Wohlfühlaspekten, die für diese wichtig sind, präsentiert.

Hinzugekommen sind eine Reihe von Exkursen zu Themen, die wegen der Veränderungen im Arbeitsmarkt aktualisiert worden sind: die Konsumisierung der Arbeitswelt; die Brand Society und die Arbeitswelt; die Bilanz zwischen Arbeitgeber- u. Arbeitnehmerpräferenzen sowie die Präferenzen der 1990er-Generation bei der Arbeitgeberwahl.

Die übrigen Ergänzungen betreffen im Wesentlichen Leistungen, die in Zusammenarbeit mit Kollegen realisiert wurden. Wichtige Einsichten entstanden durch die Zusammenarbeit mit einigen Kollegen. Diesen möchte ich an dieser Stelle für das große Engagement sowie die sehr interessanten Diskussionen ein herzliches Dankeschön aussprechen. Ulrik Simonsson, Geschäftsführer vom schwedischen „Jugendbarometer" (Ungdomsbarometern), das inzwischen international operiert, hat neben einer Menge von Ideen sowie Daten über Junge seit den frühen 1990er Jahren ein besonderes Gefühl für die Populärkultur. Anna Dyhre, langjähriger Länderchef des Employer-Branding-Unternehmens Universum Communications, hat wie immer sehr interessante und ausgewogene Diskussionen zum Thema junge Menschen und Employer Branding beigetragen. Prof. Charles Schewe, University of Massachussetts, ist eine der Schlüsselpersonen in der Applikation von Generationenstudien für die heutige Gesellschaft. Er ist und wird immer Ansprechspartner für Generationsfragen sein.

Ein paar wichtige Informationen zur Ausrichtung des Buches: Es fokussiert auf den Umgang mit der Generation Y, in erster Line auf die Spitzenleister, was für die meisten Arbeitgeber höchst relevant ist. Die gesellschaftliche Entwicklung, die mehrmals im Buch beschrieben wird, weil sie sehr wichtig für das Verständnis von Generationskohorten ist, wird nicht grundsätzlich problematisiert. So gibt es viele Probleme, die auf die gesellschaftlichen und wirtschaftlichen Entwicklungen zurückzuführen sind: Es wird z. B. vom Scheitern am Ideal des selbstbestimmten Lebens in unserer individualistischen und privatisierten Gesellschaft bis hin zu immer mehr Erkrankungen der Psyche berichtet[1].

Hinweise auf weiterhin bestehende Mängel und Anregungen zu Verbesserungen sowie andere Fragen (wenn Sie etwa eine Beratung wünschen oder eine Vorlesung buchen möchten) können Sie gerne an info@andersparment.com schicken. Den Mitarbeitern des Verlages Springer Gabler, insbesondere der Lektorin Stefanie Winter, danke ich für die erfreulich kompetente und unkomplizierte Zusammenarbeit.

Stockholm, im Juni 2013   Anders Parment

---

[1] Siehe z. B. Ehrenberg, 2011. Der Soziologe Alain Ehrenberg erforscht die gesellschaftliche Entwicklung an zwei groß angelegten Fallstudien in Frankreich und den USA. Dr. Ehrenberg ist Leiter der Forschungsgruppe „Psychotropes, Santé mentale, Société" am Centre National de Recherche Scientifique (CNRS) in Paris.

Vorwort zur 1. Auflage

Lange Jahre wurde den Besonderheiten der sogenannten Generation-Y-Menschen, die in den 1980er Jahren geboren worden sind, weder von Seiten der Forschung noch seitens der Unternehmenspraxis im notwendigen Maß Rechnung getragen. Viele Unternehmen und andere Organisationen (z. B. Universitäten und Hochschulen, Fachverbände und Nichtregierungsorganisationen) haben sich – aufgrund der Erfahrungen aus ersten Kontakten mit ihr – über die Generation Y beschwert: Sie wird als anspruchsvoll, manchmal auch als impertinent und unverschämt betrachtet. Als Autor dieses Buches kann ich mich mit meinen Erfahrungen und wissenschaftlichen Befunden einer solchen Auffassung schwerlich anschließen.

Als Studiengangsleiter für Betriebswirtschaftslehre bin ich in den Jahren 2005 bis 2008 tagtäglich mit der Generation Y in Berührung gekommen. Irgendwie konnte ich diese neue Generation nicht richtig verstehen: Auf der einen Seite war sie ehrgeizig, aufstrebend, sozial engagiert und machte den Eindruck, das Leben zu genießen. Auf der anderen Seite war sie anspruchsvoll und hat fortwährend Wünsche nach Sonderlösungen und Dienstleistungen, die zusätzlichen Aufwand nach sich ziehen, vorgetragen. Dieses Phänomen bedurfte einer wissenschaftlichen Ergründung, eine Studie war erforderlich! Folglich bin ich bis auf den heutigen Tag, seit 2006, intensiv mit dem Thema *Generation Y* befasst.

Die Datensammlung der Studie begann in Dornbirn, Österreich, wo ich eine breite Palette von unterschiedlichen Menschen der Generation Y getroffen habe: Studenten, ehemalige Studenten und solche, die überhaupt nicht studiert hatten; Österreicher, Deutsche, Amerikaner, Franzosen und Spanier. In Linköping und Stockholm wurden weitere Interviews geführt. Die Fragebogen waren für Zielgruppen an den dortigen Universitäten entworfen worden.

In den Jahren 2006 und 2007 wurden insgesamt 35 Interviews mit Generation-Y-Personen aus Deutschland, Österreich, Schweden, Belgien, Spanien, Mexiko, den USA und Indien geführt. Die Befragten hatten im Hauptfach recht unterschiedliche Richtungen studiert: BWL, VWL, Jura, Theologie oder Sozialwissenschaft; einige unter ihnen hatten auch überhaupt nicht studiert. Zwei Fragebögen wurden 2007 an Studenten versendet, von denen der erste hier als „Generation-Y-Fragebogen" bezeichnet wird. Dieser Fragebogen wurde von 474 Student(inn)en beantwortet (Rücklaufquote: 49,4 Prozent).

Im Spätsommer und Herbst 2008 wurden in drei Fokusgruppen mit insgesamt 20 Personen Diskussionsrunden mit dem Thema „Generation Y im Arbeitsleben" veranstaltet. Hier wurden die Beziehungen zum Arbeitsmarkt, zum Arbeitgeber etc. gründlich erörtert. Darauf folgte ein Fragebogen, der von 534 Student(inn)en beantwortet wurde – der hier sogenannte „Employer-Branding-Fragebogen".

Erste Ergebnisse dieser Untersuchungen finden sich in dem Buch *Sustainable Employer Branding*, das im April 2009 in englischer Sprache bei Liber/Copenhagen Business School Press erschienen ist. Das Buch behandelt das nachhaltige Employer Branding – ein Thema übrigens, das zunehmend an Bedeutung gewinnt.

Was in der nunmehr vorliegenden Publikation beschrieben wird, basiert auf allgemeinen Tendenzen, die nicht nur im deutschsprachigen Raum vorhanden sind. Selbstverständlich ist – wie das ja mehr oder weniger auf jedes Buch zutrifft – ein subjektiver Einfluss des Verfassers und seines nationalen, in diesem Fall schwedischen, Backgrounds sowie seiner Sicht des Wirtschaftslebens nicht zu bestreiten. Jemand anders würde dieses Buch natürlich nicht so geschrieben haben. Wenn der Leser jedoch zu einer veränderten Sicht sowie neuen Ideen gelangt, die die Qualität seines Unternehmens zu verbessern vermögen, dann wäre mein Anliegen erreicht. Nicht zuletzt aufgrund meiner Kenntnisse über die deutsche Wirtschaft – unter anderem war die Automobilindustrie Deutschlands Fallbeispiel meiner Dissertation – hoffe ich ungeachtet meiner schwedischen Herkunft, dass auch der deutsche Leser die Lektüre dieses Buches nützlich findet.

An dieser Stelle bin ich Herrn Professor Dr. habil. H. Strickert (Rostock) für seine wertvolle Hilfe als sorgfältiger Korrektor des deutschsprachigen Manuskripts sowie für manchen nützlichen Hinweis zur Textgestaltung zu außerordentlichem Dank verpflichtet.

Wenn Sie Fragen, Ideen oder Feedback haben – zögern Sie nicht, mit mir in Kontakt zu treten.

Stockholm, im Juni 2009   Anders Parment

Inhaltsverzeichnis

Über den Autor

Dr. Anders Parment studierte in Schweden Volkswirtschaftslehre an der Universität Lund und Betriebwirtschaftslehre an der Universität Linköping, wo er auch promoviert wurde. Heute ist er wissenschaftlicher Mitarbeiter an der Universität Stockholm, School of Business, mit dem Forschungsschwerpunkt Marketing. Zudem ist er selbstständiger Unternehmensberater und betreibt eine eigene Firma mit dem Namen Anders Parment Consulting: Schwerpunkt Strategieberatung in den Bereichen Consumer Behaviour, Marktkommunikation, Generationswechsel, Employer Branding und Place Branding. Aktuell koordiniert er eine Studie zum Thema „Automobilkauf in der Zukunft", es ist eine Fortsetzung seiner in Deutschland, Großbritannien, Spanien, Australien und Schweden durchgeführten Doktorarbeit im Bereich des Automobilvertriebs.

Kontakt Stockholm School of Business, Universität Stockholm, 106 91 Stockholm. Tel. +46 705 130363, E-mail: info@andersparment.com
Homepage: www.andersparment.com

Einleitung

1

Neue Generation – neue Zeiten? Oder wird alles sein, wie es war? Die 1980er-Generation tritt seit einigen Jahren in die Konsum- und Arbeitsmärkte ein. Sie wird oft *Generation Y* genannt – „Generation Why", weil sie Verhältnisse und Vorstellungen, die bisher als selbstverständlich galten, in Frage stellt. Das vorliegende Buch führt in die soziale Welt, in die sozialpsychologische Befindlichkeit und in die Vorstellungen von Arbeit und Karriere dieser neuen Generation ein und behandelt in zehn Kapiteln detailliert das Thema Generation Y im Arbeitsmarkt.

Im 1. Kapitel wird die Generation Y unter generellen Aspekten beschrieben: Was bedeutet der Begriff *Generation Y*? Was kennzeichnet diese Generation? Welche Veränderungen strebt die Generation Y an?

Kapitel 2 behandelt Generationszugehörigkeit als Erklärungsansatz. Die Sozialisationshypothese, d. h. wie Werte und Präferenzen während des Erwachsenwerdens geformt werden, wird eingeführt sowie die verschiedenen Ebenen, auf denen eine Generationskohorte geprägt wird.

Kapitel 3 geht auf die vernetzte, informationsintensive, näher zusammengerückte und transparentere Welt ein, in der die Generation Y aufgewachsen ist. Es untersucht, wie die Veränderungen erweiterte Wahlmöglichkeiten, Individualismus und neue Informationsstrategien hervorbringen.

Das 4. Kapitel widmet sich Arbeit und Konsum, und zeigt wie die neue, identitätsorientierte Gesellschaft entstanden ist. Hier geht es um Mechanismen des identitätsorientierten Markts und darum, wie der Arbeitgeber mit immer anspruchsvolleren jungen Arbeitnehmern umgehen kann. Lebensstil, Kultur und Selbstverwirklichung haben mehr und mehr mit der Arbeit zu tun – eine Entwicklung, die in diesem Kapitel thematisiert wird.

In Kap. 5 werden die Entwicklung des Arbeitsmarkts und die Wechselwirkung zwischen Arbeitgeber und Arbeitnehmern behandelt. Das Zusammenspiel und die Machtbalance zwischen Arbeitgeber und Arbeitnehmern werden thematisiert und analysiert.

Kapitel 6 untersucht die konkrete Arbeit im Unternehmen, um für Mitarbeiter – besonders junge Mitarbeiter – stärkere Attraktivität zu gewinnen. Der Prozess Recruit-Cultivate-

A. Parment, *Die Generation Y,*
DOI 10.1007/978-3-8349-4622-5_1, © Springer Fachmedien Wiesbaden 2013

Retain wird grundsätzlich behandelt. Anspruchsvolle und bewusste Mitarbeiter erfordern ein neu durchdachtes, an den Erfordernissen einer neuen Zeit orientiertes Personalmanagement.

In Kap. 7 wird die Entstehung von Branded Society beschrieben und analysiert. In einer Gesellschaft, in der Marken immer wichtiger sind und sich überall ausbreiten, müssen sich auch Arbeitnehmer anpassen. Die Generation Y ist in der Branded Society aufgewachsen. Kommerzialiseriung, Deregulierung und die stärker gewordene Markenpolitik dienen als Hintergrund für die Beschreibung dieser Entwicklung.

Kapitel 8 behandelt die Positionierung von Unternehmen in der Wahrnehmung der Arbeitnehmer, die Bildung von Arbeitgebermarken und das in damit befassten Fachkreisen sogenannte Employer Branding: Wie kann die Unternehmensidentität deutlicher verankert werden?

Kapitel 9 befasst sich mit dem Kommunizieren der Arbeitgebermarke. Nachdem das Unternehmen in der Wahrnehmung der Arbeitnehmer erfolgreich positioniert worden ist, sollte die entworfene Arbeitgebermarke wirksam und effizient an verschiedene Zielgruppen kommuniziert werden.

Das abschließende Kap. 10 wirft einen Blick in die Zukunft. Das Kapitel beschäftigt sich mit der 1990er-Generation und beschreibt deren Charakter, soweit das zum heutigen Zeitpunkt möglich ist. Einige Charaktermerkmale der Zukunft des Arbeitsmarkts werden diskutiert.

Eine neue Generation von Verbrauchern und Arbeitnehmern tritt wieder auf

2.1 Die Generation Y

Eine große Herausforderung der heutigen Gesellschaft ist der Eintritt der 1980er-Generation, der sogenannten Generation Y, in das Erwerbsleben. Selten hat eine neue Generation so viele Auswirkungen auf Wirtschaft, Arbeitsleben und Talent-Management gehabt. Die Bedeutung einer durchdachten und lebendigen Strategie für Personalmanagement und Employer Branding steigt, die Schwierigkeiten, gute Talente zu finden, ebenfalls. Auch eine Konjunkturflaute, wie in den Jahren 2008 und 2009, kann diese Richtung der Entwicklung nicht langfristig ändern, wenn es vorübergehend auch einfacher sein könnte, talentierte Mitarbeiter zu finden.

Nicht nur Arbeitnehmer, die immer mehr in einem von intensiver Konkurrenz geprägten Umfeld operieren, haben ihrerseits hohe Forderungen an den Arbeitgeber; erhöhte Ansprüche gehen in beide Richtungen. Besonders junge Menschen – die Angehörigen der Generation Y, die in einer anderen Gesellschaft aufgewachsen sind – bringen hohe Erwartungen, Forderungen und Hoffnungen in den Arbeitsmarkt.

Wer ist der neue, junge Arbeitnehmer-Typ, der der Generation Y angehört?

Der Begriff „Generation Y" wurde erstmals im Jahre 1993 in einem Artikel in der Fachzeitschrift *Ad Age* verwendet. Er umfasst junge Menschen, die zwischen 1984 und 1994 geboren sind. Andere Quellen geben andere Zeitspannen an.[1] Genau wie für frühere Generationen, z. B. für die Generation X, gibt es für die Generation Y verschiedene Definitionen. Das vorliegende Buch versteht sich als Beitrag zu dieser Diskussion, und zwar ohne den Anspruch, eine endgültige Definition zu liefern – die wird es nämlich kaum geben.

„Generation X" wurde als ein eher negativer Begriff eingeführt: Viele meinten, die Generation X – Kinder der 1960er und 1970er Jahre – würde traditionelle Kernelemente, wie Eltern, Familie und Arbeit, nicht mehr als Pflicht sehen. Traditionelle Institutionen (Ehe, Familie)

---

[1] z. B. Sacks (2006), schlägt die Jahrgänge 1978 bis 2000 vor.

A. Parment, *Die Generation Y,*
DOI 10.1007/978-3-8349-4622-5_2, © Springer Fachmedien Wiesbaden 2013

wurden nicht mehr als unerlässlich gesehen, sondern als einer von vielen Lebenswegen. Die Generation X und ihre Eltern, die in den 1930er und 1940er Jahren geboren wurden, taten sich schwer, einander zu verstehen.

Trotz der Absichten und Pläne, nicht wie die Eltern zu leben, haben die Angehörigen der Generation X damals bald zu einem gleichmäßigen Lebensrhythmus gefunden. Sie haben die Chancen, die das Leben bietet, verpasst. Es haben ihnen einfach der Mut und die erforderliche Energie gefehlt. Nicht so im Fall der Generation Y. Jetzt, eine Generation später, sind viele Dinge anders, und die neue Generation verhält sich anders als frühere Generationen. Nicht jeder wird das verstehen, und einige werden die Qualitäten der Generation Y zu spät erkennen. Manche meinen, die Beschäftigung junger Mitarbeiter sollte vermieden werden, weil viele Jahre Erfahrung notwendig seien, um die Arbeit zufriedenstellend ausführen zu können. Andere wiederum meinen eher explizit, die Generation Y sei einfach zu egoistisch und erlebnishungrig, um in ein Unternehmen integriert werden zu können. Eine neue Generation auszuschließen, ist aber selten ein guter Weg, um Konkurrenzfähigkeit für die Zukunft zu kreieren.

Zum Thema „Generation Y" sind mehrere Studien durchgeführt worden.[2] Diese Studien belegen wichtige Merkmale der Generation Y, z. B. die Fähigkeit, Informationen über das Internet zu gewinnen, neue Technologien ungezwungen zu nutzen, und den Wunsch, einen Unterschied zwischen der Umwelt und dem eigenen Leben zu machen. Durch die vielen Möglichkeiten, die das Leben anbietet, hat der Einzelne auch die Gelegenheit, über unterschiedliche Lebensausrichtungen nachzudenken. Junge Menschen werden durch die vielen Informationen und Perspektiven, die in der Gesellschaft erhältlich sind bzw. geboten werden, inspiriert, auf neue Weise die Zukunft zu planen.

Es gibt aber viele weitere Möglichkeiten, die neue Generation zu interpretieren und auch die Gesellschaft, in der sie aufgewachsen ist, näher zu betrachten. Viele Unternehmen, öffentliche Organisationen, Vereine, Kirchen und Forscher und Berater haben gefragt, was an dieser neuen Generation anders ist. Dass ihre Vertreter als Konsumenten anders sind, war schon bekannt, und es gibt recht viele Erkenntnisse über das, was die Mitglieder der Generation Y als Konsumenten kennzeichnet. Dass sie als Arbeitnehmer ebenfalls anders sind, ist allerdings, obwohl es dafür zahlreiche Indizien gibt, nicht wirklich tief recherchiert. Dieses Buch und die Studie, von der das Buch berichtet, sind ein Beitrag zu einem vertieften Verständnis dessen, was die neue Generation für die Wirtschaft, das Konsumverhalten und den Arbeitsmarkt bringen wird.

Dieses Buch basiert auf Erhebungen an Personen, die im Jahre 1980 oder später geboren sind. Wann die Generation Y von der nächsten Generation abgelöst wird, ist noch offen. Es wird wohl noch ein paar Jahre dauern, bis wiederum eine neue Generation in die Konsum- und Arbeitsmärkte eintreten wird. Unabhängig davon, wie sich die Entwicklung der Gesellschaft künftig gestaltet und was wissenschaftliche Studien darüber aussagen werden, sind das Hauptthema hier *Personen, die in den 1980er Jahren geboren wurden*.

---

[2] Vgl. Tulgan und Martin (2001); Lindgren et al. (2005).

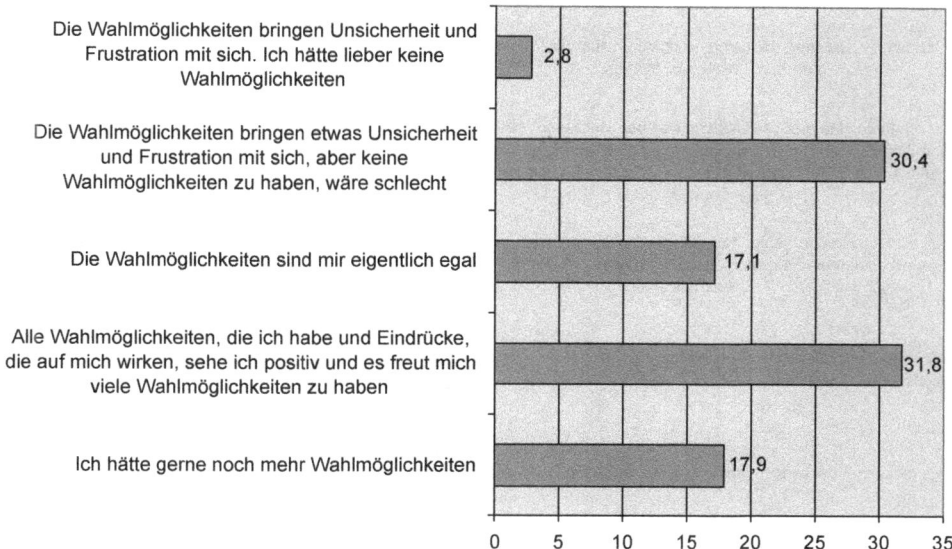

Abb. 2.1 Nur 2,8 % der Generation Y meinen, Wahlmöglichkeiten nicht zu mögen; man solle ihnen die Qual der Wahl ersparen. 17,9 % wünschen sich sogar mehr Wahlmöglichkeiten. Angaben in Prozent. (Quelle: Generation-Y-Fragebogen)

Selbstverständlich hat sich die Einstellung zum Leben, zur Arbeit und zum Konsum nicht ab dem Geburtstagsdatum 1. Januar 1980 auf einmal, plötzlich geändert. Es gibt viele Menschen, die Ende der 1970er Jahre geboren wurden und eher zur Generation Y gezählt werden sollten als ihre fünf Jahre jüngeren Schwestern und Brüder. Und es kann durchaus sein, dass sich ein paar Personen, die schon in den 1960er Jahren geboren wurden, wie die Generation Y verhalten. Das ist aber eher eine Ausnahme. Was uns in diesem Buch interessiert, sind das generelle Wesen und die Merkmale der 1980er-Generation. Genau wie bei anderen Einstufungen und Dichotomien gibt es hier viele Ausnahmen, Grauzonen und Beispiele, die nicht mit dem jeweiligen Modell erklärt und interpretiert werden können. Wir brauchen Werkzeuge, Modelle und Theorien, um wichtige Tendenzen und Entwicklungen der Gesellschaft zu verstehen. So stehen wir jetzt vor der großen Veränderung, dass vieles, was vorher als Selbstverständigkeit betrachtet wurde, von der Generation Y unter die Lupe genommen und einer Prüfung unterzogen wird: *Die Generation Y tritt in die Konsum- und Arbeitsmärkte ein.*

Die Generation Y ist sehr viele Wahlmöglichkeiten gewohnt. Die Sorgen, die frühere Generationen hatten, spielen für die Generation Y kaum eine Rolle (Abb. 2.1 und 2.2).

Die meisten Unternehmen konnten in der Vergangenheit ein gutes Feedback nur einmal pro Jahr anbieten – die neue Generation hat ein viel größeres Bedürfnis nach Feedback (Abb. 2.3).

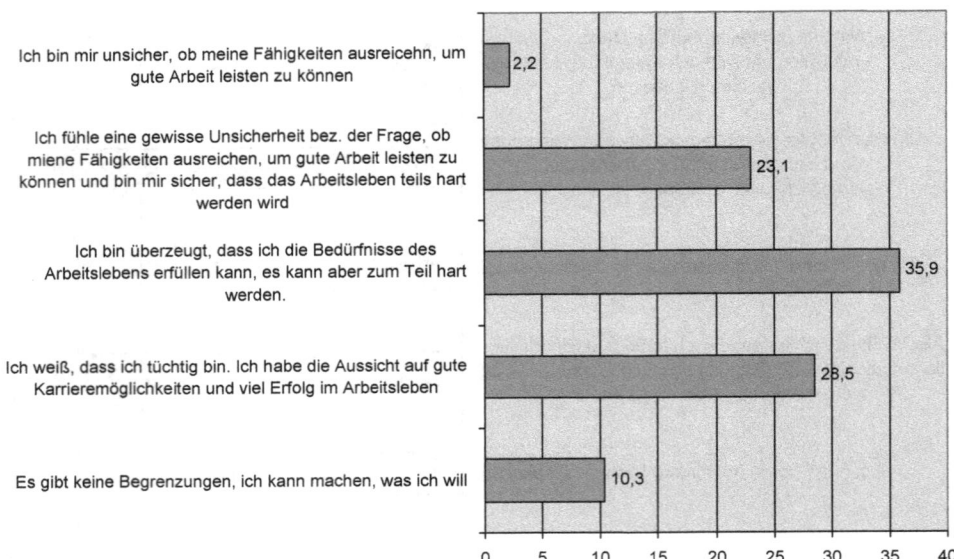

Abb. 2.2 Nur 2,2 % sorgen sich wirklich um die eigene Fähigkeit, gute Arbeit leisten zu können. 10,3 % denken sogar, dass es keine Begrenzungen bezüglich ihrer Karrierechancen gibt. Angaben in Prozent. (Quelle: Generation-Y-Fragebogen)

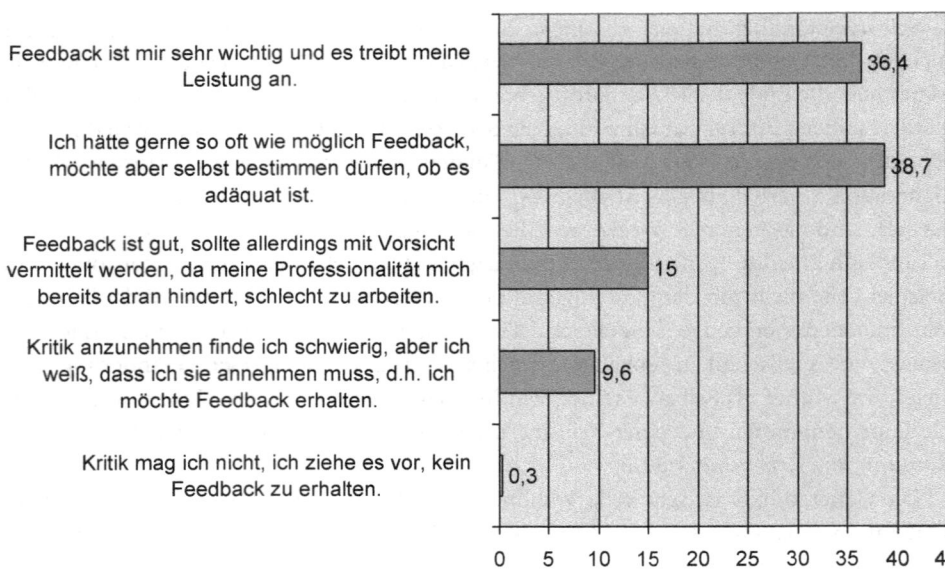

Abb. 2.3 Nur einer der 494 Befragten zieht es vor, kein Feedback zu bekommen. Angaben in Prozent. (Quelle: Generation-Y-Fragebogen)

2.2   Begriffliche Einordnung

Der Begriff „Generation Y" wurde erstmals im Jahr 1993 in einem Artikel in der Fachzeitschrift *Ad Age* verwendet (Ad Age 1993, S. 16). Zu dieser Zeit umfasste die Definition junge Menschen, die nach 1981 geboren wurden. Genau wie für frühere Generationen, gibt
es für die Generation Y keine allgemeingültige zeitliche Einordnung. So schlägt z. B. Sacks
(2006) die Jahrgänge 1978 bis 2000 vor. Je nach Quelle werden die Vertreter der Y-Generation auch als Millennials (zu deutsch etwa: die Jahrtausender) bezeichnet (Forrester Report 2006). Sie sind damit die Nachfolgegeneration der Babyboomer und der Generation
X und in den 1980er Jahren des letzten Jahrhunderts aufgewachsen.

Die Babyboomer bezeichnen in Deutschland die geburtenstarken Jahrgänge im Zeitraum von 1955 bis 1965. Vertreter der Generation X wurden zwischen Ende der 1960er
und Ende der 1970er Jahre geboren. Der Begriff geht auf den von *Coupland* im Jahr 1991
publizierten Episodenroman *„Generation X – Geschichten für eine immer schneller wer-
dende Kultur"* zurück, der die Wohlstandssituation der Vorgänger-Generation kritisiert
und die Werte der damaligen Jugendgeneration in Abgrenzung zu ihren Eltern beschreibt.
Neben den Babyboomern und den Generationen X und Y umfassen Belegschaften deutscher Unternehmen auch Vertreter der Nachkriegsgeneration (bis 1955 geboren).

Die Einstellung der Nachkriegsgeneration und der Babyboomer-Generation weist eine
hohe Leistungsorientierung, einen hohen Berufsbezug sowie die Suche nach Beständigkeit
auf. Angehörige der beiden jüngeren Generationen bewegen sich in einer Vielzahl von
Spannungsfeldern, u. a. Lebensgenuss versus Leistungsorientierung, Familie versus Beruf,
Individualisierung versus Orientierung an gemeinsamen Zielen und Flexibilität versus Suche nach Beständigkeit. (Rump und Eilers 2006, S. 15).

2.3   Die 1980er-Generation ist in einer anderen Gesellschaft aufgewachsen

Wie kommt es, dass die 1980er-Generation anders ist und wie kann dies erklärt werden?
Die 1980er-Generation ist in einer Gesellschaft mit hoher Transparenz, ständiger Kom-
munikation, vielen Wahlmöglichkeiten und großem Individualismus aufgewachsen. Diese
Entwicklung zeitigt neue Karrierestrategien für die 1980er-Generation. Um die Konkurrenzfähigkeit der Zukunft sicherzustellen, muss die 1980er-Generation auf eine adäquate
Weise angesprochen werden. Manche meinen, die 1980er sind durch einen sehr hohen
Lebensstandard, viele verschiedene Urlaubsmöglichkeiten, viele Freunde und viel Spaß
verwöhnt. Dies führt zu ähnlichen Erwartungen bezüglich des Arbeitslebens. Somit ist es
schwierig für den Arbeitgeber, die hohen Ansprüche der neuen Arbeitnehmergeneration
zu erfüllen.

Es ist unstrittig, dass die Zahl der Wahlmöglichkeiten in den letzten Jahren erheblich angestiegen ist. Das gilt für viele Bereiche – beruflich wie auch im Privatleben. Die 1980er-Generation wurde schon früh im Leben mit vielen Alternativen und Wahlmöglichkeiten verwöhnt. Wer in einer vernetzten Welt mit Kommunikation rund um die Uhr und mit fast uneingeschränktem Zugang zu virtuellen Welten und sozialen Netzwerken lebt, wird ein bisschen gelassener, was die Wahlstrategien betrifft. Es sind so viele Entscheidungen zu treffen, und man konzentriert sich auf jene, die wichtig sind.

Alle diese Wahlmöglichkeiten fördern den Individualismus – und im Gegensatz zu der „Babyboomer"-Generation[3] hat Kollektivismus die jungen Menschen von heute nie angesprochen.

2.4   Die Gesellschaft der Babyboomer

Die Gesellschaft der Babyboomer unterscheidet sich in vielerlei Hinsicht von der Generation-Y-Gesellschaft. Die 1980er-Generation ist mit emotionalen Produkten und Dienstleistungen aufgewachsen. Für die Generation Y ist es im Gegensatz zu der Babyboomer-Generation selbstverständlich, durch die Vermarktung von Produkten, Dienstleistungen und Erlebnissen emotional angesprochen zu werden.

In den 1960er Jahren, in Zeiten des Wirtschaftswunders und der sogenannten 68er-Generation, gab es eine positive Stimmung in der Gesellschaft: Sowohl die Wirtschaft wie die kulturelle Ebene erlebten eine Hochkonjunktur. Die Stimmung seitens der Kultur stammte aber aus der schnell und weit verbreiteten Zielsetzung, eine kollektive, auf gemeinsamer Wertgrundlage fußende Gesellschaft schaffen zu wollen. Die Zukunft sah man damals mit anderen Augen; die politische und wirtschaftliche Situation war eine andere, mit einer tendenziellen Linksorientierung und Märkten, die eher vom Warenmangel als vom Warenüberfluss wie heute gekennzeichnet waren. Heutzutage ist der Individualismus viel stärker ausgeprägt, auf Kosten des Kollektivismus, der seinerseits vor vier Jahrzehnten deutlich stärker war.

Babyboomer sind in der Nachkriegszeit aufgewachsen. Zu dieser Zeit gab es keinen solchen Warenüberfluss wie heute, und die meisten Konsumgüterbranchen waren eher von Warenknappheit gekennzeichnet. Für die Babyboomer-Generation gehörte es zum Alltag, auf ihr Hab und Gut zu achten. Daher findet das Handeln junger Menschen, die lieber neue Produkte kaufen als vorsichtig mit dem Geld umzugehen, nicht immer Zustimmung.

Das Wirtschaftswunder der späten 1950er und frühen 1960er Jahre führte zu verbesserten wirtschaftlichen Voraussetzungen. Der Großteil der Verbesserungen war aber beim Kauf von Investitionsgütern, wie Häusern und Wohnungen, Möbeln und der Ausbildung für die Kinder, zu beobachten. Reisen werden von dieser Generation eher als eine Investi-

---

[3] Es gibt viele Definitionen von Babyboomer, und nachweislich begann der Babyboom früher in den USA eher (direkt nach dem 2. Weltkrieg) als in Deutschland. Eine exakte Definition ist aber nicht nötig, um die Babyboomer mit der Generation Y zu vergleichen.

tion betrachtet: Man lernt andere Kulturen, andere Menschen und andere Lebensweisen kennen. Emotionen gelten bei dieser Generation als „für meine Kaufentscheidungen nicht wichtig". Das Kaufverhalten ist durch viel Sachlichkeit und wenig Emotionen gekennzeichnet. Obendrein meinen die Babyboomer, dass sie Kaufentscheidungen selber treffen, ohne oder mit nur geringem Einfluss seitens der Marktkommunikation der Firmen. In dieser Hinsicht unterscheiden sich die Generationen Y und die Babyboomer wesentlich voneinander – nicht so sehr im tatsächlichen Konsumverhalten, vielmehr im Selbstbild. Ein 58-jähriger Mann erzählte im Jahre 2006, dass er aus wirtschaftlichen Gründen – niedriger Kraftstoffverbrauch und lange Inspektionsintervalle – motiviert war, einen neuen BMW 530d für 60.000 € zu kaufen, ohne die Kosten für Ausstattungen wie Panoramadach, Head-up-Display und Lederpolster zu berücksichtigen, deren Wertverlust insgesamt viel größer ist als die Kosteneinsparung durch den Dieselmotor-Antrieb. Im Jahre 2012 steht wieder ein neuer BMW vor der Tür des jetzt 64 gewordenen Mannes: ein BMW 520d mit fast Vollausstattung für 75.000 €. „Mit diesem Auto kann ich viel Geld sparen, weil es in den kommenden fünf Jahren nicht kaputtgehen wird und zwei Liter weniger als der 530d verbraucht". Wenn der Wertverlust angesprochen wird, sagt der stolze Babyboomer: „Das ist mir egal, ich werde den Wagen behalten, solange ich Auto fahren kann".

Für Babyboomer ist Funktionalismus wichtiger als Ästhetik und Emotionen, so wird argumentiert, und das ist nicht nur beim Konsum zu beobachten, sondern auch im Arbeitsleben. Babyboomer sehen Arbeit als Pflicht.

Der Kollektivismus der Babyboomer-Generation hängt auch mit einer starken Betonung der Vernunft zusammen. Diese Generation ist von einer Vernunftkultur gekennzeichnet und legt weniger Wert auf Emotionen im Konsumverhalten und auf die Beurteilung verschiedener Arbeitgeber. Die Generation Y legt dagegen viel Wert auf Emotionen. Sie argumentiert auch anders als die Babyboomer: „Ich kaufe das Auto, weil es schick aussieht und mein persönliches Image das erfordert" oder „Da will ich nicht arbeiten, ein Industriegebiet gefällt mir nicht so – nur ein Restaurant und kein schönes Umfeld" sind Argumente der Generation Y, wohingegen frühere Generationen gerne Argumente mit einer Vernunftbetonung vortragen: „Ich kaufe das Auto, weil der Wiederverkaufswert hoch ist und die Inspektionskosten in Ordnung gehen" oder „Da arbeite ich gerne; es ist einfach, einen Parkplatz zu finden, und das Restaurant bietet ja täglich zwei Gerichte an". Die Generation Y will gerne die Mittagspause nutzen, um soziale Kontakte zu pflegen – und dann ist die Stadtmitte natürlich besser als ein Industriegebiet –, wohingegen ältere Arbeitnehmer lieber mit Kollegen zusammen Mittagspause machen. Erstens findet sich ein größerer Teil des sozialen Netzwerks am Arbeitsplatz, und zweitens sieht man die Mittagspause anders, eher als Pause mit Kollegen denn als eine Gelegenheit, Menschen außerhalb der Firma zu treffen.

Auch ältere Menschen legen Wert auf Emotionen, nutzen aber lieber Vernunftargumente, weil sie besser in das kollektive Lebensverhalten passen, das sie gewohnt sind. Emotional motiviertes Handeln heißt, ich mache etwas Gutes für mich selber; rational motiviertes Handeln heißt, ich mache etwas Gutes für meine Familie und die Gesellschaft. Anfang des 20. Jahrhunderts war es kaum akzeptabel, Emotionen Raum zu geben: Arbeit galt als

Pflicht, um die Versorgung der Familie sicherstellen zu können. Nur reiche und unachtsame Menschen haben Geld an „Entbehrlichkeiten" verschwendet, die meisten mussten die Familie versorgen. Und zu dieser Zeit galt auch eine Kreditaufnahme nicht als Selbstverständlichkeit, es hat beim Kreditnehmer eher Schamgefühl hervorgerufen. In den letzten Jahrzehnten haben sich diese Verhältnisse geändert, und heutzutage gelten Verschuldung, Emotionen und „Entbehrlichkeiten" als selbstverständliche Bestandteile eines normalen Lebens. Dass die Generation Y größere Akzeptanz für Verschuldungen und ein Kaufverhalten zeigt, das nicht gerade das langfristige Arbeiten für Schuldenfreiheit fördert, hat mit dem Zeitgeist zu tun: Ein Konsumdenken, wie es die 1990er Jahre prägte, schafft eben andere Werte und ein anderes Verhalten als die Gesellschaft der 1950er und 1960er Jahren.

Die Entwicklung vom vernunftbetonten Verhalten zum emotionsbasierten Verhalten – das betonend, was Spaß macht – geht langsam vonstatten und erfasst zunehmend auch ältere Personen. Die emotionalen Werte sind aber ein Teil des Lebensstils jüngerer Menschen und werden somit ungezwungen ins Werte-Inventar, in Verhalten und Entscheidungen integriert.

Trotz der Unterschiede zwischen den beiden Generationen steht fest: Die Babyboomer haben erheblich zur Veränderung der Gesellschaft beigetragen. Sie sind in vielen Fällen Eltern der 1980er-Kinder und haben ihnen den besagten hohen Lebensstandard ermöglicht.

Interessant ist, dass viele Ältere die Jungen als „egozentrisch" sehen.[4] Kann es sein, dass die von Älteren wahrgenommene Selbstzentrierung der Jungen sich wenigstens teilweise von den unterschiedlichen sprachlichen Ausdrücken herleitet? Das scheint eine mögliche Erklärung zu sein. Babyboomer sind in einer kollektivistischen Gesellschaft aufgewachsen und haben folglich eine Sprache entwickelt, die eher an kollektivistischen Begriffen und Ausdrücken orientiert ist. So hat man sich daran gewöhnt, auf diese Weise zu sprechen, und jeder, der sich in das soziale Umfeld einzupassen bestrebt war, hat eher unreflektiert die kollektivistische Sprache übernommen. Auf der anderen Seite sind da die Jungen, die in einer eher individualistisch orientierten Gesellschaft aufgewachsen sind. Wenige Menschen reflektieren über die eigene Sprache in Bezug auf die Dimension *kollektivistisch* bzw. *individualistisch*. Dies scheint jedoch eine sehr interessante Erklärung für Generationskonflikte und Spannungen zwischen Älteren und Jungen im Arbeitsleben zu sein. Und die Babyboomer sind nicht die erste Generation, die gelebt hat. Individuen, die in der 1920er Jahren geboren wurden, sind anders als Babyboomer und u. a. von einer sehr instabilen politischen Situation während ihres Erwachsenwerdens geprägt. So legt man viel Wert darauf, Geld zu sparen, und vertraut nicht wirklich Autoritäten. In der EU gilt seit einigen Jahren die Bankgarantie , d. h. bis zu 100.000 € werden dem Bürger ersetzt, falls die Bank Pleite geht. Trotzdem kommt es mehrere Mal pro Woche vor, dass eine ältere Person aus der Vorkriegsgeneration zu Hause ausgeraubt wird. Es handelt sich um Zehntausende Euros. Warum nicht das Geld auf ein Konto übertragen? Weil man den Banken nicht vertraut[5]. Von einer solchen Attitüde ist bei späteren Generationen überhaupt nichts zu spüren.

---

[4] Vgl. Parment (2008c).
[5] Meredith und Schewe (1994).

Das Buch behandelt im hohen Maße die Gesellschaft, in der die Generation Y erwachsen wurde. So werden Themen wie die Populärkultur, bezüglich Ausbreitung, Einrichtung und Einfluss, Deregulierung und Internationalisierung mit einem zunehmenden Zugang zu internationalen Produkten, Marken, kulturellen Einflüssen und Möglichkeiten diskutiert. Überhaupt ist die Entwicklung in Richtung mehr Verbraucher-, Bürger- und Mitarbeitermacht gegangen.

Die Generation Y ist mit einem internationalen Angebot von Fernsehkanälen aufgewachsen – seitdem das Kabelfernsehen in den 1980er Jahren eingeführt wurde, ist das nationale Angebot vor allem um amerikanische Sendungen erweitert. Dadurch wurde auch die Fokussierung auf die Schauspieler, Celebrities und Stars stärker. Der große Einfluss von Individuen wie Sarah Jessica Parker, Jerry Seinfeld, Larry King, David Letterman, Kelsey Grammer, Oprah Winfrey, Jennifer Aniston und Jay Leno, um ein paar Beispiele zu nennen, und die Ausbreitung von Realitätsfernsehsendungen haben die Inspiration für junge Menschen ausgemacht. Fernsehstars waren jetzt die neuen Superstars und einige davon konnten eine Million Dollar pro Episode verdienen[6]. *Gestrandet* (*Survivor/Robinson* 1997), *Popstar* (1999), *Deutschland sucht den Superstar* (2002), *Germany's next Top Model* (2006), *Project Runway* (2004), *The Apprentice* (2004); *Big Brother* (1997) – Realitätsfernsehsendungen haben einen erheblichen Einfluss auf die Generation Y ausgeübt. Warum? Weil die Hauptpersonen ganz normale Menschen sind, die aus durchschnittlichen sozioökonomischen Verhältnissen kommen. Daher ist eine Rolle im Fernsehen nicht mehr unerreichbar. Jeder kann erfolgreich sein, wenn er/sie die erforderlichen Talente und etwas Glück hat![7] Die Generation Y wurde auch von ihren Eltern in den Selbstrealisierungsplänen in gewissem Maße gestützt. Ganz anders die Babyboomer: Als sie erwachsen wurden, gab es weder Willen und Können noch Akzeptanz aufseiten der Eltern bzw. der Gesellschaft, Zeit und Geld in das *Berühmtwerden* zu investieren.

2.5   Der Generationswechsel steht vor der Tür

Viele Unternehmen und andere Organisationen sind von der Babyboomer-Generation stark geprägt. In den kommenden Jahren werden die Babyboomer aber in den Ruhestand treten. Diese Veränderung ist eine große Chance für die Generation Y, eine gute Stellung im Arbeitsmarkt zu erwerben. Zunächst müssen beide Generationen allerdings zusammenwirken, Kenntnisse und Erfahrungen müssen übertragen werden, die Entwicklung von Bestimmungen, Methoden und Strategien muss überdacht werden.

Die Babyboomer wollen weniger verändern, die Generation Y will die Strategien der Zukunft neu definieren.

Wer proaktiv ist, erstellt zur rechten Zeit eine *Generationsanalyse*, bei der wichtige Unterschiede zwischen den Generationen sowie die Frage, woher derzeitige Arbeitsmetho-

---

[6] Battaglio (2010).

[7] Parment (2011).

den, Kundenprozesse etc. kommen, analysiert werden. Es kann sein, dass die Methoden veraltet sind, dennoch weiterhin benutzt werden, vorwiegend weil das Unternehmen unter *Babyboomer-Dominanz* leidet. Jede wichtige Methode muss unter Berücksichtigung der Erfahrungen der Babyboomer überdacht werden. Allgemein gilt, dass die Mitarbeiter Erfahrung umso mehr schätzen, je älter sie sind. Das spiegelt aber die eigenen Wünsche wider, und ältere Mitarbeiter neigen dazu, Erfahrung zu überschätzen. Für junge Mitarbeiter wiederum gilt umgekehrt: Sie unterschätzen Erfahrung. Besonders aufmerksam sollte man bezüglich der *Vermischung zwischen Erfahrung und Nostalgie* sein: Manche ältere Personen neigen dazu, über Erfahrung zu sprechen, obwohl es wenig sinnvoll ist. Nostalgie bedeutet ja eben: Man verlangt nach den guten alten Tagen, als das Leben schön war, die Margen hoch und die Kunden nicht so impertinent fordernd. Das Problem ist aber, dass diese Tage nicht wiederkommen: Die Welt, die Wirtschaft und das Verhalten von Konsumenten haben sich geändert und werden kaum wieder so werden, wie sie einst waren.

2.6   Die Generation Y im Arbeitsmarkt

Es gibt zahlreiche Indizien dafür, dass sich die 1980er-Generation als Arbeitnehmer anders verhält als vorige Generationen. Unternehmen in verschiedenen Branchen fragen sich, was mit dieser neuen Generation los ist. Sie gilt bei manchen Unternehmen sogar als impertinent. Diese Auffassung muss allerdings in Frage gestellt werden.

Die Anforderungen der Arbeitnehmer steigen ebenso wie die der Arbeitgeber. Arbeitnehmer der Generation Y legen mehr Wert auf emotionale Aspekte des ArbeitgeberangebotArbeitgeberangebots als vorherige Generationen. Jeder Arbeitgeber muss akzeptieren, dass der 1980er-Generation in naher Zukunft eine große Bedeutung zukommen wird. Die Unternehmenskultur und das Image der Arbeitgebermarke werden daher immer mehr als Erfolgsfaktor für den Arbeitsmarkt gelten.

Eine Strategie, sich der Generation Y zuzuwenden, ist allerdings nicht ganz einfach umzusetzen. Viele Hindernisse können die Realisierung verzögern oder gar unmöglich machen. Der Generationswechsel ist in vielen Fällen eine große Herausforderung. Die Zeit werden wir ebenso wenig wie die alten Lateiner aufhalten können. Alle Veränderungen haben jedoch zwei Seiten. Ein Problem ist dabei, dass neue Strategien und verbesserte, konkurrenzfähige Produkte benötigt werden. Veränderungen haben jedoch auch Vorteile, die nur rechtzeitig erkannt und angenommen werden müssen.

2.7   Neue Karrierestrategien seitens der Arbeitnehmer

Talented people need organizations less than organizations need people. (Pink 2002)

Im Studium lernen angehende Absolventen, dass sie in den ersten zehn Jahren nach Abschluss mehrere Arbeitgeber mit verschiedenen Jobs durchlaufen sollten. Andernfalls könnten sie vom Arbeitsmarkt als unflexibel oder unbeweglich betrachtet werden, wodurch sich die Karrieremöglichkeiten eher verschlechtern. Gleiches gilt für Young Professionals, die gerne den Job wechseln. Diejenigen 1980er, die schon im Arbeitsleben stehen, vertreten alle folgenden Standpunkt: „Zur Loyalität gegenüber dem Arbeitgeber bin ich nicht verpflichtet. Ich versuche aber, einen guten Job zu leisten. Schließlich geht es darum, Erfahrungen zu sammeln und einen guten Lebenslauf abzusichern."

Woher kommt diese Ansicht, immer öfter einen neuen Job suchen zu müssen? Die *fehlende Loyalität* ist eine Konsequenz der zahlreichen Wahlmöglichkeiten und der Verwöhntheit, die von den Überkapazitäten innerhalb mehrerer Konsumgüterbranchen herrührt: Es stehen fast immer mehr Waren zum Verkauf, als Kaufkraft vorhanden ist. Die *schnellere gesellschaftliche Entwicklung* zwingt die Absolventen, viele und breit angesiedelte Erfahrungen zu machen. Young Professionals wollen eine Art *Arbeitswechselfähigkeit* erwerben.

Klar ist, dass die 1980er-Generation gute Möglichkeiten als Arbeitnehmer hat. Voraussetzung für die Hebung dieses Potenzials der neuen Arbeitnehmergeneration ist allerdings, dass sowohl die Arbeitgeber wie auch die Arbeitnehmer mit den neuen Voraussetzungen umgehen können.

Immer weniger junge Menschen wollen lebenslang bei einer einzigen Organisation arbeiten. Diese Entwicklung ist für Partnergesellschaften, zum Beispiel Rechtsanwälte und Prüfungsgesellschaften, sehr problematisch. Achtundachtzig Prozent der 1980er-Generation zögern, sich für ein Engagement bei einer Partnergesellschaft zu entscheiden[8], während Partnergesellschaften für ältere Generationen eher als sehr attraktive Arbeitsplätze galten[9]. Diese Entwicklung spiegelt die Lebenserwartungen der Generation Y wider: Sie will gerne in verschiedenen Ländern, Branchen und Firmen arbeiten und hat so ein eher konsumorientiertes Verhältnis zur Arbeit. Es geht ihr darum, die Jahre, Wochen, Tage und Stunden der Arbeit mit Erlebnissen zu füllen – auf diese Weise kann man das meiste von dem, was das Leben bietet, genießen.

2.8   Wie kommt die Haltung der Generation Y im Alltag zum Ausdruck?

Nachdem die Wesensart der 1980er-Generation beschrieben ist, folgen nun ein paar Zitate, die die typische Denkweise dieser Generation verdeutlichen:

> Wir sehen die Arbeit anders, wir haben viele Forderungen an den Arbeitgeber, wir wollen eine gute Karriere, wir sind sehr engagiert und motiviert, wir sind gut und leisten eine gute Arbeit, die älteren Kollegen denken vielleicht: ‚Warum bin ich nicht wie sie, ich habe viele Möglichkeiten verpasst', sie sind ein bisschen eifersüchtig. (Studentin der Betriebswirtschaftslehre, geb. 1983)

---

[8] Siehe Kap. 5 und Parment (2008a).

[9] Vergleichbare Werte für frühere Generationen sind nicht vorhanden.

Für diese junge Frau ist *die Balance zwischen Arbeitnehmer und Arbeitgeber* wichtig: Sie fragt sich, warum der talentierte und engagierte Arbeitnehmer nicht gleich viel vom Arbeitgeber fordern sollte, wie der Arbeitgeber vom Arbeitnehmer erwartet. Um diese Person zu verstehen, muss man auch den abnehmenden Einfluss von Autoritäten bedenken. Ältere Mitarbeiter haben nicht mehr von vornherein Autorität, sondern sie müssen sich Autorität erst erwerben.

> Der Arbeitgeber muss Loyalität verdienen, und das kann man nur, wenn man ein guter Arbeitgeber ist. Zu glauben, dass die Ziele des Unternehmens meine Ziele sind, ist falsch – da täuscht man sich selbst. (Studentin der Fachrichtung Internationale Beziehungen, geb. 1983)

Diese Aussage repräsentiert einen typischen Gedankengang der 1980er-Generation: *Zielkongruenz,* also eine koordinierte Ausrichtung der Ziele zwischen Arbeitgeber und Arbeitnehmer, kann kaum vorhanden sein, weil es selbstverständlich ist, dass die Ziele sich unterscheiden. Der Arbeitnehmer will viel Geld erhalten, gute Erfahrungen sammeln und Spaß haben. Der Arbeitgeber will wenig Lohn bezahlen und verlangt trotzdem Loyalität, harte Arbeit und gute Leistungen vom Mitarbeiter.

> Wenn meine Chefin mich fragt, wie es geht, sage ich immer „Ja, gut", weil ich weiß, dass sie meine Aufgaben nicht übernehmen kann. Sie schläft wahrscheinlich besser, wenn ich „Ja" sage, sie hat meine Ausbildung nicht und es fehlt ihr die adäquate Kompetenz. (Mann, Diplom-Ingenieur, im Arbeitsmarkt, geb. 1980)

Hier geht es, abgesehen von der veränderten Einstellung zu Autoritäten, um neue Wege, Arbeitsaufgaben auszuführen. Kompetenz und Wissen werden auch außerhalb des Unternehmens gesucht: im Internet, im Web-Portal Facebook, im Alumni-Verein oder beim Afterwork. Die Generation Y ist loyal gegenüber sozialen Netzwerken und Alumni-Vereinen, nicht nur gegenüber dem eigenen Unternehmen. Höchstwahrscheinlich wird ein Großteil der sozialen Netzwerke die Jahre überdauern, während die Arbeitgeber gewechselt werden – einmal, zweimal oder öfter.

Hier können zwei Positionen eingenommen werden. Auf der einen Seite wird der Kompetenzbereich des Unternehmens ohne zusätzliche Kosten erweitert. Auf der anderen Seite hat das Unternehmen ein erhöhtes Risiko, Kundeninformationen und Informationen über geschäftliche Angelegenheiten an der falschen Adresse zu platzieren. Dies ist vielen nicht bewusst, könnte aber zur Folge haben, dass geschäftliche Informationen aus dem Unternehmen nach außen durchsickern. Der Freund, den man als Arbeitnehmer fragt, mag für einen Konkurrenten arbeiten oder anderweitige Interessen an unternehmensinternen Informationen haben.

Ein Weg, die Attraktivität des Arbeitgebers für die Generation Y zu erhöhen, ist, eine langfristige und systematische Strategie für die Arbeitgebermarke auszuarbeiten. Diese Maßnahmen sind unter den Begriff „Employer Branding" bekannt. Das letzte Kapitel des

Buches beschreibt, wie eine Employer-Branding-Strategie, die bei der Generation Y Zustimmung finden könnte, erstellt werden kann.

2.9   Abnehmende Loyalität fördert die Bindung zwischen Arbeitsplatz und sozialen Netzwerken der Mitarbeiter

Die abnehmende Loyalität hat eine Reihe von Folgen, die Arbeitgeber in Betracht ziehen müssen.

1. *Sie schafft Mobilität*, woraus eine erhöhte Personalfluktuation resultiert.
2. *Mobilität schafft wiederum Mobilität.* Wenn ein Mitarbeiter die Arbeit ablehnt, muss die Person normalerweise ersetzt werden, und die geeignete Ersatzperson befindet sich beim Konkurrenten, der, nachdem der abgeworbene Mitarbeiter gegangen ist, nun seinerseits einen neuen Mitarbeiter sucht.
3. Je öfter die Mitarbeiter den Job wechseln, desto weniger sind ihre sozialen Netzwerke mit dem Arbeitsplatz verknüpft. Arbeitnehmer aus der Generation Y planen, relativ häufig den Job zu wechseln. Das impliziert, dass diese Mitarbeiter relativ viel Wert auf soziale Netzwerke außerhalb des Arbeitsplatzes legen.

Checkliste

- Welche Altersgruppen prägen die Arbeit in Ihrem Unternehmen am stärksten?
- Können Sie aus eigenen Erfahrungen einige Merkmale der jeweiligen Generation nennen bzw. beschreiben?
- Gibt es positive bzw. negative Bilder von bestimmten Generationen bzw. Altersgruppen von Mitarbeitern?
- Welche Rolle spielt die Einbeziehung der Generation Y für die Wettbewerbsfähigkeit des Unternehmens?
- Haben Sie dabei, wie die Arbeit ausgeführt wird, Unterschiede zwischen den Generationen festgestellt? Gibt es einen Plan, diese Unterschiede als eine Möglichkeit der Erhöhung der Wettbewerbsfähigkeit zu nutzen?
- Erkennen Führungskräfte des Unternehmens an, dass man in der heutigen Gesellschaft anders aufwächst als früher? (Die Einstellung zu Wahlmöglichkeiten könnte eine Veränderung der diesbezüglichen Ansichten klarmachen.)
- Wie oft bekommen Angestellte Feedback? Ist Feedback auf die eine oder andere Art zu jeder Zeit erhältlich, oder muss es gefordert werden?
- Haben Sie in persona zur Entwicklung der Generation-Y-Gesellschaft beigetragen? Wie?

- Wie unterscheidet sich die Gesellschaft, in der die Generation Y aufgewachsen ist, von der Gesellschaft, in der die Babyboomer aufgewachsen sind?
- Wie werden Funktionalismus bzw. Ästhetik in der Ausführung von Arbeitsaufgaben belohnt?
- Leidet das Unternehmen unter Babyboomer-Dominanz oder anderen Asymmetrien der Arbeitskräfte-Verteilung (z. B. ein hoher Anteil sehr junger und unerfahrener Mitarbeiter, ein hoher Anteil von 63-Jährigen oder ein hoher Anteil von Frauen/Männern)?

Handlungsempfehlungen

- Von der neuen Generation lernen: Wie leben junge Menschen und wie könnte die Arbeit bzw. die Kundenorientierung organisiert werden, um die jungen Kunden bzw. Abnehmer besser, effizienter und profitabler bedienen zu können? Je mehr Freiheit und Möglichkeiten für junge Mitarbeiter bestehen, desto größer ist die Wahrscheinlichkeit, dass neue effiziente Lösungen vorgeschlagen werden.
- Feedback anders sehen: Es muss nicht immer bis ins Letzte durchdacht sein, weil die neue Generation schon mit intensivem und spontanem Feedback vertraut ist.
- Eine Generationsanalyse durchführen: Wie verhalten sich die verschiedenen Generationen in einer bestimmten Arbeitssituation, und wie verhalten sie sich zueinander?
- Die Sprache der Generation verstehen: Bestimmte Mitarbeiter, vor allem Babyboomer, sagen eher „wir müssen" und „wir wollen", während die Generation Y eher „ich" sagt. Das Eigeninteresse könnte aber in beiden Fällen gleich groß oder gleich eingeschränkt sein. „Ich" muss nicht egozentrisch gemeint sein, auch wenn es von Älteren gerne so interpretiert wird.
- Erfahrung und Nostalgie sind zwei unterschiedliche Dinge. In Diskussionen und Gesprächen kommt es aber vor, dass Ältere auf Erfahrung verweisen, obwohl die vermeintliche Erfahrung für die spezifische Situation gar keine Relevanz hat. Möglicherweise ist Nostalgie der wahre Grund, warum der ältere Mitarbeiter sich in der gegebenen Situation nicht wohlfühlt – es war einfacher und besser in den 1970er oder 1980er Jahren. Nostalgie-Referenzen sollten der Entwicklung nicht im Wege stehen: Sie haben einen negativen Einfluss auf die Effizienz und untergraben die Arbeitsmotivation besonders bei jungen Mitarbeitern.
- Sicherstellen, dass das Unternehmen in drei, fünf und zehn Jahren mit Führungs- und Arbeitskräften adäquat versorgt ist. Vor wenigen Jahrzehnten kam es noch sehr oft vor, dass ein und dieselbe Person viele Jahre dieselbe Tätigkeit ausgeführt hat und in derselben Position war; Führungskräfte wurden damals nicht so oft ausgewechselt. Demzufolge war die künftige Versorgung einfacher zu planen. Je öfter der Arbeitsplatz gewechselt wird, desto wichtiger ist ein Plan für die Sicherung des künftigen Personalbestands.

3.1 Generationszugehörigkeit als Erklärungsansatz

Kategorisierungen von Menschen, z. B. nach Generationszugehörigkeit, reduzieren Komplexität. Sie bieten Orientierungshilfen, stellen aber keine präzisen Instrumente dar, um individuelles Verhalten zu verstehen. Generationszugehörigkeit ist somit zwar ein wichtiger Ansatz, kann jedoch nie das alleinige Erklärungsmuster für unterschiedliches Denken und Auftreten von Individuen sein. Geschlecht, geografische Herkunft, sozioökonomischer Hintergrund oder Familienstrukturen sind für die Erklärung individuellen Verhaltens mindestens so wichtig wie Generationszugehörigkeit. Auf aggregierter Ebene war Generationszugehörigkeit jedoch in einer Vielzahl von Studien eine wichtige Dimension, um das Verhalten, z. B. von Konsumenten, zu analysieren[1].

Generationen können nicht zuletzt durch eine gemeinsame Werteklammer charakterisiert werden. Generell dokumentiert sich in Werten, was ein Individuum, eine Gruppe, eine Gesellschaft oder eben eine Generation als wünschenswert ansieht. Werte sind damit Auffassungen über die Qualität der Wirklichkeit und beeinflussen die Auswahl von Handlungsalternativen. Werte unterscheiden sich von Einstellungen insofern, als dass Werte stabiler sind.

3.1.1 Die Sozialisationshypothese

Nach der Sozialisationshypothese entstehen die grundlegenden Wertvorstellungen eines Menschen weitgehend in der Sozialisation und reflektieren die während der formativen Phase vorherrschenden Bedingungen. Die Kindheits- und Jugendjahre haben somit eine erhebliche Bedeutung für das ganze Leben. Lage und Dauer der formativen Phase werden

---

[1] Siehe. Parment und Dyhre (2009); Parment (2011); Ryder (1985 [1959]); Mannheim 1952(1927); Cutler (1977); Rentz et al. (1983); Rogler (2002).

A. Parment, *Die Generation Y,*
DOI 10.1007/978-3-8349-4622-5_3, © Springer Fachmedien Wiesbaden 2013

in der Literatur unterschiedlich definiert, z. B. zwischen dem 15. und 20. Lebensjahr[2] oder zwischen dem 16. und 24. Lebensjahr[3].

Es kann angenommen werden, dass neben individuellen Erfahrungen auch kollektive Erlebnisse und Großereignisse für die Ausprägung der Werte in der Phase des Erwachsenwerdens bedeutsam sind. Jede Generation weist kollektive Erfahrungen auf, die von Individuen gleichen Alters durchlaufen wurden und zur Herausbildung einer spezifischen Generation beigetragen haben[4]. So zeigen zahlreiche Studien, dass altersgleiche Menschen ähnliche Erinnerungen haben[5]. Laut einer schwedischen Studie zur Generation Y stellen die Terroranschläge in den USA vom 11. September 2001 das wichtigste prägende Ereignis für die Generation Y dar. Das zweitwichtigste Ereignis variiert mit dem Alter der Befragten: Individuen mit Geburtsjahrgängen in den frühen 1980er nennen besonders häufig den Untergang der Estonia[6],[7]; Befragte, die in den späten 1980er Jahren geboren wurden, geben die Tsunami-Katastrophe im Indischen Ozean (auch Sumatra-Andamanen-Beben genannt)[8] an. Viele Menschen der Generation-Y-Kohorte – unabhängig von geografischer Herkunft – zeigen darüber hinaus starke Gefühle für Berlin als Repräsentation für das Ende des Kalten Krieges und die Entstehung eines geeinten Europas[9].

Selbstverständlich haben sich Werte und Einstellungen zum Leben, zur Arbeit und zum Konsum nicht ab dem Geburtstagsdatum 1. Januar 1980 auf einmal schlagartig geändert. So gibt es eine Vielzahl an Menschen, die Ende der 1970er Jahre geboren wurden und eher der Generation Y zugerechnet werden sollten als ihre fünf Jahre jüngeren Geschwister. Und es kann durchaus sein, dass sich einige Individuen, die schon in den 1960er Jahren geboren wurden, wie die Generation Y verhalten. Wie bei allen Kategorisierungen gibt es auch beim Erklärungsansatz der Generationszugehörigkeit Grauzonen und individuelle Beispiele, die nicht mit dem Modell erklärt werden können. Dessen ungeachtet können sie eine wertvolle Hilfe sein, um wichtige Tendenzen und Entwicklungen in der Gesellschaft zu verstehen. Das Beispiel des Estonia-Unfalls deutet darüber hinaus an, dass Generationszugehörigkeit auch durch den geografischen und kulturellen Kontext bedingt sein dürfte, in dem die jeweiligen kollektiven Erfahrungen gemacht werden. Die nachstehenden Ausführungen konzentrieren sich schwerpunktmäßig auf Entwicklungen in Deutschland und

---

[2] Siehe Inglehart (1977); Meulemann (2006).

[3] Schuman und Scott (1989).

[4] Mannheim 1952(1927).

[5] Holbrook und Schindler (1989, 1994); Schewe und Meredith (2004); Schuman und Scott (1989); Parment (2011).

[6] United Minds (2010).

[7] Die Estonia, eine Ostseefähre, ging am 28. September 1994 auf ihrem Weg von Tallinn nach Stockholm unter. Der Unfall markiert mit seinen 852 Opfern das schwerste Schiffsunglück der europäischen Nachkriegsgeschichte.

[8] Durch das Beben im Indischen Ozean am 26. Dezember 2004 und in dessen Folge starben bis zu 300.000 Menschen, darunter ca. 540 Schweden und mehr als 500 Deutsche.

[9] United Minds (2010).

Schweden und beziehen sich somit auf Parameter, die das Verhalten der Generation Y in diesen Ländern geprägt haben sollten.

Um die Sozialisationshypothese zu validieren, wurden mehrere Studien durchgeführt. Es wurde geprüft, in welchem Maße verschiedene Kohorten Ereignisse und Erfahrungen als einflussreich empfinden. Bei den einflussreichen Erfahrungen geht es darum festzustellen, wann sie gewesen sind. Eine amerikanische Studie befragte 1.410 Amerikaner zu drei nationalen oder internationalen Ereignissen in den letzten 50 Jahren von besonders großer Bedeutung. Die Befragten mussten auch erklären, warum die Ereignisse von besonderer Bedeutung sind. Der zweite Weltkrieg und der Vietnam-Krieg wurden von allen Generationen als wichtige Ereignisse gesehen. Dabei tritt ein interessantes Muster auf: Individuen, die während des zweiten Weltkrieges 16 bis 24 Jahre alt waren und die jeniegen, die während des Vietnam Krieges 15 bis 27 Jahre alt waren, konnten sich viel leichter an diese Ereignisse erinnern und gaben ihnen eine viel größere Bedeutung. Die Studie hat auch gezeigt, dass Individuen, die diese Ereignisse zwischen dem 17. und 23. Lebensjahr erlebten, ausführliche persönliche Erinnerungen an die Ereignisse hatten. Individuen hingegen, die während des zweiten Weltkrieges bzw. des Vietnam-Krieges nicht in der formativen Phase waren, hatten nur wenig Persönliches zu berichten. Das Ergebnis ist klar: Individuen, die während des Ereignisses 17 bis 23 Jahre alt waren, sind stärker von diesem Ereignis geprägt worden und können damit persönliche Erfahrungen zitieren.[10] Ähnliche Muster traten auch bezüglich der Erfahrungen mit der Großen Depression in den 1920er Jahren, der Entwicklung von Kommunikation und Verkehr, der Ermordung von John F. Kennedy, Terrorismus, Kernwaffen etc. auf.[11]

Eine schwedische Studie aus dem Jahr 2010 zeigt auf eine ähnliche Weise, dass die 1980er-Generation, generell die Ereignisse des 11. September 2001 als die schlimmste Erfahrung ihres Erwachsenwerdens empfanden. Für diejenigen, die in den frühen 1980ern geboren wurden, war das schwere Schiffsunglück der Estonia-Fähre im September 1994 das zweitschlimmste Ereignis. Individuen, die in den späten 1980ern geboren wurden, nannten den Tsunami in Thailand im Jahre 2004 als das zweitschlimmste Ereignis.[12]

3.1.2   Gemeinsame Erlebnisse

Die gemeinsamen Erlebnisse einer Generation hängen nicht nur mit großen Ereignissen zusammen, sondern auch mit gemeinsamen Erinnerungen, die während des Erwachsen-

---

[10] Schuman und Scott (1989).

[11] Siehe Parment (2011); Debevec et al. (2013), oder Schewe et al. (2013), für einen ausführlichen Bericht.

[12] Björkman, (2009), Disaster Investigation; The German ‚Group of Experts' (2006). Investigation report on the capsizing on 28 September 1994 in the Baltic Sea of the Ro-Ro Passenger Vessel MV Estonia.

werdens gesammelt wurden[13]. Individuen der Generation Y – nicht nur im deutschsprachigen Raum, sondern überall in Europa – zeigen starke Gefühle für Berlin, das mit dem Ende des Kalten Krieges und der Wiedervereinigung Europas in Verbindung gebracht wird. Studien zeigen, dass Verbraucher besonders stark von der Musik geprägt werden die sie in ihrem 23. Lebensjahr gehört haben[14], und von der Mode und Kleidung in ihrem 24. Lebensjahr[15]. Solche Erlebnisse werden im Erwachsenenalter bewahrt[16] und könnten gegebenenfalls benutzt werden, um Zielgruppen effizienter und mit größerer Überzeugung anzusprechen. Das sollte man als Arbeitgeber auch beim Recruitierung einer bestimmten Zielgruppe bedenken.

Hervorgehoben soll an dieser Stelle werden, dass Kohorten besonders gut in Beziehung zu andere Kohorten kennengelernt[17] werden können, weil Vergleiche das Verständnis der vorhandenen Unterschiede erleichtern. Die Generationenanalyse ist allerdings nur eine Dimension dessen, was ein Mensch während des Erwachsenwerdens prägt. Viele andere Umstände spielen ebenfalls ein Rolle – z. B. ob die Person in einer Großstadt oder auf dem Land, als Einzelkind oder mit fünf Geschwistern, mit niedrigem oder hohem sozioökonomischen Standard, mit zurückhaltenden, vorsichtigen oder extrovertierten Eltern etc. aufgewachsen ist. Einige von diesen Faktoren mögen sogar stärkere Auswirkungen gehabt haben als die Generationendimension[18]. So werden Großstädte in der Popularkultur oft in positiver Weise beschrieben, vgl. *Sex and the City*, *Gossip Girl* und andere New York City- und Hollywood-Produktionen, während das Leben auf dem Land eher als sehr negativ dargestellt wird, z. B. im Film *Raus aus Åmål*. Dennoch ist die Generationenanalyse wichtig und könnte sich zum Wettbewerbsvorteil entwickeln.

3.1.3 Prägung von Werten und Präferenzen der Generation Y

Erste Studien zur Generation Y zeigen, dass sie sich anders verhält als vorherige Generationen[19]. Verhalten ergibt sich ganz allgemein als eine Verknüpfung von Motivation und Fähigkeiten vor dem Hintergrund situativer Bedingungen. Zu letzteren zählen vor allem handlungsförderndn und handlungshemmende (organisationale) Gegebenheiten sowie Gesetze und Normen, die als soziales Müssen, Dürfen oder Sollen das Handeln in vielen Bereichen steuern.

---

[13] Schuman und Scott (1989).

[14] Hoolbrok und Schindler (1994).

[15] Schindler und Holbrook (1993).

[16] Holbrook und Schindler (1989, 1994)

[17] Bergqvist (2009); Greiner (2007).

[18] In vielen Fällen sind die Unterschiede zwischen Ballungsräumen und dem ländlichen Gebiet sehr groß. Vgl. Bergqvist (2009); Parment (2008, 2009a, b)

[19] Johnson Controls (2010); Sheahan (2009); Forrester 2006; Tulgan und Martin (2001).

Für die Aneignung von Verhalten werden in der Literatur eine Vielzahl von Erklärungsansätzen vorgeschlagen. Hierzu gehören beispielsweise das Modell des „operanten Konditionierens"[20], das auf das durch Anreize bestimmte Erfahrungslernen fokussiert, wie auch das Lernen am Modell[21], nach dem Lernvorgänge durch die Beobachtung von Vorbildern bestimmt werden. Bei letzterem Ansatz ist bedeutsam, dass sich nicht nur real existierende Personen, sondern auch Medien aller Art, wie beispielsweise Figuren aus Filmen oder Büchern, Einfluss auf das Erlernen von Verhalten haben können.

Um präsumtive Verhaltensweisen der Y-Generation-Vertreter zu ergründen und so dann Leitplanken für die Gestaltung von Personal- und Führungsinstrumenten vorschlagen zu können, ist es erforderlich, prägende Veränderungen in den Werten und den situativen Lebensbedingungen der 1980er-Generation zu beleuchten. Für eine erste und grobe Systematisierung wird hierfür im Folgenden auf Entwicklungen in der Gesellschaft, am Absatz- und Arbeitsmarkt sowie im sozialen Umfeld eingegangen, ohne einen Anspruch auf Vollständigkeit zu erheben.

3.2 Gesellschaftliche Ebene

Auf gesellschaftlicher Ebene dürften die fortschreitende Internationalisierung, das Internet sowie das mediale Angebot Einstellungen und Präferenzen der Generation Y beeinflusst haben.

3.2.1 Globalisierung

In der Jugendzeit der Babyboomer Ende der 1960er und Anfang der 1970er Jahre war die Gesellschaft stärker durch kollektivistische Werte geprägt. Die Wirtschaftswunderjahre nach dem Zweiten Weltkrieg und die mit ihnen verbundene Wohlstandsmehrung erlaubten den Aufbau einer Vielzahl von sozialstaatlichen Funktionen. Nicht zuletzt förderte das anhaltende Wirtschaftswachstum ein weitgehend harmonisches Miteinander zwischen wesentlichen gesellschaftlichen Gruppen und ließ Verteilungskämpfe als weniger vordringlich erscheinen.

In den letzten Jahrzehnten haben sich die Treiber wirtschaftlicher Entwicklung deutlich verändert. Insbesondere die internationale Verflechtung des Wirtschaftsgeschehens hat in den vergangenen Jahren nicht zuletzt aufgrund von Marktderegulierungen, Fortschritten bei Informationstechnologien sowie sinkenden Transport- und Kommunikationskosten erheblich zugenommen.

Die junge Generation in Deutschland verbindet mit dem Begriff der Globalisierung insbesondere die Möglichkeit, in andere Länder reisen, international studieren oder arbei-

---

[20] Skinner (1938).

[21] Bandura und Walters (1963).

ten zu können sowie kulturelle Vielfalt. Weitere, jedoch vergleichsweise weniger bedeutsame Assoziationen sind Arbeitslosigkeit, Umweltzerstörung und Frieden[22,23].

Die breite öffentliche Aufmerksamkeit für den Klimawandel in den vergangenen Jahren hat auch die Generation Y geprägt. Die junge Generation in Deutschland nimmt die globale Erwärmung und die damit verbundenen Umweltveränderungen als ernstes Problem wahr und reagiert in Teilen mit einem klimaverträglicheren Verhalten, wie beispielsweise bewusstem Energiesparen im Alltag[24]. So überrascht es nicht, dass die Generation Y vieler Länder Nachhaltigkeit im Wirtschaften und Corporate Social Responsibility auch als eine der größten Herausforderungen und Aufgaben für Unternehmen und damit für ihre potenziellen Arbeitgeber sieht[25].

3.2.2 Internet

Eine wesentliche Veränderung während der formativen Phase der Generation Y war die Entwicklung des Internets und der digitalen Medien. Angesichts ihrer Auswirkungen auf eine Vielzahl von Lebensbereichen wird die Verbreitung des Internets oftmals als eine der größten Veränderungen des Informationswesens seit der Erfindung des Buchdruckes qualifiziert. Zu beobachten ist eine Schwerpunktverlagerung bei der Entwicklung des Internets. Waren die Anfangsjahre geprägt von dem Wunsch nach Zugang und Teilhabe am weltweiten Informationsnetz, so tritt mit dem Aufkommen von Social Media (u. a. Youtube und Facebook) in den letzten fünf Jahren der Wunsch nach Partizipation, Co-Kreation und Vernetzung in den Vordergrund. Nachdem im Jahr 2002 gerade erst 66 % der jungen Menschen in Deutschland einen Zugang zum Internet hatten, steigerte sich der Anteil im Jahr 2006 bereits auf 82 % und betrug 96 % im Jahr 2010[26]. Einhergehend mit der Verbreitung des Internets ist eine deutliche Steigerung der Zeit zu verzeichnen, die junge Menschen im Netz verbringen. Waren es im Jahr 2002 noch sieben Stunden, die ein jugendlicher Mensch pro Woche das Internet nutzte, so hat sich die durchschnittliche Nutzungsdauer in den letzten Jahren nahezu verdoppelt und belief sich auf rund 13 Stunden im Jahr 2010. Ein Anfang-20-Jähriger und somit späterer Vertreter der Generation Y hat im Durchschnitt 250.000 E-Mails, SMS und Instant Messages erhalten und versendet,

---

[22] Schneekloth und Albert (2010, S. 173).

[23] Die Ausführungen beziehen sich auf die Ergebnisse der Shell-Jugendstudie 2006. Die Shell-Jugendstudien beruhen auf Repräsentativbefragungen und skizzieren Einstellungen von jungen Menschen im Alter zwischen 12 bis 25 Jahren. Dabei erfolgt eine Differenzierung nach Altersklassen. Für die Einstellungen der Generation Y sind die Shell-Jugendstudie 2002 sowie die höheren Altersklassen der Studien aus den Jahren 2006 und 2010 relevant (2002, 2006 und 2010). In der Shell-Jugendstudie 2002 werden die Geburtsjahrgänge 1977 bis 1990, in der Studie von 2006 die Jahrgänge 1981 bis 1994 sowie in der Studie von 2010 die Jahrgänge 1985 bis 1998 erfasst.

[24] Schneekloth und Albert (2010, S. 183).

[25] IBM (2010, S. 8).

[26] Shell Deutschland Holding (2010, S. 19).

10.000 Stunden das Mobiltelefon genutzt, 5.000 Stunden mit Computerspielen verbracht und sich 3.500 Stunden in sozialen Netzwerken online aufgehalten[27]. Weiter ist eine soziale Spaltung bei der Nutzung des Internets zu beobachten. Hatten Jugendliche aus sozial benachteiligten Schichten früher noch einen eher eingeschränkten Internetzugang, so zeigen sich nun beim Surfverhalten schichtenspezifische Unterschiede. Während lediglich ein Achtel der Jugendlichen aus der Oberschicht mehrmals täglich oder so gut wie täglich das Internet für Computerspiele nutzt, liegt dieser Anteil bei Jugendlichen aus der Unterschicht bei einem Viertel[28].

3.2.3 Mediales Angebot

Ergänzend hat mit der Einführung des zumeist werbefinanzierten Privatfernsehens eine deutliche Kommerzialisierung des Sendeangebots von Rundfunk- und Fernsehanstalten stattgefunden. In den 1990er Jahren wurden Fernsehserien populär, die einen glamourösen Lebensstil und konsumorientierte Verhältnisse zeigten. *Sex and the City*, *Beverly Hills* und später *Gossip Girl* haben der jungen Generation vermittelt, dass traditionelle gesellschaftliche Werte nicht den Lebensstil leiten müssen. Ferner transportieren Reality-TV-Formate und Casting-Shows wie *Big Brother* und *Germany's next Topmodel* die Botschaft, dass jeder im Leben Erfolg haben kann und dass vormals wichtige Voraussetzungen für Berühmtheit und gegebenenfalls Karriere weniger bedeutsam geworden sind. Auch das Phänomen „Supermodel" kennzeichnet die formative Phase der Generation Y. Nicht nur die Ästhetik von Topmodels wie u. a. Claudia Schiffer oder Cindy Crawford, sondern auch ihre unternehmerischen Erfolge und ihr Lebenswandel erzielten mediale Aufmerksamkeit. Die umfassende Berichterstattung in Lifestyle-Magazinen dürfte jungen Menschen u. a. auch vermittelt haben, die Chancen des Lebens gezielt zu nutzen und durch Vielseitigkeit Erfolge zu erzielen[29].

3.3 Absatz und Arbeitsmarktebene

3.3.1 Konsumentensouveränität und Angebotsindividualisierung

Seit den 1980er Jahren haben die Wahl- und Einflussmöglichkeiten der Konsumenten erheblich zugenommen. Die Ausweitung des Internationalen Handels in Folge von Deregulierung und Verringerung der Logistikkosten sowie das Auftreten von internationalen Niedrigpreis-Anbietern, wie beispielsweise RyanAir oder Hennes & Mauritz führte zu einer Vielfalt an Preis-, Leistungs- und Qualitätsalternativen für Verbraucher. Parallel er-

---

[27] Windisch und Medman (2008, S. 36).
[28] Leven et al. (2010, S. 109).
[29] Parment (2011).

höhte sich mit der Verbreitung des Internets die Markttransparenz. Das Netz steigerte nicht nur die Verfügbarkeit an Informationen über Anbieter, Produkte und Leistungen, sondern verringerte auch durch das Angebot dezidierter Suchmaschinen die Informationskosten der Nachfrager. Die Marktmacht der Verbraucher stieg zudem durch Bewertungsportale im Internet, die als Kooperationsmechanismen Kunden erlauben, ihre Erfahrungen mit Anbietern, Produkten oder Serviceleistungen online mitzuteilen.

Ausweitung, zunehmende Homogenisierung des Angebots sowie die verbesserten Möglichkeiten beim Preis- und Leistungsvergleich haben zu einer Abnahme der Kundenloyalität in den vergangenen Jahren beigetragen. Nicht zuletzt fördert eine Situation, in der Angebote jeweils nur einen Mouse-Klick voneinander entfernt liegen, den Wettbewerb zwischen Anbietern und führt in der Konsequenz zu einem erheblichen Preisdruck und Margenverfall.

Vor dem Hintergrund der Intensivierung des Wettbewerbs ist in den 1980er Jahren eine Ausweitung bzw. Schwerpunktverschiebung der Marketing-Aktivitäten zu beobachten mit dem Ziel, das eigene Angebot durch dezidierte Alleinstellungsmerkmale vom Wettbewerb abzuheben und Kundenbindung über emotionale Markenwelten zu schaffen. Zudem investierten Unternehmen erheblich in den Aufbau ihrer Corporate Identity, um sich einheitlich und emotional gewinnend zu präsentieren. Die Y-Generation ist in dieser „bunten", von omnipräsenten Marken geprägten, Welt aufgewachsen und hat über die erlebnisorientierte Inszenierung von Marken vermittelt bekommen, wie man durch die Verwendung der jeweiligen Markenprodukte den eigenen Lifestyle zum Ausdruck bringen kann.

Ein Mehr an Alternativen verlangt Wahlentscheidungen, macht den Konsumenten reflektierter, flexibler sowie anspruchsvoller und erlaubt es, eine Vielzahl von unterschiedlichen Erfahrungen zu machen. Wahlmöglichkeiten fördern zudem den Individualismus, indem sie dem einzelnen Konsumenten in die Lage versetzen, sich entsprechend seiner jeweiligen Präferenzen zu verhalten. Konsum wird auf diese Weise zu einem Medium, um die eigene Person über das individuelle Kaufverhalten zu profilieren.

Dem Bedürfnis nach Individualisierung wird im Internet beispielsweise durch individuell konfigurierbare Applikationen und Plattformen entsprochen. Im Bereich der klassischen Konsumgüter bietet der Ansatz der Mass Customization Verbrauchern die Möglichkeit, ihre individuelle Lebensweise und das eigene Ich über den Konsum auszudrücken. Bei der Mass Customization werden kundenindividuelle Produkte zu Produktionskosten hergestellt, die kaum höher sind als die Kosten von in einer klassischen Massenproduktion gefertigten Standardartikel[30]. Sie erlaubt somit Unternehmen, auf Kundenwünsche flexibel zu reagieren und zugleich Skaleneffekte in der Fertigung zu nutzen. So kann sich ein Konsument beispielsweise über den Online-Shop von Adidas seine Sportschuhe individuell konfigurieren oder bei Loewe die Produktspezifika eines Fernsehers entsprechend seiner Wünsche zusammenstellen. Um flexible, kundenindividuelle Artikel anbieten zu können, integrieren die Hersteller den Kunden in die Leistungserstellung. Die im Zuge des Individualisierungsprozesses erhobenen kundenspezifischen Informationen sollen es dem An-

---

[30] Pine (1999); Reichwald et al. (2008).

bieter erlauben, eine dauerhafte, individuelle Beziehung zu jedem Abnehmer aufzubauen und somit Kundenbindung neu zu definieren.

3.3.2 Arbeitsmarkt und Arbeitgeberwahl

Parallel zur Dynamisierung und Internationalisierung des Wettbewerbs hat in der formativen Phase der Generation Y ein struktureller Wandel in der Wirtschaft stattgefunden. So ist der Anteil des Dienstleistungssektors am deutschen Brutto-Inlandsprodukt von 62 % 1991 auf knapp 73 % 2009 gestiegen[31]. Talente, Werte, Marken und andere immaterielle Faktoren spielen eine immer wichtigere Rolle für die Sicherung der Wettbewerbsfähigkeit von Unternehmen. Dies wird nicht zuletzt deutlich am anhaltenden Zuwachs der „kreativen Klasse", d. h. von Erwerbspersonen, die in Wissenschaft, Technik und Marketing arbeiten. In den USA machen sie heute bereits einen Anteil von 30 % der Arbeitskräfte aus, im Vergleich zu 5 % in den 1950er Jahren[32]. Parallel ist die Nachfrage nach gering qualifizierter Arbeit deutlich zurückgegangen. So ist der Anteil der gering qualifizierten Beschäftigung an den sozialversicherungspflichtig Beschäftigten in Westdeutschland zwischen 1980 und 2002 von 30 % auf rund 17 % gesunken[33]. Nicht zuletzt unterstreicht der Strukturwandel vom Industriesektor hin zum Dienstleistungsbereich die Bedeutung von Ausbildung und lebenslangem Lernen[34].

Einhergehend mit dem Strukturwandel ist eine Spaltung des allgemeinen Arbeitsmarkts (zumindest in Deutschland) zu beobachten, die sich auch am Ausbildungsmarkt immer stärker zeigt[35]. Gemeint ist die Zunahme von flexiblen und atypischen Arbeitsverhältnissen mit teilweise geringen Aufstiegschancen wie etwa befristeten Stellen oder Tätigkeiten in Leiharbeit, die neben traditionelle Normalarbeitsverhältnisse treten und Erwerbsbiografien zunehmend unsteter werden lassen. So war im Jahr 2010 fast jeder vierte Arbeitnehmer unter 30 Jahren befristet angestellt[36]. Im Zusammenhang mit der Veränderung der Arbeitsverhältnisse wurde im Hinblick auf Teile der jungen Generation der Begriff „Generation Praktikum" geprägt. Er kennzeichnet den Berufseinstieg von Akademikern bestimmter Fächer über unbezahlte oder gering honorierte Praktika.

Nachdem der Ausbildungsmarkt in Deutschland bis Mitte der 2000er Jahre von einer deutlichen Unterversorgung mit Ausbildungsplätzen gekennzeichnet war, hat sich die Situation in den letzten Jahren erheblich entspannt. Im Jahr 2006 waren in Deutschland mehr als eine halbe Million junge Menschen unter 25 Jahren arbeitslos gemeldet. Besonders Jugendliche ohne Schulabschluss, mit abgebrochener Berufsausbildung, gesundheit-

---

[31] Statistisches Bundesamt (2010).

[32] Szita (2007).

[33] Kalina und Weinkopf (2005).

[34] Eichhorst und Thode (2011).

[35] Eichhorst und Thode (2011).

[36] DAK (2011).

lichen und familiären Schwierigkeiten, Sprach- oder Suchtproblemen haben es schwer, einen Ausbildungs- und Arbeitsplatz zu finden[37].

Bei der Gruppe der 25 bis 29 Jährigen betrug im Jahr 2008 der Anteil derer, die weder in Arbeit noch in Ausbildung waren, 17 %. Mehr als die Hälfte von ihnen hat die aktive Suche nach einem Arbeitsplatz bereits eingestellt[38]. Die positive konjunkturelle Entwicklung nach der Wirtschafts- und Finanzkrise hat zwar zu einer Besserung am Arbeitsmarkt insgesamt geführt, jedoch profitieren hiervon nicht alle Arbeitslosen gleichermaßen. Insbesondere schlägt der Rückgang der Arbeitslosigkeit auf den Rechtskreis SGB II („Harz IV") nicht umfänglich durch. Nicht zuletzt aufgrund ihrer Arbeitsmarktferne ist für den skizzierten Teil der älteren Vertreter der Generation Y eine Tendenz zur Marginalisierung festzuhalten. Ob die in einer Vielzahl von Befragungen referierten typischen Einstellungen und Verhaltensweisen der Generation Y voll umfänglich auch für sie gelten, bleibt fraglich, da sich diese Studien in der Regel auf Arbeitnehmer oder Studenten beziehen.

Die am Absatzmarkt zu beobachtende Steigerung der Transparenz zeigt sich in Teilen auch am Arbeitsmarkt. Analog der Konsumentenverhaltensforschung wurden Modelle zum Entscheidungsverhalten von Bewerbern bei der Arbeitgeberwahl entwickelt und für Arbeitgeberstudien nutzbar gemacht. Arbeitgeberstudien wie beispielsweise „TOP JOB" oder „Deutschands beste Arbeitgeber" beurteilen Unternehmen, oftmals in Form von Rankings, aus unterschiedlichen Perspektiven. Sie tragen dazu bei, die Bekanntheit und das Image von Unternehmen am Arbeitsmarkt zu steigern und können potenziellen Arbeitnehmern als Orientierung bei der Wahl des Wunscharbeitgebers dienen[39]. Darüber hinaus spielt das Internet eine entscheidende Rolle bei der Arbeitsplatzsuche der jungen Generation und reflektiert ihr allgemeines Informationsverhalten[40]. Die Beschaffung von Informationen über die Firmenwebsite gehört mittlerweile zum Standard. Zudem nutzen Bewerber in zunehmendem Maße Social Media, wie u. a. den Unternehmens-Blog oder Webnews, um sich ein Urteil über einen potenziellen Arbeitgeber zu bilden. Die Bereitstellung und regelmäßige Aktualisierung von aussagekräftigen Arbeitgeberinformationen, beispielsweise über die Karriereseiten im Web-Auftritt, hat sich somit zu einer wichtigen Voraussetzung für die Gewinnung von Nachwuchskräften entwickelt.

In den letzten Jahren war zudem eine zunehmende Auflockerung der Grenzen zwischen Arbeit und Privatleben zu beobachten. Technische Neuerungen wie Laptop, WLAN und Smart Phones machen es möglich, nicht nur im Home Office, sondern praktisch überall und zu jeder Stunde zu arbeiten. Die Entgrenzung von Arbeits- und Freizeit bedeutet einerseits, dass Arbeitnehmer in ihrer Freizeit arbeiten, andererseits aber auch, dass sie private Aktivitäten am Arbeitsplatz erledigen. So werden im Büro beispielsweise am PC Flugtickets gebucht, Aktien gekauft und verkauft oder Gespräche mit der Bank oder dem Reisebüro geführt. Der Arbeitgeber kann die Nutzung von „Arbeitszeit" für private

---

[37] Klaffke et al. (2006); Klaffke und Senius (2008).

[38] Eichhorst und Thode (2011).

[39] Stotz und Wedel (2009).

[40] Kienbaum (2010).

Zwecke schwerlich verhindern, wenn er auf der anderen Seite erwartet, dass Mitarbeiter am Wochenende ihre E-Mails bearbeiten oder auch in den Abendstunden für Telefonkonferenzen zur Verfügung stehen. Flexible Arbeitszeiten sind letztlich Ausdruck eines kooperativen und vertrauensvollen Miteinanders und entsprechen dem Bedürfnis nach Individualisierung und Souveränität, indem sie Mitarbeitern Wahlmöglichkeiten bieten, Lage und Dauer der Arbeitszeit ihrem individuellen Rhythmus anzupassen.

Das Angebot von Entwicklungs- und Selbstverwirklichungsmöglichkeiten ist für junge deutsche Berufseinsteiger das wichtigste Entscheidungskriterium bei der Wahl des zukünftigen Arbeitgebers[41]. Hierzu gehört insbesondere auch ein internationales Tätigkeitsfeld. Weitere wichtige Anforderungen an den Wunscharbeitgeber sind eine kollegiale Arbeitsatmosphäre, ein ausgeglichenes Verhältnis zwischen Arbeit und Freizeit und, allerdings weniger bedeutsam, die Vergütung sowie Karriereoptionen. Insbesondere das Thema Work-Life-Balance, also die Vereinbarkeit von Familie, Privatleben und Beruf, hat in den vergangenen Jahren bereits bei den Vertretern der Generationen X und stärker noch bei der Generation Y an Bedeutung gewonnen[42]. Leistung und Genuss sind Generation-Y-Individuen in etwa gleich wichtig[43]. Nicht zuletzt kommt hierin der Wunsch zum Ausdruck, Zeit sinnvoll, entsprechend der eigenen Vorstellungen eigenverantwortlich einzusetzen, Karriere nicht um jeden Preis zu betreiben und Lebensfreude auch während bzw. durch die Arbeit zu empfinden.

Viele junge Arbeitnehmer erwarten darüber hinaus, am Arbeitsplatz auf neueste Technologien zurückgreifen zu können[44]. Dies ist nicht verwunderlich, bedenkt man, dass die Generation Y mit Internet und Mobiltelefonie aufgewachsen und den permanenten Informationszugang gewöhnt ist.

Ein vergleichsweise hoher Lebensstandard und damit möglicherweise verknüpfte Erwartungen an den Spaß-Faktor auf allen Lebensebenen können in der betrieblichen Realität zu Frustrationen am Arbeitsplatz führen. Zu beobachten ist eine Steigerung der psychischen Erkrankungen bei Generation-Y-Individuen. Seit 1997 haben Krankheitsfälle durch psychische Leiden in der Altersgruppe der 20 bis 29-Jährigen in Deutschland überproportional zugenommen[45]. Junge Erwerbstätige suchen zudem doppelt so häufig den Arzt auf als Alterskollegen, die noch nicht berufstätig sind[46]. Ursächlich hierfür könnten die mit der Arbeitsaufnahme verbundenen spezifischen Anpassungsherausforderungen im Alltag sein, deren Bewältigung möglicherweise mit einer zunächst höheren Anfälligkeit für Krankheiten verbunden ist. Hierzu gehören längere Arbeitszeiten, Termin- und Erwartungsdruck, ungewohnte körperliche Anstrengungen oder auch konzentriertes Arbeiten

---

[41] Kienbaum (2010).

[42] Johnson Controls (2010).

[43] Gensicke (2010, S. 196).

[44] Johnson Controls (2010).

[45] DAK (2010).

[46] DAK (2011).

über einen längeren Zeitraum und nicht zuletzt ein neues soziales Umfeld mit entsprechenden Werten und Regeln.

Einige Unternehmen reagieren bereits auf die Vorstellungen der Generation Y, indem sie Arbeitswelten schaffen, die durch eine höhere Anschlussfähigkeit an die Sozialisation der jungen Generation gekennzeichnet sind und ihnen so eine deutlich geringere Anpassungsleistung abverlangen. So bietet Google beispielsweise seinen Mitarbeitern u. a. Laptop und DSL-Internet zu Hause, Freiheit bei der Arbeitszeitgestaltung und Auswahl des Arbeitsplatzes im Büro, Spielräume mit Kicker und Fitnessgerätschaften sowie Relax- und Ruhezonen und erlaubt Mitarbeitern, 20 % ihrer Arbeitszeit für eigene Projekte zu nutzen[47].

3.4 Individuelle Ebene

Das soziale Umfeld umfasst soziale Beziehungen u. a. zur Familie, Freunden und Kollegen. Seit einigen Jahren zeigt sich hier eine stärkere Pluralisierung der Lebensformen. Neben traditionellen Familienverbänden treten mehr alternative Lebensgemeinschaften auf, wie beispielsweise gleichgeschlechtliche Verbindungen[48]. Die Scheidung einer Ehe zu beantragen, sich selber zu verwirklichen oder auch große Kredite aufzunehmen, lösen zudem heute weniger Schamgefühle aus als früher[49]. Auch die tradierten Geschlechterrollen unterliegen einem Wandel, indem in vielen Ländern auch Männer zunehmend die Kinderbetreuung übernehmen.

Die soziale Vernetzung hat mit dem Aufkommen der Social Networks im Internet eine ergänzende Dimension erhalten. Soziale Netzwerke erfüllen eine Vielzahl von Funktionen und dienen u. a. dem Austausch von Erfahrungen, Wissen und Meinungen sowie der gegenseitigen Unterstützung. Angesichts der zunehmenden Komplexität vieler (betrieblicher) Fragestellungen wird die Zusammenführung u. a. von Wissen und Erfahrungen einer Vielzahl von Akteuren immer bedeutsamer. Umfang sowie Qualität des eigenen Beziehungsgeflechts entwickeln sich damit zu einem kritischen Faktor generell für die Umsetzung eigener Vorstellungen sowie speziell für den Karriereverlauf in Unternehmen.

Soziale Netzwerke waren früher stärker real, lokal und auch exklusiv geprägt. Mit dem Internet entstehen neue virtuelle Netzwerk-Welten, die vielschichtiger in ihrer Zusammensetzung sowie global orientiert sind und damit ihren Mitgliedern neue Nutzungsmöglichkeiten eröffnen.

So können über Plattformen wie XING beispielsweise Kontakte zu bislang unbekannten Personen aufgenommen werden, um Experten für spezifische Themenstellungen einer betrieblichen Herausforderung ausfindig zu machen, gezielt nach Arbeitsplatzangeboten zu suchen oder auch Geschäfte anzubahnen.

---

[47] Kneissler (2011).

[48] Gerstner und Hunke (2006).

[49] Lyttkens (1989); Parment (2011).

Generation-Y-Individuen weisen ihrem sozialen Netzwerk allgemein eine wichtige Rolle für die Arbeitsleistung zu. Die Hälfte der jungen Deutschen im Alter zwischen 12 bis 25 Jahren nutzt digitale Netzwerke wie Facebook, Schüler- oder Studi-VZ mehrmals oder so gut wie täglich[50]. Nicht zuletzt erleichtern diese Plattformen auch die Befriedigung des jugendspezifischen Wunsches nach einer hohen zwischenmenschlichen Kontaktdichte. Trotz und vielleicht gerade aufgrund der Anonymität vieler Kontakte in virtuellen Netzwerken sind aber persönliche und verbindliche Beziehungen von größter Bedeutung für die Generation Y, die in den letzten Jahren sogar noch weiter zugenommen hat. Freundschaft, eine vertrauensvolle Partnerschaft und ein gutes Familienleben gehören zu den zentralen Wertorientierungen der jungen Menschen[51].

Checkliste

- Was halten Sie von Generationszugehörigkeit als Erklärungsansatz?
- Was bedeutet die Sozialisationshypothese im Falle Ihres Lebens? Welche Erfahrungen und kollektive Ergebnisse prägten Ihr Erwachsenwerden?
- Wie unterscheiden sich Ihre Werte und Präferenzen von denen der Generation Y?
- Angenommen, dass es an Ihrem Arbeitsplatz Generation-Y-Individuen gibt: Wie unterscheiden sich die gesellschaftliche Ebene, die Absatz- und Arbeitsmarktebene sowie die individuelle Ebene von denen Ihrer Generation?
- In welchem Maße ist die Generation Y von Individualismus versus Kollektivismus geprägt? Was wird diesbezüglich in der Zukunft mit kommenden Generationen passieren?
- Wie und in welchem Maße haben Konsumentensouveränität und Angebotsindividualiserung den Arbeitsmarkt beeinflusst?

Handlungsempfehlungen

- Die Generationszugehörigkeit eines Individuums beachten, wenn Meinungsunterschiede vorhanden sind.
- Arbeitgeberstudien tiefgreifend verstehen – warum haben junge Individuen „Deutschlands beste Arbeitgeber" gewählt? Von diesen Einsichten lernen.
- Um Individuen auf individueller Ebene überzeugen zu können, die Mechanismen, die Individuen überzeugen und zum Handeln bringen, verstehen.
- Nicht nur die Generationendimension in der Analyse beachten. Andere Faktoren wie beispielsweise, ob die Person in einer Großstadt oder auf dem Land aufgewach-

---

[50] Leven et al. (2010, S. 105).

[51] Gensicke (2010, S. 197); Kienbaum (2010).

sen ist, ihr sozioökonomischer Standard etc. können genauso wichtig oder sogar wichtiger sein. Die Sozialisationshypothese sollte aber nicht vernachlässigt werden!

- Von der neuen Generation lernen: Wie leben junge Menschen und wie könnte die Arbeit bzw. die Kundenorientierung organisiert werden, um die jungen Kunden bzw. Abnehmer besser, effizienter und profitabler bedienen zu können? Je mehr Freiheit und Möglichkeiten für junge Mitarbeiter, desto größer die Wahrscheinlichkeit, dass neue effiziente Lösungen vorgeschlagen werden.
- Feedback anders sehen: Es muss nicht immer bis ins Letzte durchdacht sein, weil die neue Generation schon mit intensivem und spontanem Feedback vertraut ist.
- Eine Generationsanalyse durchführen: Wie verhalten sich die verschiedenen Generationen in einer bestimmten Arbeitssituation, und wie verhalten sie sich zueinander?
- Die Sprache der Generation verstehen: Bestimmte Mitarbeiter, vor allem Babyboomer, sagen eher „wir müssen" und „wir wollen", während die Generation Y eher „ich" sagt. Das Eigeninteresse könnte aber in beiden Fällen gleich groß oder gleich eingeschränkt sein. „Ich" muss nicht egozentrisch gemeint sein, auch wenn es von Älteren gerne so interpretiert wird.
- Erfahrung und Nostalgie sind zwei unterschiedliche Dinge. In Diskussionen und Gesprächen kommt es aber vor, dass Ältere auf Erfahrung verweisen, obwohl die vermeintliche Erfahrung für die spezifische Situation gar keine Relevanz hat. Möglicherweise ist Nostalgie der wahre Grund, warum der ältere Mitarbeiter sich in der gegebenen Situation nicht wohlfühlt – es war einfacher und besser in den 1970er oder 1980er Jahren. Nostalgie-Referenzen sollten der Entwicklung nicht im Wege stehen: Sie haben einen negativen Einfluss auf die Effizienz und untergraben die Arbeitsmotivation besonders bei jungen Mitarbeitern.
- Sicherstellen, dass das Unternehmen in drei, fünf und zehn Jahren mit Führungs- und Arbeitskräften adäquat versorgt ist. Vor wenigen Jahrzehnten kam es noch sehr oft vor, dass ein und dieselbe Person viele Jahre dieselbe Tätigkeit ausführte und in derselben Position war; Führungskräfte wurden damals nicht so oft ausgewechselt. Demzufolge war die künftige Versorgung einfacher zu planen. Je öfter der Arbeitsplatz gewechselt wird, desto wichtiger ist ein Plan für die Sicherung des künftigen Personalbestands.

Wahlmöglichkeiten und Individualismus

4

▶ Im Folgenden wird ausführlicher auf die vernetzte, informationsintensive, näher zusammengerückte, transparentere Welt eingegangen, in der die Generation Y aufgewachsen ist. Auch wird untersucht, wie die Veränderungen der Gesellschaft zu wesentlich erweiterten Wahlmöglichkeiten geführt haben, was beim typischen Vertreter der Generation Y zu stärkerer Betonung von Individualismus und neuen Informationsstrategien führt.

▶ Außerdem werden die treibenden Kräfte hinter der gesellschaftlichen Entwicklung diskutiert. Hier gibt es ein interessantes Wechselspiel und viel Dynamik zwischen verschiedenen Faktoren. Die Gelegenheit, wählen zu können, stimuliert das individuelle Denken und Verhalten gegenüber Produkten, Marken und Arbeitgebern. Das bedeutet, alle Wahlmöglichkeiten schaffen Individualismus, was zu einer größeren Vielfalt aufseiten der Anbieter führt. Und je mehr Alternativen, desto geringer die Loyalität! Das gilt gleichermaßen für Konsumgüter, für den Arbeitsmarkt, für Freizeitbeschäftigungen und für andere Situationen mit vielen Alternativen für den Abnehmer.

Die explosionsartige Entwicklung des Angebots von Produkten, Dienstleistungen, Fernsehkanälen, Freizeitaktivitäten und Profilierungen von Arbeitsplätzen hat zu einer neuen Einstellung zu Wahlmöglichkeiten geführt. Heute gibt es kaum noch einfache und selbstverständliche Entscheidungen zu treffen – jeder muss selbst entscheiden, wie er in einer Welt von enormen Wahlmöglichkeiten navigiert.

Die Welt hat sich verändert und die globalen Machtmuster fallen heute anders aus als in früheren Zeiten. Galt einmal die USA als Leitbild für guten Service, hochentwickelte Produkte und Dienstleitungen, Infrastruktur und wirtschaftliche Entwicklung, ist es heute – besonders für junge Menschen – selbstverständlich, nach Osten zu blicken. Eindeutig ist

A. Parment, *Die Generation Y*,
DOI 10.1007/978-3-8349-4622-5_4, © Springer Fachmedien Wiesbaden 2013

die Entwicklung allerdings nicht – asiatische Kunden kaufen gerne Produkte aus dem Westen[1] und ein großer Teil des populärkulturellen Angebots kommt noch aus den Westen.

4.1 Der Aufstieg des Individualismus

Eine große Wertverschiebung unserer Zeit ist der Aufstieg des Individualismus und das zunehmende Streben des einzelnen Menschen nach Unabhängigkeit. Damit sind die individuellen Gestaltungsmöglichkeiten eines Lebens in den vergangen Jahrzehnten gewaltig gewachsen.

Noch vor ein paar Jahrzehnten – wie in Kap. 1 beschrieben – war die Gesellschaft von einem ausgeprägten Kollektivismus gekennzeichnet. Obwohl sich im Extremfall Individualismus zum Egoismus verschärfen kann, handelt es sich bei der Entwicklung in den letzten Jahrzehnten überhaupt nicht um eine Verschiebung hin zu egoistisch ausgelegtem Individualismus, auch wenn es von Älteren so verstanden werden kann. Dass junge Individuen individualistischer leben und sich mehr individualistisch ausdrücken, heißt nicht, dass sie egoistischer als frühere Generationen sind.

Ganz einfach und eindeutig ist die Entwicklung zum Individualismus nicht. Das Verhältnis des einzelnen Individuums zu der Gemeinschaft bzw. Gesellschaft ist von jeher Gegenstand kontroverser Diskussionen. Die menschliche Natur hat nicht aufgehört, gesellschaftlich zu sein und sich in Beziehungen zu anderen zu identizieren. Es wird vermehrt mit anderen gearbeitet und Umgang ist, nicht zuletzt für junge Menschen, ein wichtiger Teil des täglichen Lebens.

Die Entwicklung der Werte, beeinflusst und ändert ständig die Wahrnehmungen, die Bürger bzw. Verbraucher oder Mitarbeiter haben. Der historische Zusammenhang, in dem wir leben, bringt uns dazu, die Gesellschaft bzw. die Welt wahrzunehmen und bildet den Hintergrund für die zunehmende Autonomie der Individuen in den heutigen Gesellschaften. Unsere Gesellschaft verändert sich, ist mitten im Umschwung. Viele junge Individuen ergreifen die Gelegenheit, sich zu entwickeln und sich einzurichten. Mit dem deutlichen Aufstieg des Individualismus in unserer Gesellschaft kommt es auch einer Individualisierung der Werte, das heißt, der Mensch steht im Zentrum der Werte und entscheidet über sein eigenes Schicksals.

4.1.1 Populärkulturelle Ereignisse und Individualismus

Man kommt an populärkulturellen Ereignissen nicht vorbei, wenn der zunehmende Individualismus diskutiert wird. Durch Realitätsfernsehen wie *Deutschland sucht den Superstar!* oder *Germany's next Topmodel* ist für jeden möglich geworden, öffentlich aufzutreten und eine Karriere zu machen, die ganz anders ist, als die eigenen Eltern es erwarten – vorausgesetzt man hat Mut und Glück. Jobs, die vorher als unerreichbar galten, sind jetzt erreichbar.

---

[1] Batra et al. (2000); Park et al. (2008); Zhou und Hui (2003).

Claudia Schiffer beschreibt die Erfahrungen aus den frühen 1990er Jahren: „Nach der Chanel-Show begleiteten mich Bodyguards durch die Menschenmassen und brachten mich zu meinem Auto. Es fühlte sich an, als würdest du von der Bühne aus einer Rock-Star-Tour kommen". Und viele der Supermodels wenden einen Rock-Star-Lebensstil an: „Die Supermodels verkörpern Aufstieg und eine Rock-Star-Attitüde. Sie kleiden sich in Modell-Kleidung, sie gehen mit Schauspielern, Musikern und Rock-Star aus und leben wie es in den Modezeitschriften geschildert wird. Berichte über ihre reale oder eingebildete Diva-Lebensweise haben Klatschspalten gefüllt"[2]. Berühmt zu werden ist gut für die Karriere und gibt neue Möglichkeiten auf- und umzusteigen – oder anders ausgedrückt, seine Karrierebühne zu erweitern. Die Generation Y ist in einer von wirtschaftlichem Umbruch geprägten Gesellschaft aufgewachsen: Die Konkurrenzintensität ist hoch und hat dazu geführt, dass Banken mit Versicherungsunternehmen fusionieren und umgekehrt, dass Mövenpick Hotels anbietet. Musiker werden Schauspieler und Mercedes-Benz bietet eine Mode-Woche zweimal jährlich in Großstädten an. Folglich werden vor allem die Jungen inspiriert, ihre Karriere breit aufzustellen, ihr Studiengang mit einem Doppelabschluss zu beenden etc. Dies bedeutet für einen Rechtanwalt oder eine Prüfungsgesellschaft, dass die Wahrscheinlichkeit höher ist, dass Mitarbeiter nicht mehr wie früher, das ganze Leben lang in einer Firma arbeiten wollen, um Partner zu werden.

Ereignisse in der Populärkultur haben dazu beigetragen, dass die Generation Y insgesamt weit stärker individualistisch geprägt ist als die Generation X und frühere Generationen. Ein gutes Beispiel ist *Sex and the City*, eine Fernsehserie, die von 1998 bis 2004 in den USA gedreht wurde. Noch kann man in den meisten westlichen Ländern mehrmals pro Woche diese Fernsehserie anschauen. Derzeit läuft in den USA *The Carrie Diaries*, ein Prequel zu *Sex and the City*. Die Protagonistinnen von *Sex and the City* sind vier New Yorker Frauen, die einen glamourösen Lebensstil mit dem Genuss des Großstadtlebens verbinden. Die vier treffen einander regelmäßig, diskutieren ihre Auseinandersetzungen sowie verschiedene Fragen menschlicher Beziehungen, u. a. sexuelle Erlebnisse und Freundschaften mit Männern. Das geschilderte Leben hat wenig mit den tatsächlichen Verhältnissen in New York City zu tun – diejenigen, die der Serie folgen, können trotzdem ein Stückchen Glamour, Selbstverwirklichung und weiblichen Individualismus genießen. Die Hauptperson Carrie ist Autorin einer Kolumne über die verwirrenden Dating- und Liebesrituale der New Yorker Singlewelt und Carries philosophische Fragestellungen zum Dating und zur Singlewelt bilden die Rahmenhandlung der Serie. Ausgefallene Outfits, Vernissagen, späte Partys, immer neue Frisuren und neue Beziehungen gehören in allen sechs Staffeln zur Handlung.

Sex and the City wurde von Millionen junger Frauen der Generation Y gesehen und hat einen Beitrag zur Emanzipation der Frau und zum Individualismus hinterlassen. Wie viele andere Fernsehserien hat *Sex and the City* auch zur Urbanisierung und zur Konsumgesellschaft beigetragen: Der Fokus auf großstädtischem Single-Leben, einem hohen Lebensstandard und Luxusgütern haben während des Erwachsenwerden der Generation Y zum Gesamtbild eines erstrebenswerten Lebens und von Orten, an denen man gerne

---

[2] Vogue, Br Edition, Juli (2010).

wohnt, beigetragen. Will man die Werte einer kommenden Generation verstehen, ist es unerlässlich, diese indirekten Effekte der gesellschaftlichen Entwicklung im weiteren Sinne zu erkennen.

4.2 Wahlmöglichkeiten – eine Selbstverständlichkeit für die Generation Y

Vor ein paar Jahrzehnten gab es in fast allen Bereichen des Lebens deutlich weniger Wahlmöglichkeiten: Es gab nur einen Stromlieferanten und einen Anbieter für Telefonie. Es gab weniger Ausbildungseinrichtungen, weniger Urlaubsmöglichkeiten und weniger Optionen beim Autokauf. Preisvergleiche im Internet konnten nicht angestellt werden – es gab nämlich kein Internet. Die meisten fuhren sehr lange die gleiche Automarke, kauften im lokalen Supermarkt ein u. Ä. *Loyalität* war die Regel, einen neuen Lieferanten aufsuchen eher die Ausnahme. Bei Unzufriedenheit gab es natürlich diese Möglichkeit, aber die Marke wechseln, nur weil es Spaß macht, war eine Seltenheit.

Ab den 1980er Jahren gab es viel mehr Wahlmöglichkeiten. Die Globalisierung von Geschmack und Präferenzen, ein internationalisierter Handel, günstige Transportmöglichkeiten und das Auftreten von internationalen Niedrigpreis-Lieferanten, wie RyanAir, Ikea, Hennes & Mauritz, Lidl und Wal Mart (letzterer nicht so erfolgreich in Europa, aber sehr erfolgreich in den USA) führten auf vielen Konsumebenen zu einer neuen Vielfalt von Preis-, Leistungs- und Qualitätsalternativen. Ein Mehr an Alternativen macht den Konsumenten naturgemäß entscheidungsbewusster und anspruchsvoller: Aspekte des Angebots, die früher nicht in Betracht gezogen wurden, konkurrieren nun mit herkömmlichen, altgewohnten. Wer nie die Wahlmöglichkeit gehabt hat, denkt nicht so viel über Aspekte des Angebots nach, wer jedoch Konsument in einem konkurrenzintensiven Markt ist, wird Target der Marktkommunikation und erhält viele Informationen über Produkte, über Unterschiede zwischen Alternativen und Aspekte des Angebots, die vorher nicht bekannt waren.

Die Entwicklung, die sich hier vollzogen hat, kann, stellvertretend für viele weitere Bereiche, am Beispiel des Flugreiseverkehrs veranschaulicht werden: Vor dem Aufkommen der Billigfluglinien war es eine Selbstverständlichkeit, dass an Bord Speisen und Getränke kostenlos gereicht wurden. Flughäfen befanden sich in der Regel in der Nähe von Städten und Wirtschaftszentren. Die Möglichkeit, etwa über die Militärflughäfen Frankfurt-Hahn (140 km von Frankfurt am Main), über Barcelona-Girona (100 km von Barcelona) oder Stockholm-Västerås (110 km von Stockholm) zu fliegen, kann aus Marketinggründen gefragt sein – warum dann aber den Namen der Stadt, die zwei Stunden vom Flughafen entfernt liegt, im Marketing benutzen? Viele Kunden haben diese Initiative jedenfalls geschätzt, und die traditionellen Fluggesellschaften hatten plötzlich eine neue Konkurrenzsituation. Gut für die Kunden, schmerzhaft für die nationalen Flaggschiffe! Die traditionellen Fluggesellschaften haben ungünstige Kostenstrukturen, hohe Lohnkosten, die nicht einfach reduziert werden können, große Marketingabteilungen und eine Vielfalt von Flugzeugtypen. RyanAir fliegt ausschließlich mit Maschinen vom Typ Boeing 737, was zu

günstigen Kosten für Inspektionen, Unterhalt und Schulung führt. So konnten viele Flug-
gäste gewonnen werden, die zwar das Geld hatten, mit Lufthansa, Air France oder British
Airways zu fliegen, es aber sinnvoller fanden, mit Billigflugtickets öfter zu reisen bzw. das
eingesparte Geld für andere Bedürfnisse auszugeben.

4.3   Neue Geschäftsmodelle und ein flexibles Konsumverhalten

Kleidung konnte schon früher im Billigmarkt gekauft werden, die anspruchsvollere Kleidung gab es aber in der Regel im Premiumbereich, und diese Kleidung wurde in der Stadtmitte beim Premiumhändler angeboten. Dann haben sich Billigmarken ausgebreitet, die
nicht nur preisgünstig, sondern auch qualitativ hochwertig waren. Und noch mehr: Der
Käufer musste sich nicht länger zum Billigmarkt bemühen, die Bekleidungsgeschäfte wurden ausschließlich in Kaufhäusern mit attraktiven Standorten gegründet. Handelsketten,
wie Hennes & Mauritz (Schweden) und Zara (Spanien), haben diese Strategien umgesetzt
und das Kaufverhalten grundsätzlich verändert: Statt einer Frühlings- und einer Winter-
kollektion gibt es jede Woche neue Kleidung, was vor allem junge Leute attraktiv finden.
Unter der Woche mal ein paar Standorte in der Stadtmitte besuchen, hier und da billig und
schön einkaufen – einfach geil!

Nicht nur die Möglichkeiten haben sich vermehrt, sondern auch die Einstellung und
das Verhalten haben sich verändert: Was früher als merkwürdig und erstaunlich betrachtet
wurde, gilt jetzt als *eine* von vielen Möglichkeiten. So gibt es heute wohlhabende Menschen, die billig einkaufen, zum Beispiel Menschen, die sich ein Premiumauto jenseits der
50,000 Euro-Grenze zulegen und dann zu Lidl fahren, um billige Lebensmittel kaufen zu
können. Und es gibt Menschen mit wenig Geld, die gleichwohl Jeans für 300 € kaufen
(Abb. 4.1).

Früher musste das Auto alle 10,000 oder 15,000 km in die Vertragswerkstatt zum Öl-
wechsel oder zu einer großen Inspektion. Alternativen zur Vertragswerkstatt gab es zwar,
sie wurden jedoch in den ersten sechs bis acht Jahren des Autolebens kaum genutzt. Heute
fahren immer mehr Pkw-Besitzer A.T.U. (Auto Teile Unger), Pit-Stop oder Stop + Go an,
um dort Inspektionen kostengünstig durchführen zu lassen. Diese Veränderung hat eine
mentale Dimension: Früher mussten diejenigen, die sich für eine Alternative zur Vertragswerkstatt entschieden hatten, für sich selbst und gegenüber Dritten überzeugende Argumente haben. In der Generation Y ist es eine Selbstverständlichkeit, verschiedene Alternativen schnell und effizient auszuwerten: Wer bietet das beste Preis-Leistungs-Verhältnis?
Wer ist zuverlässiger? Welche Werkstatt ist am einfachsten zu erreichen? Klar, die Vertragswerkstatt hat gewisse Vorteile (markenspezifische Kenntnisse, die Möglichkeit, neue
Software herunterzuladen etc.); Alternativen werden aber trotzdem bewertet.

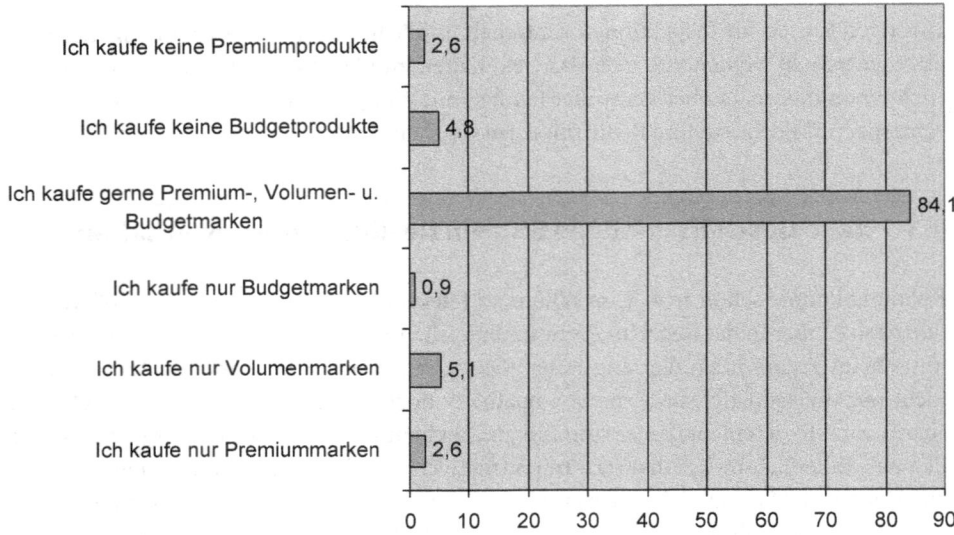

Abb. 4.1 Die meisten Vertreter der Generation Y können sich vorstellen, Budget-, Volumen- oder Premiummarken zu kaufen, und die Prioritäten sind eher von der Kaufsituation abhängig: Manchmal zieht man günstige Produkte vor, ein andermal werden nur die besten Produkte der jeweiligen Kategorie gekauft, wenn man sich das leisten kann. Angaben in Prozent. (Quelle: Generation-Y-Fragebogen)

4.4   Konsumkultur – eine Selbstverständlichkeit für die Generation Y

Die Generation Y ist in der „neuen" Gesellschaft mit hoher Transparenz, ständiger Kommunikation, vielen Wahlmöglichkeiten und ausgeprägtem Individualismus aufgewachsen.

Wahlmöglichkeiten fördern den Individualismus, weil es mehr Gelegenheit für den einzelnen Konsumenten gibt, beim Kauf Präferenzen umzusetzen. Wenn Personen im sozialen Umfeld neue Wege gehen, die eigenen Präferenzen durch Konsum umzusetzen, etabliert sich eine *Konsumkultur, in der Menschen Konsum als ein zentrales Thema für die Profilierung der eigenen Person nutzen.* Ohne Alternativen und Wahlmöglichkeiten gäbe es nur wenige Möglichkeiten, sich durch das Kaufverhalten zu profilieren.

Außerdem ist die Generation Y durch einen im Vergleich zu früheren Generationen hohen Lebensstandard, viele alternative Urlaubsmöglichkeiten, viele Freunde und „viel Spaß" verwöhnt. Dies führt zu ähnlichen Ansprüchen und Erwartungen an das Erwachsenenleben.

Nicht nur Verkäufer und Handelsketten, sondern auch Arbeitgeber, Kirchen, Fachverbände, verschiedene Arten von Vereinen etc. sind sich darüber einig, dass die Loyalität der Kunden, Mitarbeiter oder Mitglieder ihnen gegenüber gesunken ist. Immer mehr Fernsehkanäle, Internetseiten, Freizeitbeschäftigungen sowie die Möglichkeit, sich überall und jederzeit mit dem Internet zu verbinden, erschweren es, die Aufmerksamkeit der Konsumenten auf Aktivitäten, Firmen und Angebote zu lenken. Das weniger loyale Verhalten zeigt die Generation Y in vielen Bereichen: beruflich, als Konsument und auch im Privatleben. Die Generation Y wurde schon früh im Leben mit vielen Alternativen und Wahlmöglichkeiten verwöhnt. Das muss man verstehen, um diese Generation ansprechen und anziehen zu können.

4.5   Von der Informationsknappheit zum Informationsüberschuss

Die Generation Y hat früh gelernt, dass nicht alle Entscheidungen getroffen werden müssen – alle E-Mails müssen nicht beantwortet werden (beruflich gibt es natürlich gewisse Regeln dafür, wie mit E-Mails umzugehen ist), Angebote von Strom-, Telefon- und Breitband-Unternehmen müssen nicht beachtet werden, und Hunderte und Aberhunderte kommerzielle Informationen, die einen jeden Tag erreichen, müssen nicht alle bearbeitet werden. Immer den niedrigsten Preis zu finden, ist unmöglich; sich in wichtigen Kauf- und Entscheidungssituationen gut zu informieren, ist aber eine Selbstverständlichkeit. Tatsächlich ist es unmöglich, jede Wahl zu optimieren – diese Einsicht kommt für diejenigen früher, die in einer Gesellschaft mit vielen Wahlmöglichkeiten aufgewachsen sind. So entwickelt man *Strategien für ein effizientes Verhalten im Informationsüberschuss*. Eine kritische Haltung und eine automatische Prüfung der Informationen tragen dazu bei, dass strategische sowie taktische Entscheidungen einfacher zu treffen sind.

In Interviews mit Babyboomern[3] erzählen einige Befragte, dass sie immer die Ambition haben, alle Informationen aus Direktmarketing, Tageszeitungen etc. zu bearbeiten. Eine 65-jährige Rentnerin, von der erlebten Informationsflut geplagt, berichtet: „Ich finde es sehr schwer, es erfordert viel Zeit, es ist schwierig zu wählen. Jeden Tag kommen neue Informationen, worauf soll ich die Priorität setzen?". Sie und ihr 70-jähriger Ehemann markieren durchgelesene Werbeprospekte und Tageszeitungen mit ihren Initialen. Es kann sein, dass dieses Vorgehen typischen Vertretern der Generation Y komisch erscheint, es ist aber für Babyboomer einfach zu erklären: Sie sind daran gewöhnt, alle Informationen, die sich an eine Person wenden, auch ausnutzen zu können. Aufgewachsen mit genügend Zeit für die Auswertung aller Informationen, betrachtet man die „neue" Gesellschaft mit Skepsis, Frustration und Stress. Eine Ausnahme in der Babyboomer-Generation sind Personen, die bei ihrer Arbeit stets mit einem Informationsüberschuss konfrontiert waren: Politiker, Rechtsanwälte, Generaldirektoren etc.

4.6   Mehr Informationen – neue Informationsstrategien

An der University of South Australia arbeitete noch nach der Jahrtausendwende ein älterer Professor, der einen großen Teil des Arbeitstags darauf verwendete, interessante wissenschaftliche Artikel zu finden, die dann archiviert und indexiert wurden. Der Professor war

---

[3] Parment (2008c).

frustriert über die gestiegene Anzahl der verfügbaren wissenschaftlichen Artikel, was zu mehr Arbeit und einer erhöhten Komplexität bei der Arbeit mit der Datenbank führte. Es ist unklar, warum dem Professor erlaubt wurde, mit seiner Offline-Datenbank zu arbeiten. Alle Artikel sind online verfügbar, und online sind sie viel schneller zu finden als in dem veralteten Register des Professors.

Viele Menschen können die Frustration des Professors nachvollziehen: Die Informationsmenge steigt, die Fähigkeit, Informationen zu beurteilen und zu bearbeiten, aber nicht. Für die Generation Y – und natürlich gilt das auch für viele andere Menschen – ist Informationsüberschuss der Normalzustand. Interessantes Material muss nicht archiviert werden, denn es ist meistens im Internet verfügbar, und wenn nicht, dann können in vielen Fällen ähnliche Informationen gefunden werden.

Soziologen haben die Effekte von einem Informationsüberschuss recherchiert und meinen, dass eine größere Menge von Informationen zu einem Mangel an fundiertem Wissen führte. Daher wird ein Informationsüberschuss als negativ gesehen[4]. Es wird argumentiert, dass, je mehr Informationen in einer Gesellschaft vorhanden sind, desto höher sind die Spezialisierungen[5]. In jüngerer Zeit haben sich Forscher für *Wissensmanagement/Knowledge Management* interessiert: die methodische Einflussnahme auf die Wissensbasis eines Unternehmens bzw. der eigenen Person. Unter der Wissensbasis werden alle Daten und Informationen, alles Wissen und alle Fähigkeiten verstanden, die das Unternehmen bzw. die Person zur Lösung ihrer vielfältigen Aufgaben hat oder haben sollte. Bei organisationalem Wissensmanagement sollen individuelles Wissen und Fähigkeiten (d. h. Humankapital) systematisch auf unterschiedlichen Ebenen der Organisationsstruktur verankert werden. Als ein Ergebnis des heutigen wissens- und innovationsorientierten Kommunikationszeitalters wird das im Unternehmen vorhandene Wissenskapital immer mehr als entscheidender Produktionsfaktor gesehen[6].

Das Wissen innerhalb eines Unternehmens wird somit als Produktionsfaktor verstanden, der neben Kapital, Arbeit und Boden tritt. Die Zielsetzungen des Wissensmanagements gehen deutlich über die reine Versorgung der Mitarbeiter mit Informationen hinaus. Erstens sollen Mitarbeiter lernend Qualifikationen und Fähigkeiten entwickeln und wertschöpfend einsetzen können. Zweitens erfolgt die Klassifizierung von Wissen einerseits durch sogenanntes kodifizierbares Wissen, das beschrieben werden kann und folglich geeignet ist, in Dokumenten vorgehalten zu werden, und andererseits durch implizites Wissen, das nicht bzw. nicht gewinnbringend in kodifizierbare Form gebracht werden kann. Diesen beiden Extremausprägungen entsprechen die beiden fundamentalen Strategien des Wissensmanagements.

---

[4] Himma (2007).

[5] Vgl. Bush (1945) befassen; Lyttkens (1988, 1991).

[6] Unternehmen der Zukunft, FIR-Zeitschrift für Betriebsorganisation und Unternehmensentwicklung, 10. Jg., Heft 3/2009, ISSN 1439-2585, Seite 17–19 – Wivu-Transfer: Wissen zum richtigen Zeitpunkt am richtigen Ort – ist das möglich?

Eine wichtige Implikation der neuen informations- und kommunikationsintensiven sowie transparenten Gesellschaft ist, dass es die Generation Y weniger problematisch findet, Ansichten zu ändern. Während es älteren Menschen in der Regel schwer fällt, neue Ansichten anzunehmen, geht die Generation Y deutlich gelassener mit solchen Veränderungen um. Links oder rechts in der Politik? In der Stadt wohnen oder auf dem Land? BMW oder Mercedes? Ansichten, die vorher eher ein Leben lang beibehalten wurden, können sich jetzt schnell verändern. Die Generation Y bekommt Informationen und Eindrücke aus vielen verschiedenen Quellen, trifft eine Vielfalt von Menschen und findet es nicht so erstaunlich oder bemerkenswert, dass man eine Ansicht ändert: Im Licht neuerer Erfahrungen können bisherige Meinungen in Frage gestellt werden, und man kümmert sich nicht so viel darum, ob das persönliche Ansehen infolge einer Meinungsänderung Schaden nehmen könnte.

Die Rolle des Staates nimmt ab, und es kommt verstärkt auf den Einzelnen an, die richtigen Entscheidungen bezüglich Karriere und Wohnort zu treffen. Früher gab es Erwartungshaltungen: Für Personen, die nicht Bescheid wussten und nicht selbst entscheiden konnten, griff der Staat ein und kümmerte sich um seine Bürger. Individuelle Leistungen im Arbeitsleben wurden nicht so stark betont wie heute, und wer vier, fünf Jahre an einer Universität studiert hatte, hatte beste Chancen, einen guten Job zu bekommen. Heute kommt es immer mehr auf die Persönlichkeit und individuelle Tatkraft an. In Zeiten eines starken Individualismus ist der eigene Lebenslauf sehr wichtig, und die Vielfalt der Karrierewege ist größer.

Die Generation Y verspürt Stress, Möglichkeiten, die das Leben bietet, etwa nicht verwirklichen zu können. Viele Eindrücke aus verschiedenen Zusammenhängen und viele Freunde, die interessante Erfahrungen in verschiedenen Ausbildungen, Ländern und Branchen gemacht haben, fördern die Mentalität, Träume und Ambitionen realisieren zu können und zu müssen. Alle Menschen leben aber unter Begrenzungen in finanzieller, zeitlicher, physiologischer und sozialer Hinsicht und können somit Träume nicht unbegrenzt realisieren. Frühere Generationen hatten in dieser Hinsicht weniger Möglichkeiten, allerdings auch geringere Erwartungen.

Dazu kommt, dass, wenn die Welt voll von Möglichkeiten ist, ein Rückschlag nicht so ärgerlich ist, wie wenn man alles auf eine Karte gesetzt hat. Wenn eine Person der Generation Y einen Job, eine Beförderung oder eine Professur – vielleicht ist sie dafür noch zu jung – sucht oder einen Kredit aufnehmen möchte und dabei auf Ablehnung stößt, wird das nicht mehr wie eine Niederlage gesehen: wieder versuchen, wenn das nächste Mal die Gelegenheit geboten wird.

4.7   Das Internet – eine zuverlässige Informationsquelle?

Die Generation Y ist daran gewöhnt, das Internet als Informationsquelle und Wissensbasis zu nutzen. Die Behauptung, dass das Internet eine Quelle von fragwürdiger Qualität sei, ist nur teilweise richtig: Man muss gut, schnell und bewusst im Internet navigieren können.

„Eine Vorlesung zum Thema ‚Einführung in eine akademische Lehrform: kritisches Denken'
ist ein Scherz. Wir sind mit kritischem Denken aufgewachsen: Wer nicht kritisch ist, kann das
Internet kaum nutzen", meint ein Student (geb. 1984), der in München Betriebswirtschaftslehre studierte. Homepages von bekannten Organisationen – siemens.com, atlascopco.
com, hilton.com, deutschebank.de etc. – sind nicht weniger zuverlässig bezüglich der verfügbaren Informationen als andere Informationen von derselben Organisation. Offene Informationsquellen, wie wikipedia.de bzw. wikipedia.org – eine freie Enzyklopädie, die von
jedem Benutzer geändert werden kann – sind von erstaunlich hoher Qualität. In mehreren
Studien wurde festgestellt, dass Wikipedia vergleichbar mit etablierten Enzyklopädien ist,
oder doch fast so gut ist wie diese. Nach einer Untersuchung des britischen Fachjournals
Nature ist Wikipedia kaum schlechter als die *Encyclopaedia Britannica*. Die Zeitschrift *Na-*
ture hatte 42 Artikel der beiden Werke von Experten vergleichen lassen, ohne dass diese
wussten, aus welcher Enzyklopädie die Artikel stammten.

Bei Wikipedia fanden die Experten durchschnittlich vier Fehler pro Artikel, bei der *En-*
cyclopaedia Britannica waren es drei. Das kritische Denken ist ebenfalls wichtig im Internet: Es kann sein, dass Artikel in Wikipedia manipuliert sind, was bei einer traditionalen
Enzyklopädie wie der *Britannica* kaum der Fall ist.

Fest steht, dass Internet-Enzyklopädien eine bessere Qualität als Tageszeitungen bieten. Erstens steht die Presse unter Kostendruck, und Zeitungsjournalisten müssen Artikel schnell schreiben und liefern, was zu Kompromissen hinsichtlich der Qualität führen
kann. Zweitens ist eine Tageszeitung kein interaktives Medium – der Leser könnte sich
zwar mit Kritik und Beschwerde an die Redaktion wenden, was aber die bereits publizierten Informationen nicht verändern kann. Eine offene Enzyklopädie, wie Wikipedia, kann
von allen damit vertrauten Nutzern aktualisiert und berichtigt werden, was die Qualität
der verfügbaren Informationen fördert. Das Feedback Tausender von Nutzern sichert so
die Qualität besser, als das ein einzelner Autor vermag. In einem Artikel in den *Dagens*
Nyheter, Schwedens größter Tageszeitung, wurde der italienische Design-Möbel-Hersteller
Kartell als „ein deutscher Hersteller von billigen Massenprodukten aus Kunststoff" bezeichnet. Kartell ist aber weder deutsch, noch billig! Wer in Wikipedia sucht, weiß alsbald
Bescheid: Die aus Plexiglas gefertigten italienischen Möbel haben ein klassisches Design
und sind u. a. im Museum of Modern Art in New York zu sehen. Je mehr Leser der Tageszeitungen ein kritisches Verhältnis zu den gedruckten Texten und Informationen haben,
desto besser muss deren Qualität sein, um die Menschen zum Kauf von Zeitungen zu motivieren – es gibt heutzutage ja viele andere Wege, sich zu informieren.

Wer immer noch denkt, die Tageszeitung hat recht, das Internet aber nicht, könnte gern
ein paar Begriffe in Wikipedia suchen, z. B. „Barack Obama", „Helmut Kohl", „Kanton",
„Volkswagen", „Architectur", „General Motors", „USA" und „Farbe"/„Colour", und selbst
entscheiden, ob diese kostenlos verfügbare Informationsquelle wirklich schlechter als tra-
ditionale Encyclopaedien abschneidet. Sachfehler und tendenzielle Angaben mögen vor-
kommen, aber erstens findet sich so etwas in traditionellen Enzyklopädien ebenfalls, wenn
auch in geringerem Umfang, und zweitens ist die Qualität für alltägliche Anwendungen
meistens „gut genug".

4.8   Die Welt ist näher und transparenter – neue Möglichkeiten für unentdeckte Talente ohne Netzwerke und reiche Eltern

Für die Generation Y ist die Welt näher und transparenter als für frühere Generationen. Die erhöhte Transparenz macht sich auf vielen Lebensebenen merkbar:

- Die Märkte haben sich von der Knappheit in den 1960er Jahren zu einem Überangebot vieler Konsumgüter gewandelt.
- Die Märkte sind transparenter geworden, und eine wichtige Antriebskraft in dieser Entwicklung ist das Internet. Aufgrund der Informationstransparenz, die mit dem Internet ermöglicht wird, ist es für viele Produkte *technisch möglich, Preise und Bedingungen einfach zu vergleichen.* Auf den Arbeitsmarkt hat das Internet diesbezüglich weniger Einfluss gehabt: Es gibt zwar Gehaltsstatistiken, die Daten sind jedoch schwieriger zu vergleichen und zu nutzen, als das bei Preisinformationen für Konsumgüter, wie Kleidung, Autoreifen, Kühlschränke oder Bücher und CDs, der Fall ist.
- *Anbieter stehen unter dem Druck von Seiten der Medien, der Kunden und des Staates,* Informationen über Preise, Lieferbedingungen, Stromverbrauch, Garantiebedingungen, Recyclingfähigkeit, Haltbarkeit etc. zu veröffentlichen und zu verdeutlichen. Erhöhte Anforderungen an Verbraucherinformationen seitens der Konsumenten und des Staates sind ein Thema seit Anfang der 1970er Jahre, als sich amerikanische Unternehmen falsche Angaben an die Kunden geleistet haben.[7] Seither sind die Ansprüche, ethisch akzeptable und transparente Informationen zu veröffentlichen, deutlich gestiegen.
- *Mehr Alternativen schaffen mehr Transparenz*: Durch neue Produkte und Alternativen werden verschiedene Wettbewerbsvorteile vermarktet und für den Kunden verdeutlicht. Um ein Beispiel zu nennen: Stromverbrauch, Recyclingfähigkeit und Geräuschpegel sind heute Qualitätsmerkmale eines Kühlschranks, über die Kunden in den 1970er Jahren kaum nachgedacht hätten.

Alle hier erwähnten Veränderungen ergeben *eine Kultur der Transparenz, die für bessere und effizientere Kaufentscheidung*en weidlich genutzt wird. Die Umsetzung aller Möglichkeiten, die durch die hohe Transparenz entstehen, ergibt eine neue Konsumkultur mit einer stärkeren Betonung von Erlebnisqualität, Flexibilität und breiter Vielfalt nutzbarer Alternativen, während Loyalität und ein „Immer das Gleiche, da weiß man, was man hat!" an Einfluss verlieren. Und wie bereits dargestellt, die Generation Y ist in der neuen, transparenteren Gesellschaft aufgewachsen.

Was heißt „die Welt ist näher"? Durch die Möglichkeiten der neuen transparenteren Gesellschaft und durch den Mut, neue Wege zu gehen, weiß die Generation Y günstige Gelegenheiten zu nutzen. Hier spielen das Internet und das Reality-Fernsehen eine große Rolle. Der Hobby-Musiker etwa kann im Internet seine Songs hochladen und dort einstellen. Wer ein großes soziales Netzwerk hat, z. B. 400 Freunde bzw. „Freunde" im virtuellen

---

[7] Bloom and Greyser (1981); Day and Aaker (1997); Parment (2006).

Kontaktnetzwerk Facebook, kann einen Link zu den Songs hochladen und auf die Weise viele Freunde zum Hören einladen. Studien haben zwar gezeigt, dass durchschnittlich sieben der Freunde im virtuellen Kontaktnetzwerk Personen sind, die man nie getroffen hat[8] – ob sie wirklich Freunde sind, bleibt natürlich dahingestellt. Der Effekt kann auf jeden Fall sehr positiv sein: Einige Musiker wurden durch das Hochladen von Songs berühmt und haben sogar Platz 1 der Top-Liste erreicht.[9]

Fernsehshows bringen die Welt näher an den Einzelnen heran. Die Teilnehmer der Fernsehshow *Big Brother*, deren Name aus Georg Orwells Science-Fiction-Roman „1984" abgeleitet ist, stehen ein paar Hundert Tage unter Videoüberwachung rund um die Uhr, auch in den Wohnräumen und auf den Toiletten. *Big Brother* lief 2008 in 35 Ländern. Das Konzept wurde reichlich kritisiert – und viele Leute wurden durch die Show berühmt, wenn auch für andere Qualitäten als die, die traditionell hoch bewertet sind. Das britische Konzept *Pop Idol* läuft unter verschiedenen Namen in mehreren Ländern, in Deutschland – *Deutschland sucht den Superstar*, in Frankreich – *Nouvelle Star* und in den USA – *American Idol*. Hier können bisher noch nicht entdeckte Talente ihre Fähigkeiten von einer aus Produzenten und Komponisten zusammengesetzten Jury prüfen lassen – natürlich in einem unterhaltungsorientierten Format.

Ein Konzept, das für den Arbeitsmarkt ausgelegt ist, heißt *The Apprentice* (deutsch: Der Lehrling). Jede Woche (von insgesamt 13 Wochen) werden zwei Teams mit einer Aufgabe betraut, deren Ergebnisse verglichen werden. Ein Mitglied des unterlegenen Teams wird aus dem Team entlassen und mit den Worten „You're fired!" („Du bist gefeuert!") nach Hause geschickt. Wer den Wettbewerb gewinnt, bekommt einen mit 250.000 US-Dollar Gehalt ausgestatteten Jahresvertrag als Geschäftsführer in einer Firma des amerikanischen Medienmoguls Donald Trump, der auch Moderator der Sendung ist. Die Show läuft in weiteren 70 Ländern, bisher aber nicht im deutschsprachigen Raum.

Auch wenn es nur relativ wenigen jungen Menschen aus Deutschland, der Schweiz und Österreich gelingt, solche Wettbewerbe zu gewinnen, können diese Wettbewerbe doch als wichtige Beispiele dafür dienen, was erreicht werden kann: Gewinner sind in der Regel Personen ohne viel Geld, ohne Netzwerke mit prominenten Personen und ohne die Voraussetzungen, die traditionell als notwendig galten, um Erfolg in einer Branche zu haben.

Die Verhältnisse haben sich zugunsten der einzelnen Personen verschoben, und die Generation Y versteht es, diese Entwicklung zu nutzen. Während zuvor die Musikindustrie die Macht hatte, zwischen eingesendeten Tonbändern mit Songs zu wählen und auch ungünstige Konditionen für junge und unerfahrene Musiker anzubieten, funktioniert alles jetzt eher auf Basis von Angebot und Nachfrage. Es ist ein Markt im wahren Wortsinn geworden. Wer ein gutes Musikstück produziert, wird bald von einem Musikunternehmen entdeckt, und so wird der Musiker vom Unternehmen kontaktiert, statt umgekehrt. In Internet-Foren können Musiker, Liedermacher und andere die gebotenen Konditionen an jenen Konditionen bewerten, unter denen andere Personen in vergleichbaren Situationen

---

[8] Parment and Dyhre (2009).

[9] Vgl. Parment (2008a).

tätig sind – eine Möglichkeit der erhöhten Transparenz, die für Personen mit wenig Erfahrung sehr hilfreich ist.

Die hier beschriebene Entwicklung wurde erheblich verstärkt, als Netzforen, wie MySpace.com (2003) und YouTube.com (2005), eingeführt wurden.

4.9   Mehr Informationen verarbeiten – Vertiefung oder mehr Oberflächlichkeit?

Soziologen haben gemeint und meinen gelegentlich auch heute noch, dass eine größere Menge von Informationen in der Gesellschaft zu einer Veroberflächlichung führt: Wenn die Informationsmenge, die – inhaltlich – verarbeitet werden kann, so etwas wie eine anthropologische Konstante ist, und wenn spezifisch mehr Information anfällt, dann muss man das Fachgebiet einengen, um die gleiche Tiefe der Kenntnisse aufrechterhalten zu können.[10] Für die Generation Y scheint eher das Gegenteil zuzutreffen: Größere Informationsmengen machen es möglich, durch Selektierungs- und Wahlstrategien in einer neuen Informationslandschaft mit einer Vielfalt von Informationen effektiv zu navigieren. Wer breite Bezugsrahmen hat, kann sich für Analysen und Entscheidungen von einer Menge von Quellen und Perspektiven inspirieren lassen. Überdies: Wer unter Belastung bei der Informationssuche etwas gelassener zu Werke geht, navigiert in einer informationsintensiven Gesellschaft effizienter. Wer über den sprichwörtlichen Tellerrand hinaussieht, hat bedingt einen Vorteil gegenüber jedem, der zwar tiefschürfend, aber nur im Rahmen eines schmalen Fachgebiets denkt.

Checkliste

- Welche gesellschaftlichen Veränderungen hatten den größten Einfluss auf Ihr Unternehmen?
- Was könnten populärkulturelle Ereignisse für die Einstellungen Ihrer Mitarbeiten bedeuten?
- Was sind die treibenden Kräfte hinter diesen Veränderungen?
- Hat die Loyalität der Kunden bzw. der Mitarbeiter abgenommen? Was sind die treibenden Kräfte hinter einer abnehmenden Loyalität?
- Kennen Sie Ihre Kunden? Wo leben sie, wo arbeiten sie, wo wohnen sie, und welche Musik mögen sie? In Zeiten flexiblen Konsumverhaltens wird es wichtig, die Kundenpräferenzen zu kennen. Das schafft wichtiges Feedback und erhöht die Qualität von Kundenanalysen.

---

[10] Vgl. Lyttkens (1991, 1994).

- Wie macht sich der Informationsüberschuss in Ihrem Unternehmen bemerkbar? Verursacht er Kosten und andere unerwünschte Effekte?
- Wie wird mit Kunden und Mitarbeitern kommuniziert? Ist das aufseiten der Mitarbeiter neue Verhältnis zu Informationen in die Richtlinien für die Kommunikation einbezogen?
- Welche Richtlinien für Informationssammlung und -quellen sind vorhanden? Wird das Internet mit Skepsis betrachtet oder wird von den Möglichkeiten des Internets Gebrauch gemacht?
- Ist „gut genug" für gewisse Arbeitsaufgaben im Unternehmen ausreichend, oder wird überwiegend Perfektion gefordert und belohnt?
- Was bedeuten die Informationstransparenz der Gesellschaft sowie die Tendenz, dass Mitarbeiter vermehrt außerhalb des Unternehmens kommunizieren?

Handlungsempfehlungen

- Wettbewerbs- und Umweltbeobachtung Priorität geben: Mit weniger loyalen Mitarbeitern und einer über die Zeit gewachsenen Vielfalt von Wahlmöglichkeiten wird es zunehmend wichtig, sich über Tendenzen zu informieren und zu agieren. Mangelhafte Umweltbeobachtung könnte dazu führen, dass die Wettbewerbsfähigkeit des Unternehmens schnell abnimmt.
- „Egoisten" als Bezeichnung für Generation Y möglichst vermeiden. Wer diese Generationskohorte nicht versteht, greift schnell zu extremen Ausdrücken wie Egoismus. Es gibt kaum Grund zu behaupten, dass junge Individuen egoistischer sind als ältere – und die Älteren haben einen nicht unwesentlichen Beitrag zum Erwachsenwerden der Jungen geleistet. Spätestens seit Sokrates haben sich Ältere über Junge beschwert. Ein Arbeitgeber, der gerne gute Beziehungen zu jungen Menschen hat, sollte aber zuerst die Generation-Y-Kohorte kennenlernen, bevor er sie verurteilt.
- Den Wettbewerbsvorteil fundieren und sicherstellen, dass man nicht von inländischen oder ausländischen Schwellenunternehmen plötzlich aus dem Markt gedrängt wird.
- Die Gesellschaft unterliegt einer Transformation von Informationsknappheit zu Informationsüberschuss. Für viele Tätigkeiten führt diese Entwicklung zu großen Veränderungen. Ein Unternehmen muss sich daran anpassen. Besonders ältere Mitarbeiter haben gelegentlich diese Veränderung nicht verstanden. Informationen, die vorher teuer gekauft wurden, sind heute kostenlos und im Überfluss erhältlich. Informationen, die vorher gespeichert und archiviert werden mussten, sind jetzt zu jeder Zeit online verfügbar und müssen folglich nicht aufbewahrt werden. Wichtig sind nunmehr die Fähigkeiten, adäquate Informationen effizient zu finden, zu bearbeiten und zu analysieren.

Ansprüche an Arbeit und Konsum: Förderung von Erlebnissen und der Ich-Identität

> *The empires of the future will be empires of the mind.*
> *(Winston Churchill, britischer Premierminister, 1943 in einem*
> *Gespräch an der Harvard University in den USA)*

▶ Nachfolgend wird das verstärkte Streben nach Betonung der eigenen Identität behandelt und untersucht, wie sich diese Entwicklung auf die Konsum- und Arbeitsmärkte auswirkt.

In Allgemeinen wird das Interesse an emotionalen Produkten größer, weil Vernunft und Verstand eher weniger Einfluss auf Kaufentscheidungen nehmen. Aber gilt das für alle Produkte und kann diese Entwicklung auf andere Lebensebenen übertragen werden? Wie konnte der Übergang von einer vernunftorientierten zu einer emotionsorientierten Haltung zustandekommen? Im Folgenden werden diese Entwicklungen beschrieben und analysiert. Die selbstbewusste und informierte Generation Y weiß emotionale Werte des Konsum- und Arbeitslebens zu schätzen.

In den letzten Jahrzehnten haben sich die Voraussetzungen für wirtschaftliche Entwicklung stark verändert. Talente, Werte, Kultur, Marken und andere immaterielle Faktoren spielen eine immer wichtigere Rolle in der Sicherstellung und Stärkung der Wettbewerbsfähigkeit. Ein immer größerer Anteil des Bruttoinlandsprodukts (BIP) rührt von immateriellen Faktoren her[1]. Diese Entwicklung bedeutet selbstverständlich nicht, dass wir die traditionellen materiellen Ressourcen nicht mehr brauchen: Der alte Kampf um natürliche Ressourcen besteht noch, wird teilweise sogar schärfer, denn es gibt bei vielen Ressourcen, wie Öl, Holz, gewisse Lebensmittel etc., ein knappes Angebot. Der Wettbewerb zwischen Nationen, verschiedenen Philosophien und Umsetzungsstrategien der Unternehmensführung, das Ringen um den „richtigen" Fahrzeugkraftstoff, die Kosten-Nutzen-Abwägungen

---

[1] Vgl. Szita (2007).

zwischen Manpower und Maschinen etc. gehen weiter. Klar ist aber, dass der Wettbewerb zunehmend globaler wird, dass die Entwicklung von Kommunikationstechnologien die Welt transparenter gemacht hat und dass es eine wachsende Zahl von Interessen zu berücksichtigen gilt, um wettbewerbsfähig zu bleiben: Die politischen, ökologischen, ethischen und finanziellen Anforderungen an sowie Beschränkungen für Unternehmen sind größer als je zuvor. Und von Arbeitgebern wird erwartet, dass sie sich um die Mitarbeiter kümmern, dass sie die soziale Verantwortung des Unternehmens wahrnehmen und dass Interessengruppen, wie Politiker, Gewerkschaften und Verbrauchervereinigungen, mitzureden haben. Was früher als ein Wettbewerbsvorteil galt, gilt heutzutage als Regel.

In einer Gesellschaft mit hohen Erwartungen an die konkreten, fühlbaren und realen Faktoren wird derjenige an Attraktivität gewinnen, der an Emotionen appelliert.[2] Gefühle und Regungen sind schwieriger zu kreieren, zu identifizieren und zu kopieren, können jedoch *den* Unterschied ausmachen in einer Welt von Unternehmen, Politikern, Marketingfachleuten und Personalvermittlern, die die Macht der Emotionen – die besonders in der Generation Y sehr groß ist – nicht richtig verstanden haben.

5.1   Der Wandel der Gesellschaft: Identität und Erlebnis als Lebensthema

Der Wandel von einer Gesellschaft mit Vernunft und Ordnung als dominierenden Werten zu einer Gesellschaft, die viel Wert auf künstlerische, emotionale und ästhetische Dimensionen legt, hat zwar schon früher begonnen, wurde in großem Umfang aber erst durch die Generation Y vollzogen. Eine vernunftbasierte, dem Grundsatz der Vorsorge für künftige Bedarfsfälle verpflichtete Lebensweise – als Gegensatz zu einer „leichtfüßigen", auf das Hier und Jetzt orientierten Lebensweise – war maßgebend für frühere Generationen, ist es für die Generation Y aber nicht.

Einen frühen Beitrag zur Entwicklung von Ästhetik in der Arbeitswelt lieferte der deutsche Architekt Peter Behrens, als er im Jahre 1908 das Design des Hauses AEG nach einer einheitlichen Konzeption gestaltete. Er gab Schriftarten, Briefen, Karten, Katalogen, Produkten, Einrichtungen und Jahresberichten des Unternehmens ein gemeinsames, leicht identifizierbares grafisches Profil. Typisch für diese Zeit war, dass eine Einzelperson den gesamten Prozess leitete und komplett unter ihrer Kontrolle hatte.[3] Behrens wurde zum Begründer dessen, was zunehmend als von zentraler Bedeutung für die Möglichkeit galt, transparent und effizient in einem Markt konkurrieren zu können – eine klare Unternehmensidentität (Corporate Identity): Alles, was ein Unternehmen tut, sollte sein Selbstbild und Image widerspiegeln.[4] Viele Jahrzehnte später wurde diese Einsicht in den meisten Unternehmen beherzigt, besonders ab den 1980er und 1990er Jahren, als mehr und mehr

---

[2] Pine and Gilmore (1999).

[3] Buddensieg et al (1985); Kadatz (1977).

[4] Salzer (1994).

Unternehmen unter dem Druck der Konkurrenz dazu übergingen, sich einheitlich zu präsentieren.[5] Die Generation Y ist in dieser von Marken geprägten Welt aufgewachsen und dementsprechend an Corporate Identity, Markenprofilierung und Ähnliches schon gewöhnt.[6]

Es gibt natürlich beträchtliche Unterschiede zwischen Ländern und Regionen, zwischen Ballungsräumen und kleinen Städten, zwischen Ein- und Mehr-Kind-Familien etc. bezüglich der Verbreitung des neuen, image- und identitätsfokussierten Lebensstils, der dem Hier und Jetzt zugewandt ist. Wer in der Stadtmitte von London oder New York, mit viel Geld und viel Zeit gelebt hat, der hat auch mehr oder weniger lange die Möglichkeit gehabt, die emotionalen Seiten des Lebens zu genießen. Erstens gibt es in einer Stadt mit mehreren Millionen Menschen gegenüber Abweichungen von Lebensnormen eine größere Akzeptanz als z. B. in einer kleinen Stadt. Zweitens beginnen neue Trends und Lebensstile in der Regel in Großstädten – besonders jene Trends und Lebensstile, die durch Fernsehen, Internet und Popkultur für die Generation Y wichtig, wegweisend und inspirierend geworden sind. Ein Beispiel ist die zwischen 1998 und 2004 produzierte – und noch als Wiederholung im Fernsehen laufende – Fernsehserie *Sex and the City*, die das Leben der vier New Yorker Frauen Carrie Bradshow, Samantha Jones, Charlotte York und Miranda Hobbes behandelt. Diese vier Frauen leben als professionell erfolgreiche Singles, und ihre amourösen und glamourösen Erlebnisse und Freundschaften mit Männern, ebenso ihre Auseinandersetzungen und Gedanken spiegeln einen Lebensstil wider, der als Gegensatz zu einem etablierten Leben gelten kann. Eine Fernsehserie wie *Sex and the City* leistet einen nicht unwesentlichen Beitrag zu Veränderungen in der Teenager- und Junge-Heranwachsende-Kultur: Junge Menschen reden über die letzten Entwicklungen der Serie, und die Protagonistinnen werden auch Teil der Identitätsentwicklung und -profilierung der einzelnen Personen: Wer bin ich – Carrie, Samantha, Charlotte oder Miranda? Vier starke Charaktere, genauso wie die vier Girls in der britischen Popgruppe „Spice Girls" der 1990er Jahre (Victoria Beckham, Ehefrau von Fußballstar David Beckham, ist das bekannteste Mitglied der Gruppe)[7]. Viele Junge haben vor dem Spiegel gestanden und sich die Frage gestellt: Welches Spice Girl bin ich? Die Gruppe wurde auch durch den Begriff „Girl Power" berühmt – moderne Mädchen sind gut, stark und gemeinsam unschlagbar.[8] Gleiches gilt für viele andere Fernsehserien mit persönlichen Charakteren, mit denen sich junge Menschen identifizieren. Die Tendenz, sich von Stars inspirieren zu lassen, ist nicht neu, sie greift aber tiefer in die eigene Identitätsentwicklung ein und wird weniger von gesellschaftlichen Erfordernissen und Normen begrenzt.

---

[5] Vgl. Birkigt et al (1992).

[6] Vgl. Klein (2002).

[7] Die Spice Girls wurden 1994 formiert, hörten 2001 auf, 2007 bis 2008 gab es eine limitierte Wiedervereinigung und eine Welttournee mit 47 Konzerte fand statt.

[8] BBC (2002).

5.2   Erlebniskultur und Funktionalismus – zwei verschiedene Welten?

Im Marketing und in Analysen des Kaufverhaltens ist es üblich, die Konzepte „Rational –
emotional" bzw. „Funktional – emotional" anzuwenden.[9] Konzeptionelle Dichotomien zur
Untersuchung, wie sich Menschen in einem Markt verhalten, sind sinnvoll: Damit können
sowohl Kaufpräferenzen und Überlegungen aufseiten der Verbraucher wie auch die im
Markt entstehenden Angebote besser verstanden werden. Rationale oder funktionsorien-
tierte Aspekte eines Angebots appellieren an die Vernunft. Preis-Leistungs-Verhältnis, Ga-
rantien, Wirtschaftlichkeit, Langlebigkeit und Kompatibilität fördern damit *die rationale
Attraktivität des Angebots*. Emotionale Aspekte eines Angebots appellieren an die Gefühle.
Ästhetik, Besitzerstolz, Anerkennung und das Gefühl, schön auszusehen, sind emotionale
Faktoren; sie fördern *die emotionale Attraktivität des Angebots*. Das gilt gleichermaßen im
Arbeitsmarkt wie auch bei Konsumgütern. Freilich sind die Grenzen zwischen rationalen
und emotionalen Aspekten nicht immer klar: Allradantrieb des Autos – „quattro" hört sich
am Stammtisch nicht schlecht an! Und das Sicherheitsgefühl ist eher emotional als rational; neue (und schönere) Küchen- und Haushaltsgeräte mit hoher Energieeffizienz, eine
Reise ins Ausland – um billige Kleidung zu kaufen, obwohl die Einsparungen kleiner als
die Reisekosten sind – bieten gleichermaßen rationale sowie emotionale Vorteile für den
Verbraucher. Menschen können verschiedene Argumente nutzen, um eine Entscheidung
zu erklären. Wer den Zug bequemer findet, kann Umweltargumente nutzen, was immer-
hin in heutiger Zeit große Akzeptanz genießt. Wer neue Küchengeräte aus ästhetischen
Gründen kaufen möchte, kann die Argumente der Energieeffizienz nutzen.

Bei Betrachtung der Erfahrungen über die verschiedenen Generationen hinweg (siehe
Kap. 2), stehen zwei Ergebnisse im Vordergrund:

- Eine größere Betonung von Individualismus und die damit verbundenen individuellen
  sprachlichen Ausdrucksweisen führen zu einer Verbreitung von emotionalen, ich-ori-
  entierten Kauf- und Arbeitgeberpräferenzen.
- Eine größere kulturelle und gesellschaftliche Akzeptanz gegenüber den im Laufe der
  Zeit vermehrten Möglichkeiten, Geld auch für emotionale Produkte auszugeben, führen dazu, dass Menschen immer mehr an emotionale Faktoren gewöhnt werden. Und
  diese werden folglich mehr nachgefragt.

Im Verbrauchermarkt bedeutet diese Entwicklung: Wer ein emotional attraktives Produkt
im Angebot hat, kann einen höheren Preis als die Konkurrenz verlangen. Im Arbeitsmarkt
wird die größere Betonung emotionaler Faktoren dazu führen, dass Arbeitnehmer einen
niedrigeren Arbeitslohn akzeptieren, wenn die Arbeit auch emotionale Attraktivität bietet.
Dies wird auch von Daten über die Kriterien der Generation Y zur Arbeitgeberwahl unterstützt (siehe Kap. 8). Anders ausgedrückt: Wer weniger emotionale Attraktivität als die

---

[9] Vgl. de Chernatony, L., McDonald, M. und Wallace, E., 2011, Creating Powerful Brands, Fourth
edition, Butterworth-Heinemann, Urde (1997).

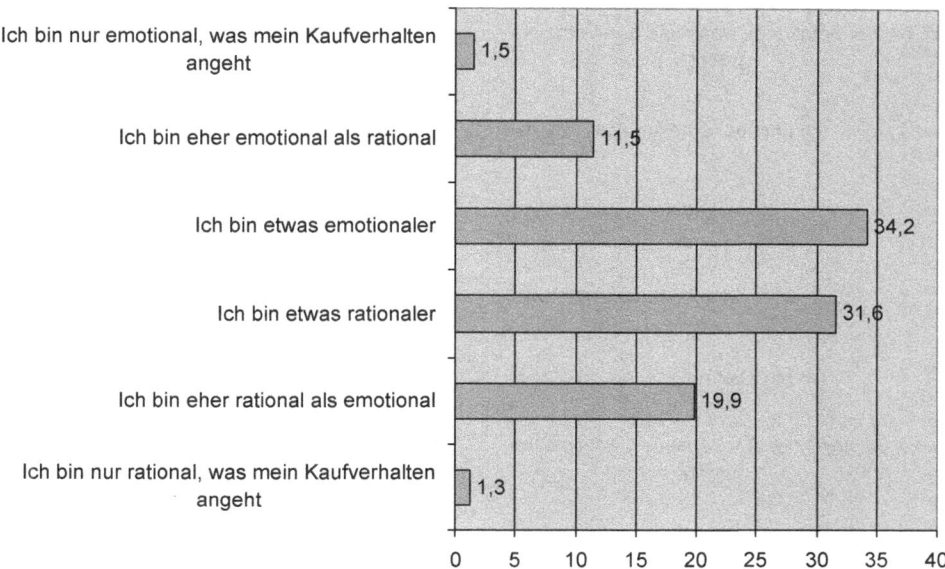

Abb. 5.1 Generation Y zum Kaufverhalten im Allgemeinen: rational/emotional. Angaben in Prozent. (Quelle: Generation-Y-Fragebogen)

Wettbewerber im Arbeitsmarkt bietet, muss bessere wirtschaftlichen Bedingungen, z. B. ein höheres Gehalt, anbieten, um gute Mitarbeiter anwerben zu können.

Die Zahl derjenigen Menschen, die wenig oder überhaupt keinen Wert auf emotionale Faktoren legen, wird immer kleiner, und die Akzeptanz gegenüber emotionalen Faktoren wird höher. Und nicht nur die Generation Y, sondern auch Kinder der 1950er, 1960er und 1970er Jahre und selbst Kinder der 1940er Jahre legen viel Wert auf emotionale Kriterien. Das wird aber nicht so deutlich wie im Fall der Generation Y.[10]

Natürlich gibt es Produkte, wie Aluminium-Folie, weiße Wandfarbe und Glühlampen, die in den meisten Fällen kaum Emotionen auslösen. Hier sind die Qualität und das Preis-Leistungs-Verhältnis wichtige Kaufkriterien.

In einer Konjunkturflaute kann sich der Langzeitarbeitslose zwar die emotionale Attraktivität eines Arbeitgebers wünschen, solche Ansprüche werden allerdings schwierig umzusetzen sein. Die abnehmende Betonung von Arbeit als Pflicht wird aber dazu führen, dass Arbeitnehmer Jobs ablehnen, wenn die Jobangebote nicht grundlegende Ansprüche an „Spaß in der Arbeit" erfüllen (Abb. 5.1 und 5.2).

---

[10] Von der Perspektive des Konsumverhaltens gibt es wenige Studien im deutschen Kontext bzw. im deutschsprachigen Raum. Vgl. Tagungsbericht HT 2006: Die deutsche Massenkonsumgesellschaft 1950–2000– eine wirtschaftshistorische Sehkorrektur. 19.09.2006–22.09.2006, Konstanz. In: H-Soz-u-Kult, 10.11.2006. Schlussvolgerungen sind von der internationalen Forschungsbühne abgeleitet.

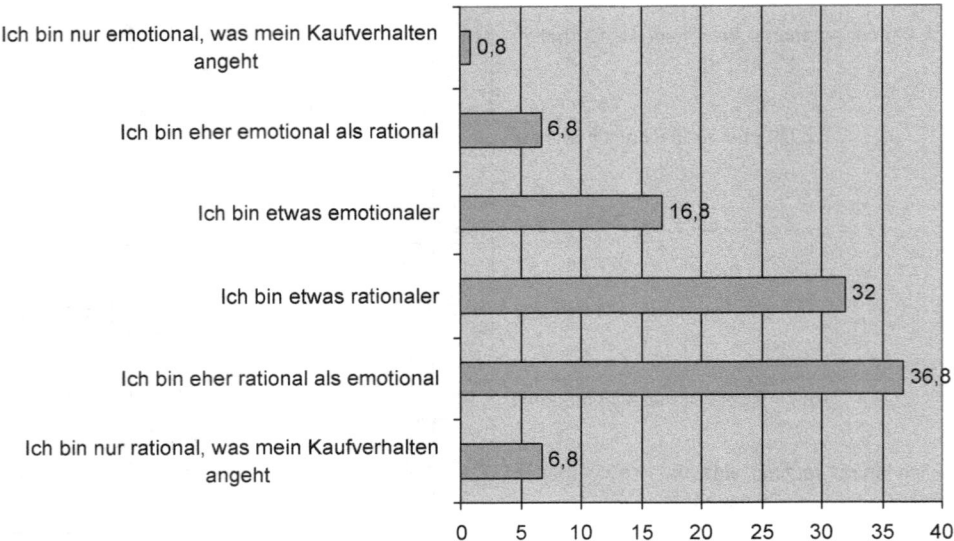

Abb. 5.2 Babyboomer zum Kaufverhalten im Allgemeinen: rational/emotional. Angaben in Prozent. (Quelle: 55 plus Fragebogen in Parment 2008b)

Preis-Leistungs-Verhältnis: Kann die Leistung emotional sein?

Ein Skoda Octavia bietet „mehr Auto fürs Geld" als ein Audi A3 oder BMW 1er. Eine Badewanne von Bauhaus bietet mehr für das Geld als eine vom teueren Fachhandel. Das Preis-Leistungs-Verhältnis einer Ikea-Küche ist besser als das einer Poggenpohl-Küche. Die Argumentation kennt jeder, trotzdem kaufen viele Menschen die teureren Produkte, die „weniger fürs Geld" anbieten. Aber wer sagt denn, dass Leistungen nur mit rationalen Eigenschaften zu tun haben? Der Audi A3 bietet für das gleiche Geld mehr an Optik und Haptik, aber weniger Kofferraum und einen kleineren Motor im Vergleich zu einem Skoda oder Kia. Eine Poggenpohl-Küche ist teurer als eine Ikea-Küche, bietet aber mehr in Bezug auf Gefühl und langlebiges Design. Warum sollten solche Aspekte nicht als gute Leistungen gesehen werden? Für einen Generation-Y-Zeitgenossen sind emotionale Faktoren nicht weniger wert als rationale Faktoren – d. h. Angehörige der Generation Y können einen BMW mit 100 PS sowie schöner Optik und Haptik einem weniger schönen Wagen mit 200 PS durchaus vorziehen: Ist diese Wahl von der Leistung her schlechter?

Die Automobilpresse bewertet emotionale Faktoren anders als rationale Faktoren. Erstens stehen in den Tests relativ wenige emotionale Faktoren auf dem Programm, auch bei teuren Autos, die kaum aus purer Vernunft gekauft werden. Zweitens gibt es in vielen Autotests zwei Gewinner: „bestes Auto" – hier sind auch Versicherungskosten, Kaufpreis, Wiederverkaufswert etc. bewertet – und „bestes Preis-Leistungs-Verhältnis". Für die Generation Y ist diese ambivalente Haltung zu emotionalen Kriterien schwer nachzuvollziehen.

„Der [Skoda] Fabia kann diesen klar für sich entscheiden. Und der [Toyota] Yaris wird ebenso deutlich Preis-Leistungs-Sieger."[11]

---

[11] AutoBild (2007, S. 23).

5.3 Das soziale Netzwerk ermöglicht Image, Kenntnis und soziale Assoziation

Für die Generation Y ist das soziale Netzwerk wichtig bei Entscheidungen über Produkte und Jobs. Es geht um die Kenntnisse, die aus dem sozialen Netzwerk bezogen werden, sowie um die Image-Implikationen unterschiedlicher Entscheidungen. Freunde bei einer Kaufentscheidung zu fragen, ist nichts Neues. Aber die Generation Y ist offen für den Einfluss von Freunden auf Kaufentscheidungen, während Babyboomer nicht gerne zugeben, dass sie das Verbraucherverhalten von Freunden teilweise übernehmen. „Ich kaufe immer das gleiche wie Andrea, damit weiß ich, dass die richtige Wahl getroffen wird", ist eine typische Aussage der Generation Y. Diese Andrea hat auch gute Informationen zum Image des Produkts, was entscheidend sein kann. Der Einfluss von Freunden, Bekannten und Kollegen (Peer Influence) sowie von berühmten Personen hat zweifellos zugenommen. Es ist aber schwierig, die zugehörigen Muster zu finden. Viele Unternehmen laufen Gefahr, neue, effiziente Kommunikationskanäle zu verpassen, weil man sich auf die traditionellen Kanäle fokussiert und die aufkommende Kommunikationslandschaft (siehe Kap. 10) nicht versteht.

In einer Gesellschaft von großer Vielfalt und relativ wenigen Möglichkeiten, das Verbraucherverhalten aufgrund struktureller Untersuchungen zu verstehen, muss eine neue Denkweise her. Das erfordert aber Mut und die Fähigkeit, anderen die neuen Voraussetzungen zu erklären. Um ein Beispiel zu nennen: Die neue Denkweise erfordert Einsichten wie die, dass die Reichweite eines Werbeträgers zwar Informationen darüber liefert, welche Zielgruppen die Werbung erreicht, nicht aber darüber, ob die Werbung auch Einfluss hat. Bei der Reichweite geht es um den Prozentsatz einer bestimmten Zielgruppe, die mit dem Werbeträger Kontakt hat. Daneben kann sie auch in verschieden spezifizierte qualitative und quantitative Reichweiten unterteilt werden. Der Einfluss auf die Markenwahrnehmung und das Käuferverhalten des Abnehmers ist aber schwer zu ermessen. Vor ein paar Jahrzehnten galt, dass die meisten Botschaften, die einen Abnehmer erreichten, auch aufgenommen wurden. Heute gilt eher das Gegenteil: Die Menge der kommerziellen Botschaften, mit denen ein Abnehmer täglich in Berührung kommt, ist so groß, dass es schwierig ist, Denken und Fühlen des Abnehmers zu erreichen.

5.4 Arbeit zur Selbstverwirklichung

In Zeiten hoher Ansprüche an die Selbstverwirklichung bei der Arbeit wird es immer wichtiger, die richtigen Mitarbeiter zu finden, nicht nur diejenigen, die gerne eine Arbeitsstelle wollen. Pflicht als zentrale Treibkraft bei der Arbeit führt dazu, dass auch Mitarbeiter, die nicht richtig zur Arbeitsstelle passen, trotzdem versuchen, gute Arbeit zu leisten. Es wird kaum darüber nachgedacht, ob die Personen zum Image und zur Unternehmenskultur des Arbeitgebers passen. Selbstverwirklichung als Treibkraft bei der Arbeit heißt, dass Arbeitnehmer von Werten wie Entwicklungsmöglichkeiten, Spaß, Lernen, Bedeutung und eigene Karriere ausgehen. Falsch besetzte Arbeitsplätze bringen dem Arbeitgeber weniger ein – die betreffenden Arbeitnehmer denken eher an persönliche, individualistische und immaterielle Werte, was leicht zu Lasten der Effektivität des Unternehmens gehen kann.

Wichtig im heutigen Arbeitsmarkt ist Folgendes:

- Die Entwicklung in Richtung auf Selbstverwirklichung sollte nicht als vorübergehender Trend oder als Respektlosigkeit gegenüber traditionellen Werten gesehen werden. Die angestrebte Selbstverwirklichung ist eher, wie in den vorigen Kapiteln beschrieben, eine Folge unserer gesellschaftlichen Entwicklung. Die alten Zeiten werden nicht wiederkehren.
- Selbstverwirklichung wird aufseiten des Arbeitnehmers als ein Erfolgsfaktor betrachtet – wenn wir das nicht so sehen, die Konkurrenz aber sehr wohl, dann verlieren wir an Arbeitgeberattraktivität.
- Die Möglichkeiten zur Selbstverwirklichung des Arbeitnehmers und der gleichzeitigen Effektivitäts-, Kultur- und Imageverbesserungen für das Unternehmen sollten identifiziert werden, um ein solides Fundament für das Personalmanagement und Einstellungsstrategien zu schaffen.

Selbstverwirklichung für einen Arbeitnehmer auf Kosten des Unternehmens sollte natürlich vermieden werden. Hier muss ein Arbeitgeber sehr deutlich in der Kommunikation mit jungen Arbeitnehmern sein: Weil sie viel fordern, gilt es auch nicht unbedingt zu jedem Anspruch ja zu sagen. Es gibt jedoch zahlreiche Möglichkeiten, eine Kombination aus Selbstverwirklichung und Verbesserungen für das Unternehmen zu kreieren: eine Kultur, die dem einzelnen Mitarbeiter Mut macht, Inspiration vermittelt und Werkzeuge an die Hand gibt, neue Wege zu gehen und gleichzeitig alte, weniger produktive Strukturen und Arbeitsmethoden zu eliminieren. So wird der Arbeitgeber auch an Image und Attraktivität gewinnen.

5.4.1   Die Arbeitgebermarke als Persönlichkeit sehen

Um sich im heutigen Arbeitsmarkt profilieren zu können, ist die Arbeitgebermarke erwiesenermaßen sehr wichtig. Untersuchungen zeigen auch, dass Menschen dazu tendieren, Beziehungen zu Marken ähnlich wie zu anderen Menschen zu entwickeln.[12] Die Forschung zu Markenpersönlichkeiten (Brand Personalities) versucht, die Persönlichkeit einer Marke zu beschreiben. Aaker schlägt folgende fünf Dimensionen einer Markenpersönlichkeit vor[13]:

---

[12] Aggarwal (2004); Fournier (1998); Muniz und O'Guinn (2001).
[13] Aaker (2007).

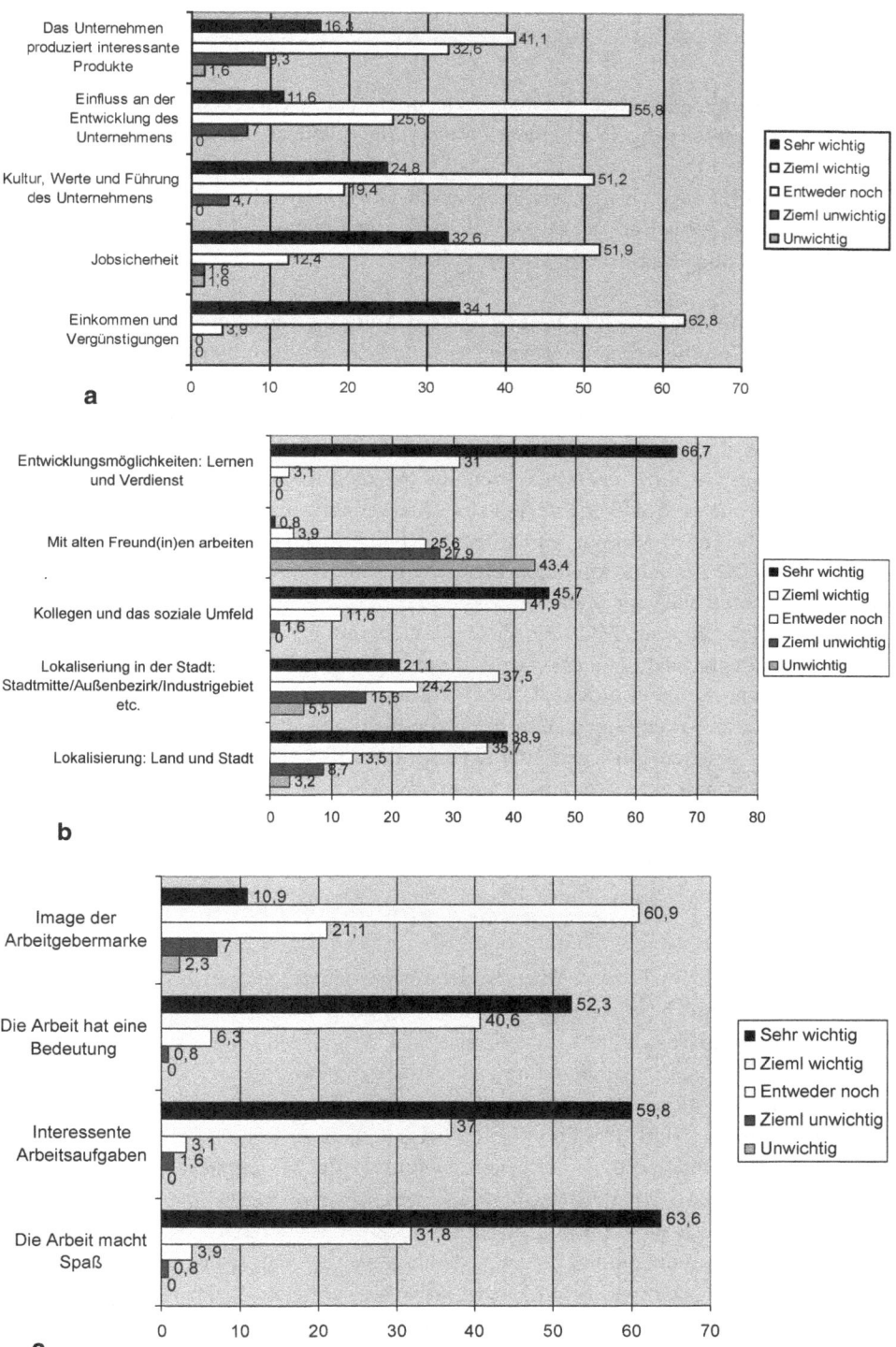

Abb. 5.3 Faktoren zur Bestimmung der Attraktivität der Arbeitgeber. Angaben in Prozent. (Quelle: Employer-Branding-Fragebogen)

1. Ernsthaftigkeit/Aufrichtigkeit: (Sincerity): bodenständig, ehrlich, heilsam, fröhlich
2. Erregung/Begeisterung: (Excitement): wagemutig, geistreich, fantasievoll, auf dem neuesten Stand
3. Kompetenz (Competence): zuverlässig, intelligent, erfolgreich
4. Modernität (Sophistication): niveauvoll, weltläufig, bezaubernd
5. Robustheit (Ruggedness): zäh, unempfindlich

Es gibt außer Aakers Modell weitere Modelle mit alternativen Dimensionen. Wichtig ist die Einsicht, dass eine Arbeitgebermarke auch als Persönlichkeit betrachtet werden kann. Jede Markenpersönlichkeit ist aus Charakterzügen der Marke abgeleitet. Für die Generation Y ist diese Denkungsart selbstverständlich: Die Wahl des Arbeitgebers – wenn es denn eine gibt – hat, über die Vernunft hinaus, in beträchtlichem Ausmaß mit Faktoren zu tun, die sich eher als Gefühle, Persönlichkeiten und Werte analysieren und erklären lassen.

Es braucht nur wenige Elemente, um einer Markenpersönlichkeit ein Gesicht zu geben, und oft assoziieren wir Marken mit Farben, Zeichen, Schriften, akustischen Signalen oder eben Düften. Die Kombination dieser Elemente schafft insgesamt die gewollte Positionierung der Persönlichkeit der Marke.

Eine Untersuchung von Faktoren, die für die Generation Y die Attraktivität eines Arbeitgebers bestimmen, zeigt, dass Faktoren, die von Selbstverwirklichung abzuleiten sind, als sehr wichtig empfunden werden. „Entwicklungsmöglichkeiten", „Die Arbeit macht Spaß" und „Interessante Arbeitsaufgaben" werden von mehr als 60 % der befragten Personen als „sehr wichtig" gesehen. Jobsicherheit und Image der Arbeitgebermarke sind auch wichtig. Die Möglichkeit, mit alten Freund(inn)en zu arbeiten, wird als relativ unwichtig betrachtet: Einige Unternehmen gehen den Weg, Gruppen von fünf bis zehn Personen derselben Ausbildung – Klassenkameraden – gleichzeitig zu beschäftigen (Abb. 5.3).

Checkliste

- Wie hat sich Ihr Unternehmen in den letzten Jahrzehnten in Bezug auf die in diesem Kapitel beschriebenen Veränderungen der Gesellschaft entwickelt?
- Wie präsentiert sich das Unternehmen? Wie sieht es mit Informationsstrategien, Medienarbeit etc. aus? Hier können Gefühle genutzt werden.
- Werden emotionale Aspekte von Produkten und Arbeitgebermarke verwendet und kommuniziert? Das könnte die Wirtschaftlichkeit fördern.
- Kennt das Unternehmen die sozialen Netzwerke der Mitarbeiter?
- Welche neuen Methoden bezieht das Unternehmen in seine Kommunikation ein? Erwägen Sie, neue Kommunikationsmethoden zu verwenden?
- Welche Kommunikationskanäle werden heute weniger als früher benutzt?
- Ist es gut, Selbstverwirklichung in der Arbeit zu verfolgen? Welche Möglichkeiten für Selbstverwirklichung gibt es aufseiten der Arbeitnehmer?
- Wie können die Möglichkeiten zur Selbstverwirklichung den Mitarbeiter motivieren und zur Effizienz im Unternehmen beitragen?

- Welche Kosten erzeugt die Selbstverwirklichung der Mitarbeiter für das Unternehmen?
- Inwiefern gelten D. A. Aakers fünf Dimensionen der Markenpersönlichkeit als Beschreibung für Ihr Unternehmen? Wie kann das Ergebnis im Marketing des Unternehmens genutzt werden?
- Was kann das Unternehmen in Bezug auf die Faktoren anbieten, die für die Generation Y die Attraktivität eines Arbeitgebers bestimmen?

Handlungsempfehlungen

- Durchdachte Strategien für die Unternehmensdarstellung: Je mehr sich junge Menschen von emotionalen Aspekten leiten lassen, desto wichtiger ist es, dass sich das Unternehmen gut präsentiert. Die emotionale Seite sollte aber nicht übertrieben werden – das würde weder von der Generation Y noch von Älteren geschätzt werden. Sachlichkeit und Fakten müssen immer die Grundlage für die Unternehmensdarstellung bilden. Das mag als eine unmögliche Kombination erscheinen, ist es aber nicht: Es geht darum, die Attraktivität des Unternehmens rational ebenso wie emotional zu fundieren. Ästhetik, Architektur und Design sind gefordert, funktionale Ansprüche zufriedenzustellen und gleichzeitig Emotionen zu wecken.
- Selbstverwirklichung in der Arbeit ist gut sowohl für den Arbeitnehmer als auch für den Arbeitgeber. Grenzen müssen aber gesetzt werden: Während Selbstverwirklichung ein sehr wichtiges Lebenskriterium für die Generation Y ist, ist dieser Aspekt für den Arbeitgeber in erster Linie von Vorteil, solange die Möglichkeiten zur Selbstverwirklichung den Mitarbeiter inspirieren und zur Effizienz im Unternehmen beitragen. Ein zufriedener Mitarbeiter leistet mehr. Zu große Möglichkeiten der Selbstverwirklichung könnten jedoch zu unnötigen Kosten, Abwesenheit und mangelnden Arbeitsleistungen führen. Schließlich sollten gewisse Wünsche im Leben in erster Linie im Privatleben realisiert werden.
- Präferenzen vor allem junger Mitarbeiter – Generation Y und Berufsanfänger – sollten zu jeder Zeit beachtet und bewertet werden. Es ist sehr wichtig, dass ein Arbeitgeber über die Entwicklung der Präferenzen auf dem Laufenden bleibt. Die Darstellung des Unternehmens als Arbeitgeber kann aber kaum ausschließlich auf Präferenzdaten basieren. Erstens gibt es kaum ein Unternehmen, dessen Geschäftsmodell genau mit Arbeitnehmerpräferenzen übereinstimmt – ein gewisses Spannungsverhältnis zwischen den Interessen des Arbeitgebers und denen des Arbeitnehmers wird es immer geben. Zweitens sollte ein Unternehmen vermeiden, Aspekte, die wenig Substanz haben, zu kommunizieren. Schließlich ist es besser, sich weniger attraktiv darzustellen, als Versprechungen zu machen, die nicht erfüllt werden können. Die Richtung ist allerdings klar – wo immer möglich, sind die Präferenzen des Arbeitgebers mit denen der Mitarbeiter bzw. Kunden in Übereinstimmung zu bringen.

Arbeitsmarkt und Karriere

▶ In diesem Kapitel werden die Entwicklung des Arbeitsmarkts sowie die Wechselwirkung zwischen Arbeitgeber und Arbeitnehmer anhand aggregierter Kriterien untersucht. Der Eintritt der Generation Y in den Arbeitsmarkt führt zu
einem größeren Gewicht aufseiten des Arbeitnehmers, was für den Arbeitsmarkt und für die Art und Weise, wie er funktioniert, von großer Bedeutung
ist. Das Zusammenspiel und das Kräfteverhältnis zwischen Arbeitgeber und
Arbeitnehmern werden thematisiert und analysiert.

Der Arbeitsmarkt befindet sich in einem ständigen Wandel – einmal werden Talente dringend gesucht, ein anderes Mal führt eine Konjunkturflaute wie im Jahre 2009 zu einem
Überschuss an Arbeitnehmern. Überschüsse betreffen aber die verschiedenen Berufs-
und Altersgruppen ungleich, und je mehr Marktkräfte den Arbeitsmarkt koordinieren,
desto größer sind die Erfolgschancen für die Generation Y. Diese Generation ist an eine
leistungsorientierte Gesellschaft gewöhnt und weiß, wie Jobangebote, Kompetenzen und
Macht im Arbeitsmarkt entstehen und koordiniert werden.

Viele Babyboomer werden in den kommenden Jahren in den Ruhestand treten, und
viele Arbeitnehmer aus der Generation Y werden sie ersetzen. In relativ kurzer Zeit wird
ein umfangreicher Generationswechsel vollzogen.

In dem zukünftigen Arbeitsmarkt wird die Generation Y einflussreich sein, gegebenenfalls auch den Ton angeben. Manche bezweifeln, dass die Generation Y in notwendi-
gem Umfang Energie und Motivation hat, sich einen Platz im Arbeitsmarkt dauerhaft zu
sichern.[1] Andere wiederum meinen, dass die Generation Y eine wertvolle Ressource für
die Wirtschaft ist: Tulgan und Martin argumentieren, dass die Generation Y nicht nur die
ehrgeizigste, sondern auch die findigste und weltläufigste amerikanische Generation überhaupt ist[2]. Ein hoher Nutzen ihrer Integration in den Arbeitsmarkt setzt aber voraus, dass

---

[1] Vgl. Åhlander (2004).
[2] Tulgan and Martin (2001).

A. Parment, *Die Generation Y,*
DOI 10.1007/978-3-8349-4622-5_6, © Springer Fachmedien Wiesbaden 2013

man die Generation Y kennenlernt, was ja nicht allzu schwierig ist. Die meisten Menschen aus der Generation Y sind offen und sozial. „Erwarten Sie das Beste von der Generation Y, und das ist das, was Sie bekommen!"[3]

6.1   Der Arbeitsmarkt in der Ära der Generation Y

Die wichtigsten Veränderungen des Arbeitsmarkts in der Ära der Generation Y werden im folgenden Abschnitt beschrieben. Es handelt sich um eine Reihe von wesentlichen Veränderungen im heutigen Arbeitsmarkt, deren Gemeinsamkeiten darin bestehen, dass sie Unternehmen unter Druck setzen, ihre Jobangebote, das Arbeitsumfeld, die Entwicklungsmöglichkeiten und das Image als Arbeitgeber noch attraktiver zu machen.

Traditionen, die vorher stark und einflussreich waren, aber wenig oder gar nicht zur Konkurrenzfähigkeit beigetragen haben, *verlieren erheblich an Einfluss*. Unternehmen können sich nicht mehr leisten, Traditionen aufrechtzuerhalten, falls diese nicht zum Erfolg beitragen.

Die Arbeit, und das Arbeiten im Allgemeinen, sollte die *Selbstverwirklichung befördern* und wird immer *weniger als Pflicht* betrachtet.

Ein *hoher Lebensstandard* und damit verknüpfte Erwartungen an den Spaß-Faktor auf allen Lebensebenen könnten zu *Frustration* am *Arbeitsplatz* führen, weil ältere Kollegen andere Erwartungen hegen und andere Prioritäten gesetzt haben. Die Generation Y ist verwöhnt und gewohnt, Geld für Ferien, Kleidung und Spaß zu haben, ohne dafür hart arbeiten zu müssen. Harte Arbeit kann man leisten, dafür erwartet man aber auch „gutes Geld" und einen noch höheren Lebensstandard.

Identität, Image und soziale Netzwerke spielen eine immer größere Rolle bei der Arbeitssuche, d. h., der Prozess der Anwerbung von Arbeitskräften sieht anders aus: Aufseiten des Arbeitnehmers sind andere Werte gefragt als diejenigen, die für den Arbeitgeber die Hauptrolle spielen und von ihm kommuniziert werden. Und manche Arbeitgeber gehen das Risiko ein, sich falscher Kommunikationskanäle zu bedienen, falsche Botschaften zu kommunizieren und – was in Zeiten großer Imagebetonung problematisch ist – mit Personalern, die die Generation Y nicht ansprechen, Mitarbeiter anzuwerben. Zudem müssen Unternehmen die wachsende Rolle von sozialen Netzwerken verstehen: Soziale Netze werden immer wichtiger als Kommunikationskanäle für Jobangebote, aber auch als Erfolgsfaktoren für den einzelnen Mitarbeiter. Wer Zugang zu den adäquaten sozialen Netzwerken hat, wird als Angestellter mehr Erfolg haben und es einfacher finden, Kenntnisse zu erwerben, Güter und Dienstleistungen zu beschaffen und zu verkaufen sowie Neuigkeiten zu kommunizieren. Das ist allerdings eine bemerkenswerte Entwicklung: Wer hätte vor ein paar Jahrzehnten geglaubt, dass es dereinst allgemein akzeptiert sein würde, soziale Netzwerke für Verkauf, Absatz und Wissenserwerb zu nutzen?

---

[3] nach Tulgan and Martin (2001).

Die Loyalität der Arbeitnehmer ist rückläufig und Unternehmen müssen die Mechanismen, die das bewirken, verstehen.

Der Arbeitsmarkt teilt immer mehr Merkmale mit den Verbrauchermärkten.

Die *Menschen verhalten sich zunehmend individualistisch und leistungsorientiert*. Sie sehen sich dazu gezwungen, um im Arbeitsmarkt konkurrenzfähig zu bleiben.

Die Zurruhesetzung der Babyboom-Generation wird zu erheblichen Veränderungen in der Art und Weise, wie Arbeit geplant, organisiert und ausgeführt wird, führen. Die von den Babyboomern und ihren Vorgängern eingeschlagenen Wege, die Aufmerksamkeit potenzieller Mitarbeiter auf ihre Unternehmen zu ziehen, diese anzuwerben und dauerhaft an die Unternehmen zu binden, werden in Frage gestellt, ebenso die Organisation der Arbeit.

Je stärker die europaweite bzw. globale Herkunft und die Umweltorientierung der vorhandenen und potenziellen Mitarbeiter ausgeprägt sind, desto besser muss sich das Unternehmen über *Veränderungen im Umfeld* informieren. Besonders jüngere Menschen können bequem, ungezwungen und effizient über kulturelle Grenzen hinweg denken und kommunizieren, woraus sich auch eine Vielfalt von Inputs ergibt, wie Arbeit dargestellt und organisiert werden kann. Die Generation Y kommuniziert gerne Wünsche und Ansprüche an den Arbeitgeber, um die Qualität der Arbeit verbessern zu können.

Arbeitszeit in Veränderung[4]: Dienststunden und Wochenarbeitszeit werden immer flexibler, und immer mehr Menschen arbeiten zu Hause abends oder am Wochenende. Dies trifft aber nicht für alle Arbeitsplätze zu, sondern ist in verschiedenem Maße abhängig von Industrie, Mitarbeiterprofil und Unternehmenskultur. Es ist aber keineswegs so, dass Arbeitsplätze mit stundenmäßig fixierter Arbeitszeit von dieser Entwicklung nicht betroffen wären. So gibt es z. B. Krankenhäuser, wo die Mitarbeiter selber ihre Dienststunden planen. Ergebnis: Vorher war von Flexibilität wenig zu spüren, und die Mitarbeiter haben sich häufig über ungünstige Arbeitszeiten beklagt. Nachdem sie nun selber planen dürfen, gibt es wenig Anlass zu Kritik. Selbst in vormals konfliktträchtigen Situationen, wie Planung der Weihnachts- und Osterwochen, funktioniert diese Verfahrensweise, weil es immer einige Mitarbeiter gibt, die in dieser Zeit arbeiten. Je größer die demografische und kulturelle Vielfalt der Arbeitsplätze in einem Unternehmen ist, desto größer ist die Wahrscheinlichkeit, dass immer Mitarbeiter da sind, die mittwochabends, am 1. Weihnachtsfeiertag oder alle zwei Wochen samstagabends arbeiten können. Manche Menschen arbeiten gerne intensiv zwei Wochen hintereinanderweg, um dann eine Woche frei zu haben, andere arbeiten gerne montags bis donnerstags viele Stunden, um dann ein verlängertes Wochenende im spanischen Sommerhaus verbringen zu können.

Es gibt eine Gegenreaktion von jungen Mitarbeitern, die meinen, sie hätten lieber einige Stunden jeden Abend frei. Sie arbeiten gerne relativ regelmäßig. Es handelt sich dann aber um eine Initiative aufseiten des Mitarbeiters, und natürlich können Mitarbeitern, die einen sehr flexiblen Tages- und Arbeitsrhythmus nicht mögen, traditioneller mit dem Interface Arbeit/Freizeit umgehen. Es wird immer so sein, dass Mitarbeiter in dieser Hinsicht verschiedener Ansicht sind – ein Arbeitgeber kann deshalb einen Vorteil gegenüber

---

[4] Gesetzliche Begrenzungen zu Arbeitszeiten können diesen Prozess verhindern.

anderen Unternehmen erreichen, wenn die Bilanz zwischen der gewünschten Flexibilität verschiedener Mitarbeiter und der daraus resultierenden Vorteile (Mitarbeiter zugänglich für Arbeit und Fragen auch außerhalb der Bürozeiten, und eventuell mehr zufriedene Mitarbeiter etc.) stimmt.

Flexible Arbeitszeiten sind Ausdruck einer neuen Orientierung in der *Kontrolle und Bewertung der Mitarbeiter*: Vorher herrschte das Seniorenprinzip vor: Wer älter ist, hat Vorrang, unabhängig von der Leistung. Jetzt gelten andere Prinzipien: Leistungen und Ergebnisse zählen zunehmend. Wer älter und erfahrener ist, hat noch eine Vorrangstellung, vorausgesetzt, seine Erfahrungen sind von Relevanz für die vorliegende Situation. Alter an sich kann den Erfolg im Arbeitsleben nicht mehr gewährleisten. Erfahrene Mitarbeiter sind allerdings nach wie vor wertvoll, seien sie nun 50, 60 oder eben 70 Jahre alt.

Ältere Mitarbeiter anstellen oder nicht?

Es gibt einige Unternehmen, die nicht gerne ältere Mitarbeiter anstellen. Manchmal geht es um Politik, manchmal nur um eine nicht sehr deutlich ausgedrückte Attitüde. Es könnte aber ein großer Fehler sein!

Im schwedischen Göteborg gibt es ein mittelständisches Unternehmen, das Produkte für die Pharmaindustrie entwickelt. Im Jahre 2006 hat ein damals 62-jähriger Mann wegen eines Stellenangebots das Unternehmen angerufen. „Wollen Sie einen alten Mann mit viel Erfahrung aus verschiedenen Firmen anstellen?" Die Antwort lautete: „Guter Vorschlag, die meisten von uns sind 35 bis 40, wir möchten Sie aber gerne treffen." Sechs Jahre später arbeitet der mittlerweile fast 69-jährige Pharmazeut noch in der Firma, jetzt als Entwicklungschef, und leistet sehr gute Arbeit.

Wie kommt es? Der Pharmazeut hat alle fünf bis acht Jahren seiner Karriere, die in den frühen 1970er anfing, den Job gewechselt. Somit hat er Erfahrung mit verschiedenen Zusammenhängen, Orten, Unternehmenskulturen, Arbeitsroutinen etc. erworben. Wer zu lange am selben Arbeitsplatz arbeitet, geht das Risiko ein, sich etwas resistenter gegen Veränderungen zu verhalten.

Natürlich ist die Wahrscheinlichkeit höher, wenn der Arbeitnehmer die Motivation verloren hat und bzw. oder mit denselben Aufgaben sehr lange gearbeitet hat. In einem internationalen Konzern wie Siemens, Toyota, Inditex Group, Ernst & Young, IKEA oder Unilever gibt es viele Möglichkeiten, über eine Zeitspanne von 20 bis 30 Jahren Erfahrung in einer Vielfalt von Arbeitsaufgaben, Kulturen und Kontexten erworben zu haben. Weil solche multinationalen Unternehmen in gewissem Maße versuchen, kohärent und kulturell homogen die verschiedenen Operationen zu leiten, gibt es trotzdem einen Nachteil für den Arbeitnehmer, wenn er einen neuen Job such: Wer in verschiedenen Unternehmen gearbeitet hat, hat auf dem Arbeitsmarkt einen Vorteil.

Neue Familienstrukturen – weniger traditionelle Familienverbände, mehr alternative Lebensgemeinschaften – tragen ebenfalls zu dieser Entwicklung bei: Neue Familienkonstellationen folgen nicht immer dem 8-bis-17-Uhr-Rhythmus. Und auch in traditionellen Familien gibt es Veränderungen. So sind z. B. Männer in vielen Ländern zunehmend für die Betreuung der Kinder – Abholen vom Kindergarten, Pflege im Krankheitsfall, zu Hause aufräumen und kochen etc. – mitverantwortlich, sodass nicht ausschließlich die Frauen zu spät oder gar nicht zur Arbeit kommen, wenn die Kinder krank sind.

Kürzere und intensivere Karriere: Wir investieren immer mehr Zeit in die Ausbildung, aber wir wollen nicht notwendigerweise später in den Ruhestand treten, obwohl Politiker wegen zum Teil unterfianzierter Pensionsfonds gerne sehen, dass die Bürger länger arbeiten. Während der verbleibenden Lebensarbeitszeit gibt es folglich mehr Druck, Karriere zu machen und möglichst viel Geld zu verdienen. Menschen müssen einfach das Lebenseinkommen in einem kürzeren Zeitraum erarbeiten, und sie wollen – vielleicht anders als ihre Eltern – als gesunde und erlebnishungrige Rentner gerne viel Geld ausgeben können.

Kunden bewerten Mitarbeiter, was einerseits zu einer erhöhten Kundenorientierung führt – das ist nicht unbedingt immer von Vorteil, da Mitarbeiter im Wissen um dieses „Ranking" dem Nebensächlichen zu viel Priorität einräumen könnten. Andererseits führt das auch zu einer Marktexposition des Mitarbeiters. Letzteres macht für das Management deutlich, welche Mitarbeiter von den Kunden geschätzt werden und welche nicht. Für leistungsschwächere Mitarbeiter wird die Situation immer komplizierter, weil es für die von Kunden hoch geschätzten Mitarbeiter einfach wird, dem Management des Unternehmens ihre Fähigkeiten zu zeigen. Und tüchtige Mitarbeiter wissen auch, wie sie von ihrem Marktwert als Arbeitnehmer Gebrauch machen können.

In vielen Ländern sind *staatliche Eingriffe in die Karriere* der einzelnen Bürger rückläufig, d. h., die Menschen müssen selber mehr Verantwortung für ihre berufliche Laufbahn übernehmen. Staatliche Organisationen und andere Unternehmen geraten immer mehr unter Druck, talentierte und engagierte Mitarbeiter zu gewinnen, weil die Transparenz größer wird und die Effizienz der öffentlichen Organisationen in Frage gestellt wird. Eine gute Ausbildung an einer staatlichen Universität ist keine Garantie mehr für einen guten Job. Die Absolventen sind für ihre Karriere und ihre persönliche Entwicklung selbst verantwortlich.

Proaktive Gewerkschaften betonen zunehmend die Fortbildung ihrer Mitglieder, um sich in Zeiten veränderter Bedingungen anpassen und die Konkurrenzfähigkeit aufrechterhalten zu können, statt auf dem Status quo zu verharren.

In der *Wertschöpfung* sinken Produktkosten für Material, Herstellung etc., weil das Emotionale, das nicht Greifbare und *das Erlebnisorientierte einen immer höheren Teil ausmachen.* In der Herstellung sind Mitarbeiter meistens austauschbar, und gegebenenfalls können auch Maschinen teure Manpower-Stunden ersetzen. Besonders in Verbrauchermärkten aber wird die Attraktivität für die Kunden durch gute Mitarbeiter vermittelt. Dienstleistungen erfordern Menschen, die die Marke mögen und gut repräsentieren – als *Brand Ambassadors* auftreten, wie man heutzutage sagt.

Das *steigende Umweltbewusstsein junger Mitarbeiter* spricht für eine Zurückhaltung bezüglich Aktivitäten, die eine hohe Umweltbelastung mit sich führen. Dies ist ein wichtiger Teil der Entwicklung gegen nachhaltige Unternehmensstrategien und wird immer öfter von jungen Menschen gefragt.

Jobangebote werden schneller und zielsicherer vermittelt, was durch neue Vermittlungs- und Kommunikationskanäle ermöglicht worden ist (Abb. 6.1).

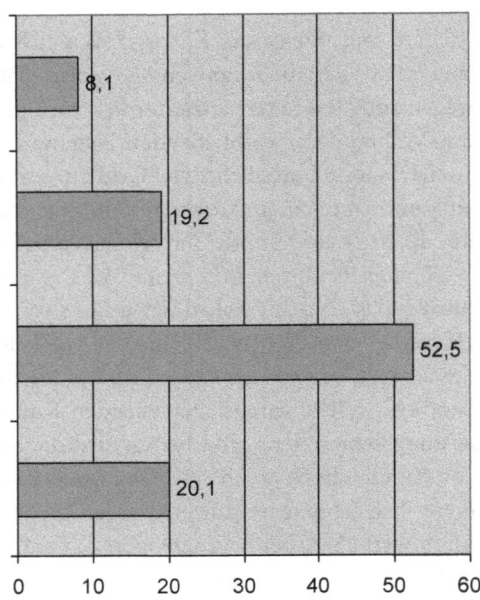

Abb. 6.1 Warum die Arbeitsstelle gewechselt wird. Angaben in Prozent. (Quelle: Employer-Branding-Fragebogen)

6.2   Weniger Loyalität – Arbeit als Konsum

Immer weniger junge Menschen wollen ein Arbeitsleben lang bei ein und demselben Unternehmen arbeiten. Diese Entwicklung ist für Partnergesellschaften, zum Beispiel Rechtsanwälte und Prüfungsgesellschaften, sehr problematisch. Das Prinzip der Partnergesellschaft ist aus Arbeitnehmersicht klar: Talentierte Mitarbeiter können nach vielen Jahren (oft 15 bis 20) als Partner angenommen werden – vorausgesetzt, man kann Firmentreue und Loyalität vorweisen und hat hart gearbeitet. Als Partner verdient man sehr gut, muss aber meistens dem Unternehmen treu sein, weil man kaum andere Arbeitgeber findet, die das Gehalt überbieten könnten. Hier liegt das Problem: Viele Jahre unterbezahlt zu arbeiten, dann als Partner „überbezahlt" zu werden, das bedeutet de facto, man kann Abwechslung und Weiterentwicklung eben nicht durch den Wechsel zu einem neuen Arbeitgeber erreichen. Für einige wenige sehr erfolgreiche Partner entstehen Möglichkeiten, den Job zu wechseln und direkt als Partner in einer anderen Firma zu starten. Für die meisten gilt aber, dass die Möglichkeit für Abwechslung im Arbeitsalltag nur gegeben ist, wenn der Arbeitgeber Auslandsaufträge, Kunden in vielen Branchen und eine breite Palette von Dienstleistungen zu bieten hat. 88 % der 1980er-Generation zögern bei der Entscheidung, sich für ein Engagement bei einer Partnergesellschaft zu entscheiden (Abb. 6.2).

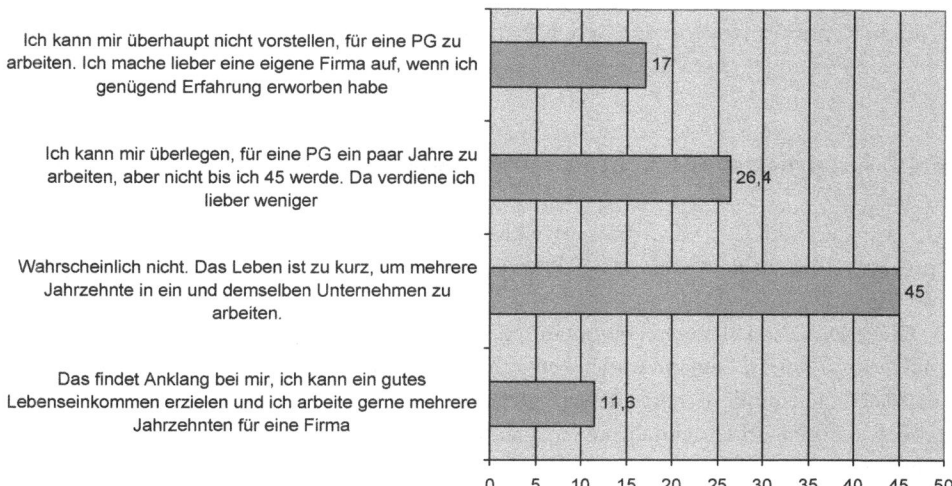

Abb. 6.2 Generation Y: Mehr als 88 % zögern, für eine Partnergesellschaft (PG) zu arbeiten. Angaben in Prozent. (Quelle: Generation-Y-Fragebogen)

6.3 Jobposition und Hierarchien

Von „Einen Job besetzen" zu „Die richtige Person finden"

Einst gab es deutliche hierarchische Organisationsstrukturen, die personell besetzt waren. Dies gilt mehr oder weniger auch heute noch, verändert sich aber bereits deutlich. Unternehmen unter kräftigem Kostendruck, neue Unternehmen und ansatzweise auch große etablierte Unternehmen organisieren sich vermehrt durch reale und virtuelle Projektorganisation, befristete Anstellung, Outsourcing von Aktivitäten etc. Ein Controller oder Wirtschaftsprüfer muss heute eine breite Palette von Arbeitsaufgaben ausführen können und profitiert durch Kompetenzzuwachs, gute Umweltorientierung und große soziale Netzwerke. Ein Makler muss immer wissen, wie Kunden denken, und Preisvergleiche anstellen: Wie sieht ein typischer und spezifischer Kaufprozess aus? Lehrer müssen bereit sein, erhöhte Anforderungen an das Feedback von Schülern und Eltern zu vermitteln. Ein erhöhter Anteil von Dienstleistungen am wirtschaftlichen Geschehen trägt stärker als die Produktion materieller Güter dazu bei, dass mehr und mehr Arbeit in Projekten organisiert wird. Die Art und Weise, wie die Arbeit durchgeführt wird, ändert sich, und tiefgehendes Fachwissen ist keine Garantie für Erfolg im Arbeitsmarkt mehr. Tiefgehendes Fachwissen kann sogar als unzureichend gelten, um die Arbeit zufriedenstellend ausführen zu können. Natürlich gibt es noch viele Jobs für Programmierer, Ingenieure und einige andere, die auf eine berufliche Spezialisierung bauen. Man kann aber nicht mehr generell sagen, dass eine tiefgreifende Spezialisierung vorteilhaft ist, auch wenn Soziologen davor warnen, dass die

erhöhte Kenntnismenge in der Gesellschaft zu einer Veroberflächlichung führen könnte.[5]
In vielen Fällen gilt eher das Gegenteil.

6.4   Anspruchsvolle Arbeitnehmer verschieben die Machtbalance

Mit der Generation Y wird die Entwicklung von einem ungleichen Kräfteverhältnis zu
einem ziemlich ausgewogenen Gleichgewicht zwischen Arbeitnehmern und Arbeitgebern
vollzogen.

Gewerkschaften als Interessenorganisationen lohnabhängiger Arbeitnehmer entstanden
zuerst (um 1770) in England und haben sich mit der Entwicklung des Industriekapitalismus
im 19./20. Jahrhundert weltweit verbreitet. Sie haben die Machtüberlegenheit des Arbeitgebers über den Arbeitnehmer nie völlig aufheben und das Gleichgewicht zwischen beiden
Seiten nie ganz erreichen können. In harten Interessengegensätzen zwischen Arbeit und Kapital hatten die großen, reichen und mächtigen Arbeitgeber meistens das Schlusswort – und
haben es in der Regel auch heute noch. Dieses Machtverhältnis könnte sich aber bald ändern.

Die neue Generation ist nicht nur in der alltäglichen Kommunikation, sondern auch
in ihren Beziehungen zum Arbeitgeber direkter: Ansprüche und Anforderungen nehmen
zu, und sie werden deutlicher durch direkte Kommunikation. Diese Entwicklung hat eine
positive Seite. Wer plant, in drei Jahren einen Job bei einem Konkurrenten zu suchen, oder
vorhat, eine eigene Firma zu gründen, tendiert dazu, mit seinen Absichten nicht hinterm
Berg zu halten, sondern offen darüber zu reden. Wer die Arbeitsbedingungen schlecht
findet, beklagt sich nicht nur bei Kollegen, sondern auch beim Chef. Wer unzufrieden ist
und innerhalb des Unternehmens keine Lösung dafür findet, wird schneller einen neuen
Job suchen. Diese Direktheit der Kommunikation schafft mehr Marktkräfte und weniger
Gejammer, was auf längere Sicht für jeden Arbeitgeber nur von Vorteil sein kann.

Wer querdenkt, kommt in vielen Fällen auf Lösungen, die vor ihm ein fokussierter Spezialist nicht gefunden hat. Der Beitrag der Generation Y zu Veränderungen im Arbeitsmarkt wird inspiriert nicht nur von Unternehmen, die unter hohem Konkurrenzdruck
operieren, sondern auch von der Unterhaltungsindustrie und aus anderen Kontexten.
Multi-Stars hinterlassen einen Eindruck vom überweltlichen Supermenschen, der nicht
nur in *einem* Kontext der König ist, sondern in mehreren Kontexten.

6.4.1   Woher kommt diese Entwicklung?

Warum ist diese Art der Entwicklung entstanden? Die Generation Y ist an schnelles und
direktes Feedback, schnelle Lösungen, direkte Kommunikation und viele Alternativen gewöhnt. Wer vor einigen Jahrzehnten aufgewachsen ist, wurde nicht, wie heute, Ziel der
Marktkommunikation von Arbeitgebern. Zwar gab es Informationen über Arbeitsbedin-

---

[5] Vgl. Lyttkens (1991, 1994).

gungen, Vergütung, Karrieremöglichkeiten etc., sie waren aber meist nicht so deutlich wie heute. Wer heute studiert, wird informiert und informiert sich. Das gilt vor allem für Studienfächer wie Jura, Betriebswirtschaftslehre oder Technik, welche im Arbeitsmarkt besonders begehrt sind, in geringerem Ausmaß auch für andere Studienfächer. Und bedingt werden auch bereits Gymnasiasten anvisiert.

> Als letztes Jahr ein 24-jähriger Verkäufer in einem Autohaus wegen schlechter Leistung seinen jährlichen Bonus nicht erhielt, kreuzten seine Eltern im regionalen Hauptquartier des Unternehmens auf, setzten sich dort vor das Büro des Geschäftsführers und weigerten sich fortzugehen, bis sie eine Unterredung hatten.[6]

Ein Beispiel aus den USA – wird uns so etwas bald auch in Europa zustoßen? Rektoren von Grundschulen und Gymnasien sowie Universitäten und Hochschulen in verschiedenen europäischen Ländern reden von einem veränderten Verhalten von Eltern, die mit dem vorhandenen Angebot und den Regeln nicht zufrieden sind. Sonderlösungen sind daher genau wie in den USA gefragt. Ein Grundschulrektor berichtet: „Wir haben eine sehr deutliche Regel, dass Schüler außerhalb der Ferien keinen Urlaub haben können. Dennoch haben viele Eltern schon eine Reise gebucht, um etwas zu feiern oder nur eine Woche Urlaub und Tapetenwechsel zu genießen. Ich sollte ,nein' sagen, es ist aber sehr schwierig wegen dem Druck. Die Eltern können einfach die Schule für die Kinder wechseln, wenn wir die Zufriedenheit nicht hoch halten." Schon im Kindergartenalter fangen Eltern an, sich über die Kinder viel mehr und anders als in vergangener Zeiten zu kümmern. Die Kundenorientierung und eine Attitüde – Kunden, Mitarbeiter und Eltern wollen „Value for Money" in allen Bereichen des Lebens – setzen alle unter Druck, Besseres zu leisten. In unserer kommerzialisierten Gesellschaft gibt es immer seltener eine Akzeptanz für schlechte Leistungen.

Wo kommt diese Entwicklung her? Es gibt einige Elemente, die diese Entwicklung vorangetrieben haben: konkurrenzintensive Märkte mit einem Überschuss von Alternativen, Produkten und Angebote; Deregulierung von Märkten, wodurch Konkurrenz in Sektoren, die früher davor geschützt waren, zustande gekommen sind; erhöhte Markttransparenz, u. a. durch Internet möglich; Legislation, um Verbraucher zu schützen; und eine veränderte Einstellung aufseiten des Verbrauchers.[7] Weil früher Loyalität mit dem lokalen Lebensmittelgeschäft und der Bäckerei, mit der von einem Verwandten geführten Tankstelle oder das Reisebüro, wo ein Nachbar arbeitet als selbstverständlich galt, kaufen Verbraucher heute dort ein, wo es praktisch, günstig und sinnvoll ist. Diese Einstellung trägt auch zur Verschiebung der Machtbalance zwischen Arbeitnehmer und Arbeitgeber bei, weil die veränderten Einstellungen der Arbeitnehmer zu einer veränderten Lebenseinstellung geführt hat.

---

[6] Von „Scenes from the Culture Clash," Fast Company, Januar 2006.

[7] Parment (2011).

6.5   Neue Karrierestrategien

Die Generation Y bringt neue Karrierestrategien in den Arbeitsmarkt, die nicht nur beinhalten, dass man den Arbeitsplatz öfter wechseln will, sondern auch bedeuten, dass es schwieriger wird, die berufliche Laufbahn vorauszusehen – schwieriger sowohl aus Sicht des einzelnen Mitarbeiters wie auch, anhand aggregierter Kriterien, aus Sicht des Unternehmens.

In der Studienzeit erwerben junge Menschen eine Einstellung, gemäß derer die Bereitschaft zur Veränderung und zum Jobwechsel eine Selbstverständlichkeit ist – wer erfolgreich sein will, sollte in den ersten zehn Jahren nach Abschluss des Studiums für mehrere Arbeitgeber oder zumindest in mehreren Arbeitsstellen arbeiten. Andernfalls können sie als unflexibel auf dem Arbeitsmarkt betrachtet werden, was dazu führt, dass es zunehmend schwierig wird, ein neues, attraktives Angebot zu bekommen. Das gleiche gilt für junge Berufstätige, die attraktiv für den Arbeitsmarkt sein wollen.

Die Generation Y erlebt sozialen Druck, auf dem Arbeitsmarkt attraktiv zu bleiben, indem man ständig neue Erfahrungen sammelt. Die folgende typische Aussage kommt von einer 26-jährigen Frau; sie lebt und arbeitet in einer kleineren Stadt mit knapp 80.000 Einwohnern und einer begrenzten Auswahl an neuen Arbeitsplätzen:

> Ich bin vier Jahre beim gleichen Arbeitgeber, seitdem ich als 22-Jährige das Studium abgeschlossen habe. Vier Jahre, das hebt mich wirklich hervor. Ich arbeite gerne hier, und ich mag meinen Arbeitgeber, aber ich kann meinen Freunden die Einstellung nachfühlen: nach vier Jahren immer noch an der gleichen Stelle?!

6.6   Der Karriere-Chancen bewusst

> Ein 22 Jahre alter pharmazeutischer Angestellter erfuhr, dass er die Beförderung, die er im Visier hatte, nicht erlangt. Das Harvard-Diplom hatte alles, was er gemacht hatte, als ausgezeichnet bewertet, sodass er durch die Neuigkeit gebrochen war. Seine Eltern waren überzeugt, dass es irgendein Missverständnis gab – und irgendeinen Weg, dass sie das ausbessern könnten, weil sie zuvor in der Lage gewesen waren, alles auszubessern. Seine Mutter rief die Personalabteilung am nächsten Tag an. Siebzehnmal.[8]

Dieses Zitat stammt aus den USA; es kann, und sollte das auch, als extrem betrachtet werden. Doch die Tendenz ist klar, und wir sehen mehr und mehr von dieser Haltung in den meisten Ländern. Die Generation Y wird allenthalben mit Erfolgsgeschichten in vielerlei Kontexten – in der Schule, im Vereinswesen, in sozialen Netzwerken etc. – in Zusammenhang gebracht. Das führt leicht zu überhöhten Ansprüchen, worauf der Arbeitgeber sich tunlichst einstellen sollte. Hohe Ansprüche, soweit sie nicht tatsächlich überhöht sind, haben aber durchaus positive Auswirkungen (vgl. oben die Diskussion zum Thema „Konkurrenz").

---

[8] Von „Scenes from the Culture Clash," Fast Company, Januar 2006.

Jedes Unternehmen muss aktiv mit diesen neuen Bedingungen für die künftige Wettbewerbsfähigkeit umgehen. Für frühere Generationen verlief das Karrieremuster meistens linear, nicht so für die Generation Y. Die Generation Y hat eine andere Haltung zu Lebenslauf und Karriere, sozusagen ein nichtlineares Muster. Es geht nicht um Fortschritte im herkömmlichen Sinne, d. h. typische Karrieremuster in einem Unternehmen oder in einer Branche. Es geht um Fortschritt für den Einzelnen: Wer es sich leisten kann, drei Monate freizumachen, wird das im Interesse der Selbstverwirklichung auch tun. Mit der Familie im Winter zwei Monate nach Thailand fahren, dafür vielleicht nur zwei Wochen Sommerurlaub nehmen! Ein paar Monate für eine regierungsunabhängige Organisation oder für die Kirche arbeiten! Oder einfach nur ein Jahr Auszeit nehmen! Diese Veränderung des Karrieremusters erfordert ein neues Denken des Personalmarketings: Für den Arbeitgeber ist es von großem Vorteil, wenn der Arbeitnehmer die erstrebte Selbstverwirklichung in die eigene Hand nehmen kann, und in vielen Jobs ist es möglich, einige Wochen Extraurlaub zu gewähren.

6.7   Eine immer größere Vielfalt wichtiger Dimensionen des Arbeitgeberangebots

Die Zahl der Aspekte, die vom Arbeitnehmer bei der Jobsuche in Betracht gezogen werden, wird immer größer. Eine Dimension, die für die Generation Y sehr wichtig ist, ist der Standort des Arbeitsplatzes. Es geht hier nicht nur um Alltagslogistik und Zugang zu Parkplätzen und öffentlichen Verkehrsmitteln, sondern auch um den Zugriff auf Dienstleistungen, um Shopping-Möglichkeiten und um die Nähe zu Freunden in sozialen Netzwerken. Diese (Neu-)Orientierung spiegelt die Suche nach Erlebnissen auch im Arbeitsalltag wider. Diese Möglichkeiten sind in der Stadtmitte einfach leichter zu finden als in einem Industriegebiet. Sie sind in einem Büro mit schönem Blick auf See und Gebirge leichter zu finden als im grauen Büro mit Parkplatzaussicht.

Mitarbeiter bevorzugen im Allgemeinen, dass der Arbeitsplatz nicht allzu weit von zu Hause entfernt ist. Dementsprechend ist es auch leichter, talentierte Mitarbeiter zu gewinnen, wenn der Arbeitsplatz nicht allzu weit vom Wohnort des gewünschten Mitarbeiters liegt. Die talentiertesten, von manchen Unternehmen bevorzugten Menschen leben oft in der Stadtmitte oder in einem Vorort mit hohem sozio-ökonomischen Standard.

Viele Unternehmen wissen nicht, wo ihre Kunden wohnen und leben, kennen ihre Präferenzen und was sie genießen kaum. Gleich schlecht kann es um die Kenntnisse bezüglich zukünftiger (und vorhandener) Mitarbeiter stehen. Um in der Zukunft konkurrenzfähig zu sein, müssen Unternehmen von Kunden und Mitarbeitern mehr wissen und auf diese Daten auch reagieren.

6.8 Wird informiert – und informiert sich

Kluge Arbeitgeber wissen, dass die Mitarbeiter den Unterschied in einer Gesellschaft von großer Konkurrenz ausmachen. Dementsprechend wird auch früh und bewusst mit den gewünschten Mitarbeitern kommuniziert.

Je mehr Aspekte eines Jobangebots die Arbeitnehmer kennen, desto höher sind die Ansprüche an den Arbeitgeber. Besonders an den großen Universitäten werden Studenten fast täglich von großen Unternehmen angesprochen: Gastvorlesungen, Messen, Werbung, Einladungen zu Events etc. Die Beziehungen zwischen Studenten und potenziellen Arbeitgebern während der Studienzeit machen die Absolvent(inn)en selbstbewusster, informierter und anspruchsvoller.

Die Generation Y *wird informiert*: Im Briefkasten, in E-Mails und Newslettern, in sozialen Medien, in der Tageszeitung, in Magazinen, in Studentenzeitungen – überall gibt es Informationen und Werbung. Naomi Klein beschreibt in ihrem aufsehenerregenden Buch *No Logo*[9] die Entgrenzung der Markträume und wie die Marken zunehmend allgegenwärtig zu sein scheinen. Die Autorin führt Beispiele aus den USA[10] an, wie sie bei Erscheinen des Buches (2002) in Europa kaum zu erwarten waren. Heutzutage gibt es aber auch hier in Europa zahlreiche Beispiele, wie sie Klein aus Amerika beschreibt und kritisiert. In Europa schließen Universitäten ebenfalls Verträge, die zur Folge haben, dass auch Fachhochschul- und Universitätscampus von kommerziellen Informationen und Werbung gesättigt, wenn nicht gar überfrachtet werden. Anzahl und Ausdehnung nicht kommerzieller Zonen werden geringer – für ältere Menschen vielleicht ein Problem, die Generation Y nimmt davon kaum Notiz, denn sie ist daran schon gewöhnt.

Die Generation Y *informiert sich* und weiß auch, wie Informationen effizient beschafft werden können. Sie ist an eine hohe Informationsdichte gewöhnt, ist daher kaum gestresst von den vielen Informationen, die zur Verfügung stehen, und sie weiß, *wo*, *wann* und *wie* adäquate Informationen geschaffen werden (siehe Kap. 7 zum Employer Branding).

Daraus folgt: Eine 20-, 25- oder 30-jährige Person weiß heute viel mehr über verschiedene Arbeitgeber, darüber, wo man arbeiten kann und was es ausmacht, spezifische Arbeitgeberangebote zu beurteilen sowie zu versuchen, eigene Wünsche im Arbeitsleben zu realisieren. Unternehmen müssen folglich, um ihre Wettbewerbsfähigkeit zu erhalten, Angebote im Arbeitsmarkt attraktiver und deutlicher machen und sie auch adäquat kommunizieren.

Nachdem sich bereits in den letzten Jahrzehnten eine starke Individualisierung – als Gegensatz zum starken Kollektivismus in den 1960er und frühen 1970er Jahren, und bis-

---

[9] Klein (2002).

[10] Naomi Klein ist Kanadierin und die Kritik bezieht sich in erster Linie auf amerikanische Unternehmen wie Coca Cola, Nike, Marlboro, Microsoft, Starbucks und Tommy Hilfiger und deren Geschäftsmodelle. Die Kritik betrifft die Ansammlung von Kapital, den Verkauf von Image statt Produkten, sklavenartige Produktionsbedingungen in der Dritten Welt, Strategien für Lobby-Arbeit, Marketing und PR und die steigende Macht der Konzerne bzw. die Entmachtung der Bürger.

weilen als Reaktion darauf – verbreitet hat, wird diese Entwicklung mit der Generation Y deutlich zunehmen: Hier kommt erneut eine Herausforderung auf große und starke Arbeitgeber zu – ähnlich wie zu Zeiten der Entstehung der Gewerkschaften, diesmal aber nicht durch ein Organisieren der Arbeitnehmer. Dieses Mal wird die Machtbalance zugunsten der Arbeitnehmer verschoben, weil Arbeitnehmer auf individueller Basis, aber von derselben gesellschaftlichen Entwicklung geprägt und getrieben, ihre Bedeutung und ihren Marktwert kennen und nutzen, um eine bessere Position im Arbeitsmarkt zu erreichen.

6.9 Selbstbewusst und fordernd – gut für die Entwicklung des Unternehmens

Angehörige der Generation Y wollen für Unternehmen arbeiten, die gute Werte repräsentieren und eine ansprechende Unternehmenskultur bieten können[11]. Die Arbeit sollte bedeutsam sein und die persönliche Karriere fördern. Insgesamt werden viele Forderungen an den Arbeitgeber gestellt, der mit sozialer Verantwortung, Employer Branding, Organisationskultur, Karrierechancen und vielen anderen Faktoren aktiv arbeiten muss, um die neue Generation ansprechen zu können.

Menschen, die der Generation Y angehören, wollen, dass die Arbeit bedeutsam ist, nicht allein aus Gründen des eigenen Glücks, sondern insbesondere auch, weil in ihrem Empfinden generell eine Abneigung gegen das Sinnlose verwurzelt ist. Dinge, die ausgeführt werden, aber keine Bedeutung haben; Aktivitäten, die ohne ersichtlichen Grund, nur weil sie getan werden „sollen", weil es „Tradition" ist oder weil „das halt so ist, wie man solche Dinge machen sollte" – solcherlei Praxis wird von der Generation Y in Frage gestellt.

6.10 Neue und alte Konkurrenzperspektiven

Fordernde Arbeitnehmer setzen den Arbeitgeber unter Druck, ständig besser und konkurrenzfähiger zu werden. Und fordernde Arbeitgeber setzen Arbeitnehmer unter Druck, attraktiv zu werden und Mitarbeiter gut zu behandeln. Dieses Wechselspiel ist in der Länge gut, sowohl für die organisatorische Effizienz sowie für die Attraktivität der Branche in Beziehung zu verschiedenen Interessenten insgesamt.

Es gibt allerdings verschiedene Philosophien, wie Wettbewerbsfähigkeit entsteht, und diese Philosophien können auch den Erfolg eines Unternehmens deutlich beeinflussen.

Was halten Sie von Konkurrenz?
a/Wenig, ich ziehe es vor, keine Konkurrenz zu haben. Ohne Konkurrenz lebe ich besser.

b/Viel, ich mag Konkurrenz, sie setzt mich unter Druck, ständig besser zu werden, was meine Konkurrenzfähigkeit langfristig fördert.

---

[11] Parment 2013, Applicants' Criteria and Corporations' Reputation: Generation Y as Coworkers.

Grundsätzlich gibt es zwei Wege, sich zur Konkurrenz zu verhalten: entweder sich vor Konkurrenz schützen oder sich bewusst konkurrenzintensiven Kontexten und Situationen aussetzen.[12] Der erste Weg ist eher eine reaktive Strategie, letzterer jedenfalls eine proaktive Strategie. Der Marketingtheoretiker Porter, Autor vieler Bücher über Unternehmensstrategien, spiegelt in seiner Forschung zur Konkurrenzfähigkeit eines Unternehmens die Entwicklung von einem traditionellen Blickwinkel zu einer modernen, dynamischen Perspektive wider.[13] In den frühen Arbeiten – hauptsächlich in Titeln, die bis 1985 erschienen – behauptete Porter noch, dass Unternehmen sich vor Konkurrenz schützen sollen: Durch gute Positionierung und einzigartige Wettbewerbsvorteile, die nicht so einfach zu übertragen sind, können Firmen sich vor Konkurrenz schützen.[14] Ein modernerer und der heutigen Situation angemessenerer Weg, Konkurrenzfähigkeit aufzubauen, wird in Porters *The Competitive Advantage of Nations* (1990) vorgestellt: Hier geht es um die Bündelung von Feldern, auf welchen Unternehmen zusammenarbeiten, um die Cluster, in denen sie Kompetenzen teilen und austauschen. Es geht also darum, Netzwerke von Produzenten, Zulieferern, Forschungseinrichtungen (z. B. Hochschulen und Universitäten), Dienstleistern und Handwerkern und miteinander verbundenen, gesellschaftlichen Institutionen mit einer gewissen regionalen Nähe zueinander, zu kreieren. Idealerweise sollten solche Cluster über gemeinsame Austauschbeziehungen entlang einer Wertschöpfungskette gebildet werden. Die Mitglieder des Clusters stehen dabei durch Liefer- oder Wettbewerbsbeziehungen oder gemeinsame Interessen miteinander in Beziehung, wenn sich eine kritische Anzahl von Unternehmen in räumlicher Nähe zueinander befindet[15]. Dies hat zur Folge, dass die Menschen auch von der Mentalität her eine andere Einstellung zur Kompetenzteilung haben. Kompetenzaustausch und auch eine niedrigere Jobwechselschwelle sind Faktoren, die den Arbeitgeber unter Druck setzen, eine attraktive Unternehmenskultur und ein positives Arbeitsumfeld zu bieten. Infolgedessen entsteht ein gemeinsames Interesse an lokal verfügbarem Personal und seiner Qualifizierung. Ein Jurist, der alleine in einem Umfeld arbeitet, wird etwas von der Entwicklung des Fachgebiets isoliert; ein Jurist, der in einem Cluster mit einer Vielfalt von juridischen Fragestellungen arbeitet, trifft regelmäßig Kollegen, frühere Kommilitonen etc. und gewinnt dadurch an Kompetenz, was dem Betreffenden Vorteile bringt sowie die Attraktivität des Arbeitsmarkts erhöht.

Ein Cluster bringt Wettbewerbsvorteile aufgrund einer mehr oder minder großen Schnittmenge an gemeinsamen Interessen, aufgrund verbesserter Arbeitsteilung und des darin enthaltenen Kompetenzaustauschs. Unternehmen können sich auf ihre Kernkompetenz konzentrieren, während andere Kompetenzen bei Bedarf im Cluster verfügbar sind. Durch das implizite wettbewerbsrelevante Know-how, das sich im Cluster verbreitet, steigt die Innovationsfähigkeit des Clusters, wovon die beteiligten Unternehmen natürlich profitieren. Der Aufbau von Clustern kann auf diese Weise als aktive Innovationsförderung verstanden werden.

---

[12] Parment (2006a, 2008a).

[13] DeMan (1994); Porter (1980, 1985, 1990).

[14] DeMan (1994).

[15] Porter (1990).

Die Analyse von Clustern beinhaltet mehr, als auf den ersten Blick deutlich wird. Die Generation Y begreift sich gewissermaßen als Teil eines Clusters: Soziale Netzwerke sind Teil des Kompetenzbereiches. Generation-Y-Personen haben den Mut, irgendjemanden, der die gewünschte Kompetenz hat, zu befragen. Andere, die gute Leistungen erreichen, setzen mich unter Druck, besser zu werden; und daher werde ich auf die Dauer persönlich davon profitieren, Teil eines Clusters/Netzwerks zu sein. Für einen Arbeitsplatz hat diese Einstellung wichtige Implikationen: Wer gerne mit Besseren zusammenarbeitet, um mehr zu lernen, trägt zu einer anderen Kultur bei als jemand, der nicht gerne sieht, dass andere, gleichaltrige Kollegen besser sind.

Alles in allem werden die Marktkräfte stärker, während einschränkende Faktoren, z. B. Unternehmenspolitik, Prämiensysteme – etwa um die Mitarbeiter an das Unternehmen zu binden – und Tradition an Macht verlieren. In einem zunehmend wettbewerbsorientierten und transparenten Umfeld haben Unternehmen sowie öffentliche Organisationen, keine Möglichkeiten und Ressourcen mehr, Mitarbeiter für frühere Leistungen zu bezahlen. Das Hier und Jetzt zählt, und man kann davon ausgehen, dass die meisten Angehörigen der Generation Y ihre höchsten Jahreseinkommen in jüngerem Alter erreichen als deren Eltern zu ihrer Zeit.

6.11   Austauschbare und nicht austauschbare Mitarbeiter

Mitarbeiter gelten als austauschbar oder nicht austauschbar – eine Dichotomie, die einem Arbeitgeber helfen kann, in Zeiten talentierter, aber wenig loyaler Arbeitnehmer konkurrenzfähig zu bleiben. Ist es aber wirklich so einfach? Natürlich nicht, jeder Mitarbeiter trägt zur Leistung des Unternehmens bei, und keiner ist unersetzlich. Es gibt aber trotzdem Gründe, Mitarbeiter als austauschbar oder nicht austauschbar zu kategorisieren, bevor sie einen neuen Job suchen. Nach grober Schätzung machen die nicht austauschbaren Mitarbeiter einen Anteil von etwa 5 bis 20 % der Belegschaft aus. Es sind Menschen mit einzigartigen Kompetenzen, mit Kundenbeziehungen, die einmalig sind, oder mit sonstigen Eigenschaften oder Kontakten, die schwer zu ersetzen sind. Die falsche Entscheidung unter Stress zu treffen, wird teuer und ineffizient für das Unternehmen: Die falschen Mitarbeiter zu behalten oder die besten zu verlieren, könnte katastrophale Auswirkungen haben. Es ist somit durchaus sinnvoll, die vorhandenen Mitarbeiter unter dem Aspekt „austauschbar/nichtaustauschbar" zu kategorisieren – wenn sie/er einen neuen Job sucht und den Verhandlungsprozess startet, wissen wir als Arbeitgeber schon, wie mit dem/der Arbeitnehmer(in) verhandelt werden sollte.

In den 1980er Jahren wurde Citibank als „Harvard auf Rädern" bezeichnet, weil junge Menschen, die dort zu arbeiten anfingen, eine umfassende Ausbildung umsonst bekommen und danach einen neuen Job gefunden haben. Eine solche Situation sollte natürlich vermieden werden.

Ein Unternehmen muss immer darauf eingestellt sein, dass Mitarbeiter einen neuen Job suchen. Und die Suche nach neuen Jobs wird tendenziell umso stärker, je weiter die Integration der Generation Y in den Arbeitsmarkt voranschreitet.

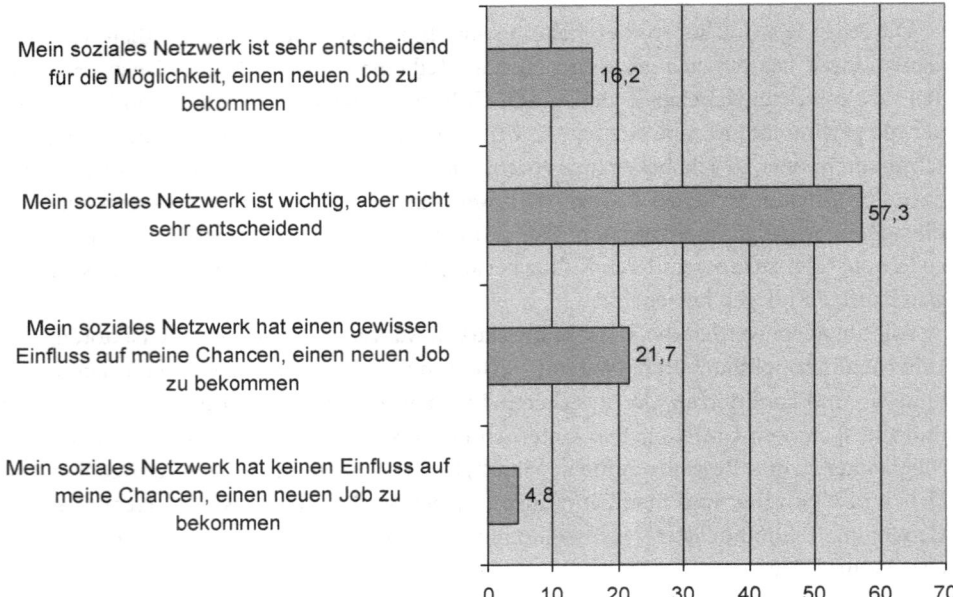

Abb. 6.3 Das soziale Netzwerk und die Chancen, einen Job zu bekommen. Angaben in Prozent. (Quelle: Employer-Branding-Fragebogen)

Eine alte Weisheit besagt, dass der einzige Weg, den Arbeitslohn zu verbessern, der ist, einen neuen Job zu suchen und zu finden. Der Grund ist einfach: Wer schon angestellt ist und eine gute Arbeitsleistung erbringt, bekommt mehr oder weniger den Durchschnitt der jährlichen Lohnanpassung. Nur Sonderverhandlungen, z. B. wegen Jobangebots von Dritten, und Jobwechsel können zu einer außerordentlichen Arbeitslohnentwicklung führen (Abb. 6.3).

6.12   Der Personalwechsel – Prinzip und Wirklichkeit

Die meisten Unternehmen sagen, sie wollen den Personalwechsel, um sicherzustellen, dass das Unternehmen mit neuen Ideen, neuen Perspektiven etc. versorgt wird. Der Prinzip wird allerdings nicht immer realisiert, weil ein Personalwechsel für das Unternehmen aufwendig ist und auch oft bedeutet, dass neue Risiken eingegangen werden müssen.

Wenn ein Mitarbeiter den Job wechselt, reagiert das Unternehmen oft frustriert: Schade, wir müssen einen neuen Arbeitnehmer finden. Und dafür gibt es einen guten Grund: Den Mitarbeiter zu ersetzen und Anwerbungsaktionen auszuführen, ist sehr kostspielig, es kostet durchaus schon einmal mehrere Zehntausend Euro[16]. Ein Problem in diesem Zusammenhang ist, dass es meistens die erwünschten Personen sind, die Job wechseln. Sie sind attraktiv auf dem Arbeitsmarkt. Eine allgemeine Zielstellung für den Personalwechsel

---

[16] Vgl. Larkan (2007).

ist daher sinnlos, und Unterschiede bezüglich der Zahl der Arbeitgeber in einer geografischen Region erschweren generelle Aussagen zum Personalwechsel. In Berlin, Hamburg, München, Wien und Zürich gibt es für einen Kulturschreiber, Personalwissenschaftler oder Volkswirtschafter viele Alternativen – auf dem Land gibt es höchstens ein paar Jobangebote jährlich, obwohl der Arbeitssuchende bereit ist, täglich weite Strecken zur Arbeit zu fahren.

6.13   Die Personalabteilung – eine Abteilung vom strategischen Wert

In einem schnell veränderlichen, global konkurrierenden und qualitätsorientierten Umfeld sind es oft die Angestellten des Unternehmens, sein Humankapital, die den Schlüssel zur Konkurrenzfähigkeit bilden. Es ist jetzt zunehmend üblich, die Personalabteilung in die frühesten Phasen der Entwicklung und Implementierung eines strategischen Planes einzubeziehen, statt sie einfach darauf reagieren zu lassen.[17]

Um in den konkurrenzintensiven Märkten von Verbrauchern und Mitarbeitern erfolgreich zu sein, müssen die Voraussetzungen, sich im Markt überzeugend darzustellen, mobilisiert werden. Eine Zusammenarbeit zwischen der Personalabteilung und der Marketingabteilung ist eher eine Voraussetzung als bereits die Lösung: Man braucht sowohl Personalkenntnis wie auch Marketingkenntnis, um die gewünschten Mitarbeiter zu gewinnen, sie zufriedenstellen und dauerhaft an das Unternehmen binden zu können.

In manchen Unternehmen hat die Personalabteilung Legitimitationsprobleme und kann ihre Position in der Entwicklung der Konkurrenzfähigkeit des Unternehmens nicht ausreichend klarmachen[18]. Veränderungen im Arbeitsmarkt und die größere Bedeutung des Employer Brandings sind allerdings Möglichkeiten für die Personalabteilung, wichtige Entscheidungen des Unternehmens stärker zu beeinflussen.

Checkliste

- Welchen Einfluss hatten die Veränderungen im Arbeitsmarkt auf Ihr Unternehmen?
- Welchen Einfluss hatten die Karrierestrategien junger Mitarbeiter auf Ihr Unternehmen?
- Welche Vorzüge haben junge bzw. ältere Mitarbeiter?
- Wie werden Mitarbeiter geleitet, kontrolliert und bewertet? Haben sich die Strategien diesbezüglich in den letzten Jahren verändert?
- Wie groß – ungefähr – sind die Anteile der emotionalen bzw. funktionalen Wertschöpfung des Unternehmens?

---

[17] Dessler (2001, S. 12).

[18] Millward et al (2000); Parment und Dyhre (2009); Sisson (2001); Strauss (2001).

- Welches wären die Implikationen für Ihr Unternehmen, wenn die Personalfluktuation kräftig anstiege, weil junge Mitarbeiter gerne einen neuen Job suchen?
- Werden hohe Ansprüche an Transparenz erfüllt – präsumtive Mitarbeiter nehmen ja das Unternehmen unter die Lupe – sowie Möglichkeiten der Karriere deutlich kommuniziert?
- Verstehen die Mitarbeiter des Unternehmens das Geschäftsmodell? Wird eine breit angelegte Kompetenz betont und belohnt oder eine deutliche Spezialisierung?
- Wie sieht es mit der Machtbalance zwischen Mitarbeitern und Unternehmen aus?
- Wie planen ältere und jüngere Mitarbeiter Karriere und Lebenslauf?
- Die Anzahl der Aspekte, die ein Arbeitnehmer bei der Jobsuche in Betracht zieht, hat im Laufe der Zeit erheblich zugenommen – hat sich die Art und Weise, wie das Unternehmen sich als Arbeitgeber präsentiert, dementsprechend verändert?
- Was halten Sie von Konkurrenz? Sehen Sie Konkurrenz als Ansporn für die unternehmische Entwicklung?
- Wie viele Mitarbeiter des Unternehmens bzw. der Abteilung sind nicht austauschbar? Wie viele sind austauschbar?
- Was halten Sie von Personalfluktuation? Wird Ihre Auffassung auch realisiert, oder wird jede neue Rekrutierung als eine Belastung gesehen: „Mehr Arbeit für mich als Ressortleiter; besser, keiner würde das Unternehmen verlassen!"?
- Welche Rolle spielt die Personalabteilung, und wie wird sie von anderen Abteilungen gesehen?

Handlungsempfehlungen

- Richtlinien etablieren, wie Arbeit ausgeführt wird, von wem sie ausgeführt wird und in welcher Normzeit sie ausgeführt wird. Freiraum könnte die Arbeitsmotivation steigern, zu viel Freiraum könnte allerdings die Effizienz des Unternehmens untergraben.
- Lernen, „Nein!" zu sagen – weil Junge früh im Leben gelernt haben, dass man immer nachfragen kann, muss man nicht immer ja sagen. Die Generation Y kann mit einem „Nein" gut leben, wenn es dafür einen guten Grund gibt.
- Die richtige Person zu finden, ist sehr wichtig. Die wenig differenzierte, eher gleichgültige Methode „Einen Job besetzen!" verliert, vor allem in Bezug auf junge Mitarbeiter, an Relevanz. Ein neuer Angestellter schätzt auch das Gefühl, wichtig für das Unternehmen zu sein und nicht nur eine Lücke in der Belegschaft zu schließen.
- Nicht nur Mitarbeiter anwerben, die sich möglichst in allem dem Chef/der Chefin anpassen, sondern auch Mitarbeiter, die anders und quer denken. Eine gewisse Breite der Kenntnisse, des professionellen Hintergrunds und der Denkweisen fördert die Entwicklung des Unternehmens.

- Junge Arbeitnehmer informieren sich anders und sind relativ wenig tolerant gegenüber falschen Informationen und Unklarheiten. Um nicht an Attraktivität zu verlieren, ist es sinnvoll, so viele Aspekte eines Arbeitsangebots wie möglich zu verdeutlichen: Welche Karrierewege gibt es bei uns? Was bedeuten die verschiedenen Karrieren? Interviews mit Mitarbeitern sind hier sinnvoll. Wie lange muss ich arbeiten, um als Projektleiter eingesetzt werden zu können? Viele Fragen wurden traditionsgemäß nie einheitlich beantwortet – in einer transparenten Welt mit potenziellen Mitarbeitern, die rund um die Uhr und rund um den Erdball kommunizieren, wird es immer schwieriger und unattraktiver, unterschiedliche Auskünfte an verschiedene Mitarbeiter bzw. potenzielle Mitarbeiter zu vermitteln. Das Internet hat sowohl die Kommunikationsgeschwindigkeit wie auch die Möglichkeiten, zielgerecht zu kommunizieren, erheblich verbessert.

- Darauf eingestellt sein, dass Mitarbeiter einen neuen Job suchen und dass dieses Verhalten eher stimuliert und zu Verbesserungen führt – schließlich muss jeder Arbeitgeber konkurrenzfähig sein, und wer gute Mitarbeiter „verliert", sollte das eigene Angebot überprüfen.

- Das Identifizieren kritischer Mitarbeiter wagen – schließlich sind derlei inoffizielle Informationen nützlich, wenn einem Mitarbeiter plötzlich ein neuer Job angeboten wird und eine Verhandlung beginnt. Wenn ein Mitarbeiter sagt, er will einen neuen Job suchen, ist es für den Arbeitgeber von Vorteil, wenn schon überlegt wurde, ob der betreffende Arbeitnehmer besonders gut oder nur durchschnittlich ist.

Neues Personalmanagement zur Steigerung der Attraktivität

▶ In diesem Kapitel werden die konkreten Maßnahmen im Unternehmen, um bei Mitarbeitern – besonders jungen Mitarbeitern – stärkere Attraktivität zu gewinnen, untersucht. Anspruchvolle und selbstbewusste Mitarbeiter erfordern ein neu durchdachtes, an den Erfordernissen einer neuen Zeit orientiertes Personalmanagement, dessen Rolle sich teilweise neu, sprich: umfassender, definiert: Es geht nicht nur um das Verhältnis zwischen Unternehmen und vorhandenen Mitarbeitern, sondern verstärkt auch darum, indirekt und direkt erwünschte neue Mitarbeiter zu gewinnen.

Selbstverständlich können hier nicht alle Fragen beantwortet werden, die in diesem Zusammenhang eine Rolle spielen. Das Kapitel beschränkt sich darauf, einige in der Ära der Generation Y besonders wichtige Probleme zu beleuchten.

7.1 Definition des Personalmanagements

Der Begriff *Personalmanagement* wird nicht einheitlich verwendet. Scholz schlägt folgende breitgefasste Definition vor:

> Das Management von Personal ist die systematische Analyse, Bewertung und Gestaltung aller Personalaspekte eines Unternehmens, wie Personalbestände und -bedarfe, Qualifikationen, Kostenkalkulierungen, rechtliche Bedingungen des Personaleinsatzes, der Beurteilung und Führung von Mitarbeitern.[1]

Früher wurden die Begriffe Personalverwaltung und Personalwirtschaft verwendet, die allerdings mehr die verwaltenden Elemente der Personalarbeit betonen. Im Gefolge der

---

[1] Scholz (2002).

A. Parment, *Die Generation Y,*
DOI 10.1007/978-3-8349-4622-5_7, © Springer Fachmedien Wiesbaden 2013

Internationalisierung der Unternehmen und der erhöhten Konkurrenz hat sich inzwischen der Begriff Personalmanagement weitgehend durchgesetzt.

Im Laufe der Zeit hat sich auch die Definition des Begriffs Personalmanagement weiterentwickelt, verständlicherweise, denn über die Jahrzehnte hat sich der subsumierte Aufgabenbereich schließlich ebenfalls verändert. In den 1970er Jahren standen Training und Qualifizierung im Mittelpunkt des Personalmanagements. In den darauffolgenden 1980er Jahren erweiterten sich Training und Qualifizierung zur Personalentwicklung insgesamt. In den 1990er Jahren wiederum ist die Qualifizierung in Richtung Wertschöpfung weiterentwickelt worden.[2]

Die obige Definition des Personalmanagements umfasst in etwa dasselbe wie der internationale Begriff „Human Resources Management".

Unter Personalmanagement versteht man eine ganze Reihe von Funktionsfeldern: Bestimmung des Personalbedarfs und Analyse des Personalbestands, Personalveränderung (Beschaffung, Entwicklung, Freisetzung), Personaleinsatz, Personalkostenmanagement, Personalführung).

Alle diese Funktionsfelder sollten in Folge des Eintritts der Generation Y in den Arbeitsmarkt überprüft werden (Tab. 7.1).

7.2　Personalwirtschaftliche Handlungsfelder in der Generation-Y-Ära[3]

Die skizzierten einstellungsprägenden Veränderungen der Rahmenbedingungen seit den 1980er Jahren sowie die damit verbundenen bereits erkennbaren neuen Verhaltensweisen weiter Teile der Generation Y erfordern die Überprüfung und Weiterentwicklung des Personalmanagements.

Individuen der Generation Y zeichnen sich durch eine technologieaffine Lebensweise aus, indem sie digital kommunizieren, vielfältig vernetzt und gewohnt sind, einen praktisch permanenten Zugang zu multiplen Informationsquellen zu haben. Auch pragmatische Flexibilität, der Wunsch nach Kollaboration, Abwechslung, Selbstverwirklichung und Sinnstiftung im Beruf sowie das Bedürfnis nach Harmonisierung von Arbeits- und Privatleben kennzeichnen ihre verhaltensprägenden Werte. Zudem dürfte sich mit der Zunahme der Wahlmöglichkeiten im konsumtiven Bereich ihr Anspruchsniveau insgesamt erhöht haben und sich auch in veränderten Ansprüchen an potenzielle Arbeitgeber niederschlagen. Hiermit verbunden sind möglicherweise Erwartungen an eine stärker von Transparenz geprägte Unternehmenskultur sowie ein Rückgang der Arbeitgeberbindung.

Studien zufolge soll sich zwar die Mehrheit der Entscheidungsträger in Unternehmen den veränderten Ansprüchen der Generation Y bewusst sein. Eine aktive Berücksichti-

---

[2] Stanik (2009).

[3] Dieser Abschnitt basiert auf Klaffke und Parment (2011).

Tab. 7.1 Grundanforderungen an das Personalmanagement. (Scholz 2000)

Erfolgsorientierung	Richte die personalwirtschaftlichen Aktivitäten explizit auf ökonomische Zielgrößen aus!
Flexibilisierung	Erwirb die Fähigkeit zur kurzfristigen Anpassung an Unvorhergesehenes!
Individualisierung	Gewähre den Mitarbeitern den Freiraum zur Erfüllung ihrer persönlichen Ziele!
Kundenorientierung	Erstelle die Leistungen so, dass die Empfänger der Leistungen subjektiv und objektiv zufrieden sind!
Qualitätsorientierung	Integriere die Personalarbeit in den TQM-Ansatz![a]
Akzeptanzsicherung	Stell sicher, dass Mitarbeiter Veränderungen unterstützen und nicht blockieren!
Professionalisierung	Aktualisiere ständig den eigenen Wissensstand und baue spezifische Kompetenzen aus!

TQM Total Quality Management bezeichnet die durchgängige, fortwährende und alle Bereiche eines Unternehmens erfassende organisierte Tätigkeit, Qualität als Systemziel einzuführen und dauerhaft zu garantieren, siehe e.g. Malorny, C. & Hummel, T., 2002: Total Quality Management Tipps für die Einführung. Hanser Fachbuch

gung der Bedürfnisse und Potenziale der jungen Generation ist bei der Gestaltung von betrieblichen Strukturen und Abläufen aber bislang noch nicht durchgängig erfolgt[4].

Lösungsansätze beschränken sich zudem oftmals auf Ratschläge hinsichtlich des Webauftritts von Unternehmen oder der technologischen Ausstattung von Arbeitsplätzen mit Generation-Y-freundlichen Interaktions- und Kollaborationsinstrumenten wie Online-Portalen, Laptop, Blogs oder Webcasts. Auf Technologie fokussierte Handlungsempfehlungen sind zwar wertvoll, greifen jedoch zu kurz, da sie eher instrumentell ausgerichtet sind und lediglich auf veränderte Kommunikationsmuster abheben. Um die Potenziale der Generation Y für das Unternehmen umfänglich nutzbar zu machen, ist vielmehr ein breit gefächerter Ansatz erforderlich, der entsprechend der Wertschöpfungskette im Personalmanagement sowohl die Rekrutierung (Recruit), die Entwicklung (Cultivate) als auch die Bindung (Retain) der Generation Y umfasst.

7.3 Recruit – Employer Branding und Personalgewinnung

Vor dem Hintergrund des demografischen Wandels verändern sich die Machtverhältnisse am Arbeitsmarkt zu Gunsten der Bewerber. Nicht nur Absolventen und Young Professionals mit Engpass-Qualifikationsprofilen haben zunehmend mehr Wahlmöglichkeiten zwischen potenziellen Arbeitgebern. Um Aufmerksamkeit und Interesse für das Unternehmen bei den Vertretern der Generation Y zu wecken, ist der Aufbau einer attraktiven Arbeitgebermarke von höchster Bedeutung. Hierbei geht es allerdings nicht allein dar-

---

[4] Vgl. Forrester (2006).

um, offene Positionen über Jobportale oder über eine attraktiv gestaltete Firmen-Webseite anzubieten. Gefordert ist vielmehr eine fokussierte Personalmarketingstrategie, die an die Bewertung der zukünftigen personalwirtschaftlichen Engpassrisiken anknüpft. Ausgangspunkt muss neben der Analyse der Unternehmensattraktivität daher immer eine klare Zielgruppendefinition sein, um die oft knappen Ressourcen im Personalbereich effektiv und effizient einzusetzen. Für die konsistente Arbeitgebermarkenpositionierung ist zudem die Festlegung einer klaren Employer Value Proposition (EVP) erforderlich, die emotionale Werte und rationales Nutzenversprechen bündelt und somit die strategische Ausrichtung der Aktivitäten vorgibt. Auf dieser Basis können dann gezielte Kommunikationsmaßnahmen abgeleitet werden, wie u. a. die Gestaltung des Karrierebereichs im Internetauftritt oder die Unternehmenspräsentation auf Plattformen wie XING, LinkedIn, Facebook oder YouTube. Flankiert werden sollte die digitale Kommunikation mit weiteren Employer-Branding-Aktivitäten wie Schüler-, Praktikanten- und Studentenprogramme, Kooperationen mit Hochschulen (z. B. auch in Form des dualen oder berufsbegleitenden Studiums) oder Messeauftritte.

Zu den glaubwürdigsten und damit sicherlich auch wirkungsvollsten Trägern der Unternehmenskommunikation zählen sowohl die in einem Unternehmen aktuell arbeitenden als auch die ehemaligen Mitarbeiter. Indem sie in ihrem Umfeld und in ihren digitalen sozialen Netzwerken positiv über den Arbeitgeber reden, tragen sie zur Steigerung des Bekanntheitsgrads der Arbeitgebermarke bei und fördern die Attraktivität des Unternehmens für Bewerber. Deutlich wird hierbei allerdings, dass der Aufbau einer überzeugenden Arbeitgebermarke immer mit der real existierenden betrieblichen Situation im Einklang stehen muss. Nicht zuletzt ist es unverzichtbar, die nach außen aufgebaute Arbeitgebermarke auch nach innen spürbar zu leben, um Mitarbeiter langfristig an das Unternehmen zu binden.

Die Technische Universität in Stockholm, Royal Institute of Technology, lässt die Studenten nach dem Abschluss ihre E-Mail-Accounts behalten – ein guter Weg, die Bindung zu den Studenten zu stärken. Für Studenten ist das auf jeden Fall von Vorteil, erstens weil sie weiterhin einen Kanal zu den vorherigen Studentenkollegen haben, zweitens, weil die Ausbildung als sehr konkurrenzfähig gilt – was auch bedeutet, dass es für Kontaktaufnahmen ideal ist, E-Mails von einer sehr geachteten Universität zu versenden. Für die Universität ist es viel günstiger, diesen Kontaktweg zu unterstützen, als jener Versuch, die Absolventen einige Jahren später aufzusuchen, um sie durch verschiedene Marketingmaßnahmen für den Alumni-Verein zu gewinnen.

Die Erhöhung der Geschwindigkeit der Rekrutierungsabläufe sowie eine stärkere Personalisierung des Bewerbermanagements sind erfolgskritische Maßnahmen, um die Gewinnung von Generation-Y-Individuen zu fördern. Schnelle Rekrutierungsprozesse drücken Wertschätzung für die Bewerbung aus, entsprechen dem Wunsch von Generation-Y-Individuen nach Feedback und helfen zu verhindern, dass ein interessanter Kandidat in der Zwischenzeit bei einem anderen Arbeitgeber einen Vertrag unterschreibt. Anzuraten ist Unternehmen die Implementierung von intelligenten webbasierten Bewerberportalen, die gegebenenfalls in Form von Tele-Tutoring Orientierung bei der Erstellung der Online-

Bewerbung geben, eine erste Vorauswahl anhand definierter Auswahlfragen erlauben und den Stelleninteressenten über den Status seiner Bewerbung unterrichtet halten. Wichtig erscheint zudem, für das Bewerber-Relationship-Management kompetente Ansprechpartner zu definieren, die den Bewerber über alle Etappen des Bewerbungsprozesses aufmerksam begleiten und für ergänzende Informationen jederzeit zur Verfügung stehen. Auch Absagen sollten zeitnah erfolgen, persönlich formuliert sein und gegebenenfalls Bewerber dazu anregen, sich zu einem späteren Zeitpunkt für eine andere Stelle erneut zu bewerben.

7.4   Cultivate – Einsatz und Entwicklung

Für den Einsatz von Generation Y Individuen erscheinen insbesondere Arbeitsprozesse geeignet, die den jungen Mitarbeitern neben einem möglichst breiten Erfahrungsaufbau Möglichkeiten zur Kollaboration und Vernetzung innerhalb und außerhalb des Unternehmens bieten. Hierzu gehören die Zusammenarbeit in realen, virtuellen oder abteilungsübergreifenden Teams und Projekten genauso wie neue Formen der strukturellen Kooperation entlang der Wertschöpfungskette mit Lieferanten und Partnern, wie beispielsweise die Online-Zusammenarbeit bei der Produktentwicklung. Dies erfordert den Rückgriff auf moderne webbasierte Technologien als grundlegende Voraussetzung. Um dem Wunsch nach Selbstbestimmung und Work-Life-Balance zu entsprechen, bieten sich flexible Arbeitszeitmodelle und Vertrauensarbeitszeit an. Hierunter fallen die bekannten Formen der Teilzeitarbeit sowie neue Formen der alternierenden Telearbeit von unterwegs oder vom Home Office.[5]

Die Personalentwicklung wird im Hinblick auf die Generation Y und im Zuge des Demografiewandels als Schlüsselfaktor an Bedeutung gewinnen und daher ihr Instrumentarium weiter ausdifferenzieren müssen. Da Generation-Y-Individuen vor allem Wert auf Entwicklungsmöglichkeiten legen, sind neue Konzepte bei der Laufbahn- und Karrieregestaltung erforderlich, wie Experten- und Projektmodelle, die gleichberechtigt neben traditionelle Führungslaufbahnen treten. Auch die horizontale Rotation auf der gleichen Hierarchieebene, gegebenenfalls auch in Form von internationalen Einsätzen, erscheint als eine zweckmäßige Option, um der Generation Y einen ihren Wünschen entsprechenden vielseitigen Erfahrungsaufbau zu ermöglichen. Um das Risiko zu verringern, dass sich Generation-Y-Mitarbeiter nach neuen Herausforderungen und Entwicklungsmöglichkeiten am Arbeitsmarkt umsehen, ist es unerlässlich, Transparenz über die im Unternehmen bestehenden Entwicklungsoptionen zu schaffen. Hierzu gehören die klare Kommunikation der generellen Laufbahn- und Karrieremodelle ebenso wie die Thematisierung des individuellen Entwicklungspfads in regelmäßigen Mitarbeitergesprächen.

Für den Bereich Aus- und Weiterbildung erscheint es geboten, das methodische Repertoire um Konzepte zu erweitern, die den Bedürfnissen der Generation Y gerecht werden. Hilfreich sollten hierbei vor allem erlebnisorientierte Lernansätze sein, die spielerische As-

---

[5] Spath et al. (2010).

pekte umfassen und auch das Experimentieren mit den jeweiligen Lerninhalten erlauben. Ergänzend bieten sich Formen des kollaborativen Lernens an, bei dem in Gruppen und mit Unterstützung computer- bzw. internetbasierter Medien die Aneignung von Wissen und Fertigkeiten erfolgt und zugleich soziale Kompetenzen gefördert werden.

Hinsichtlich der Inhalte der betrieblichen Bildung werden Unternehmen je nach Mitarbeiterstruktur und Branchenausrichtung unterschiedliche und unternehmensspezifische Schwerpunkte setzen. Hierzu kann auch die Vermittlung von Allgemeinwissen und Basisfertigkeiten gehören, um die Employability von Generation-Y-Individuen zu steigern, die, wie oben skizziert, gering qualifiziert sind und über keinen Schulabschluss oder keine Berufsausbildung verfügen.

7.5   Retain – Führung und Bindung

Bei der Führung von Millennials kommt regelmäßigem Feedback eine prominente Rolle zu. Die Vertreter der Y-Generation sind es gewöhnt, nicht zuletzt durch die Vielzahl ihrer Beziehungen in digitalen Netzwerken, vielfältige Rückmeldungen zu erhalten und zu geben und erwarten dies auch im Arbeitsleben. Das Geben von Feedback scheint jedoch eine Aufgabe zu sein, mit der sich viele Führungskräfte schwer tun. GALLUP (2009) zufolge zeigen sich in Unternehmen Defizite bei der Mitarbeiterführung insbesondere im Hinblick auf die Wertschätzung der geleisteten Arbeit, die Mitarbeiterentwicklung sowie die Partizipation. Nur jeder fünfte befragte Arbeitnehmer erklärt, dass für gute Arbeit Lob und Anerkennung ausgesprochen wird, drei Viertel kritisieren, dass ihnen kein regelmäßiges Feedback über persönliche Fortschritte gegeben wird und mehr als vier Fünftel beklagen die unzureichende Förderung ihrer individuellen Entwicklung.

Angesichts des Risikos abnehmender Arbeitgeberbindung sowie des Bedürfnisses vieler junger Mitarbeiter nach Selbstentfaltung und Selbstverwirklichung versprechen rein transaktionsorientierte Führungsansätze, die Führungsbeziehungen als auf Leistungen und Gegenleistungen beruhend verstehen, nur noch bedingten Erfolg[6]. Um Höchstleistungen und emotionale Bindung von Generation-Y-Individuen an das Unternehmen zu fördern, gilt es als Führungskraft auch die emotionale Ebene anzusprechen, die individuellen Werte, Normen und Bedürfnisse der Mitarbeiter stärker zu berücksichtigen und somit Führungsbeziehungen höchst individuell zu gestalten. Diese personenspezifische Ausrichtung des Führungsverhaltens wird nicht nur (hoch) qualifizierten Generation-Y-Individuen gerecht, sondern sollte insbesondere auch geeignet sein, um bildungsferne Generation-Y-Vertreter aus sozial benachteiligten Schichten anzusprechen und aufzubauen. Schließlich könnte die hier beschriebene Entwicklung auch für sie größere Chancen und mehr Möglichkeiten mit sich bringen – eine Gesellschaft, die Wert auf Vielfalt und Leistungsfähigkeit legt, ist für viele sozial benachteiligte Individuen besser als eine

---

[6] Bass (1985).

Gesellschaft, die Individuen aus prominenten Familien und von Eltern geerbten sozialen Verhaltensweisen und Netzwerken Priorität gibt.

Insgesamt werden Vorgesetzte zukünftig deutlich mehr Zeit in die Führungsarbeit investieren müssen als heute. Sie werden insbesondere als Coach bzw. Mentor gefordert sein, ihre Mitarbeiter als Vorbild zu beraten und sie bei ihrer individuellen Entwicklung mit regelmäßigen formellen und informellen (!) Rückmeldungen zu unterstützen. Schnelles Feedback wird wichtiger. Denn Feedback muss nicht immer von den Chefs bzw. anderen Mitarbeitern systematisch gesammelt und präsentiert werden.

7.6   Wenn der Arbeitnehmer einen neuen Job antritt – schöner Abschied

Trotz gezielter Bindungsmaßnahmen und angesichts der Flexibilisierungstendenzen am Arbeitsmarkt dürfte der Anteil an Arbeitnehmern zunehmen, die ihren Arbeitgeber wechseln, um Erfahrungen in einem anderen Kontext oder auch anderem Berufsfeld zu machen. War es früher bereits eine Frage ehrbaren Managements, den Ausstieg mit Respekt und Großzügigkeit zu gestalten, ist es heute eine faktische Notwendigkeit, tragfähige Beziehungen zu ehemaligen Mitarbeitern zu etablieren. Unternehmen laufen Gefahr, eine mühsam aufgebaute Reputation zu verlieren, sollten (nicht nur!) ausscheidende Generation-Y-Individuen ihre Unzufriedenheit mit dem Exit-Prozess auf digitalen Plattformen dokumentieren, z. B. in Arbeitgeber-Bewertungsportalen wie karriereweg.de, glassdoor.com, jobitorial.com oder kununu.com. Zudem fördert eine wertschätzende Behandlung von Aussteigern ihre Kooperation bei der Sicherung von Erfahrungen und Wissen und erhöht ihre Bereitschaft, Anstöße zur Weiterentwicklung von Organisation und Personalmanagement zu geben.

Schließlich kann ein Ausscheiden auch lediglich ein Abschied auf Zeit sein. Angesichts erheblicher Rekrutierungskosten sind Unternehmen gut beraten, den Kontakt zu ihren ehemaligen Talenten beispielsweise über Alumni-Vereinigungen professionell zu halten und so ehemalige Mitarbeiter und damit auch ihr jeweiliges Netzwerk auf vakante Positionen aufmerksam zu machen. Daher ist ein schöner Abschied (oft Nice Exit genannt) notwendig, und er hat auch eine präventive Funktion: Wenn es einen festgelegten Abschiedsprozess gibt, ist es für verbleibende Mitarbeiter schwierig, schlechte Informationen über den scheidenden Mitarbeiter zu verbreiten, weil das schließlich nicht dem Prozess entspricht.

7.7   Die neue Work-Life-Balance

Ein ausgewogenes Verhältnis zwischen Arbeit und Privatleben – die sogenannte Work-Life-Balance – ist sehr wichtig für das Wohlbefinden des Mitarbeiters, jedenfalls laut Personalabteilungen, die oft und gerne die Vereinbarkeit von Berufs-, Privat- und Familienleben thematisieren. Und sie haben Recht! Dazu muss aber die Work-Life-Balance neu definiert werden.

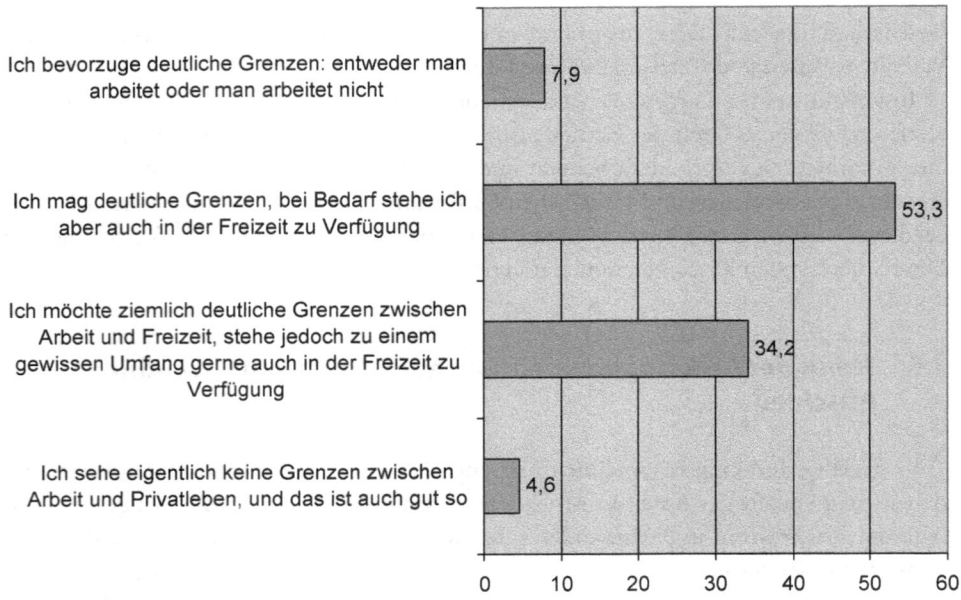

Abb. 7.1 Wie siehst du die Work-Life-Balance? (Quelle: Employer-Branding-Fragebogen)

Früher hat die Personalabteilung versucht, Arbeit und Privatleben voneinander abzugrenzen. Die Möglichkeiten, außerhalb der betrieblichen Arbeitsstätte zu arbeiten, sind aber mittlerweile viel besser geworden, und heutzutage nehmen sich viele Arbeitnehmer Arbeit mit nach Hause. Besonders Büroarbeit kann meistens zu Hause, im Sommerhaus oder im Zug ausgeführt werden – Funktelefon, Computer und Internetanschluss vorausgesetzt (Abb. 7.1).

Die Auflockerung der Grenzen zwischen Arbeit und Privatleben bedeutet aber nicht nur, dass in der Freizeit gearbeitet wird, sondern auch, dass Freizeitaktivitäten in die Arbeit hineingeraten. Im Büro, am Computer in der Werkstatt, im Krankenhaus etc. wird gesurft, werden Flugtickets gebucht, Aktien gekauft und verkauft, Gespräche mit der Bank geführt usw. Der Arbeitgeber kann die Nutzung von „Arbeitszeit" für private Zwecke schwerlich verhindern. Schließlich arbeiten viele Mitarbeiter auch abends zu Hause oder anderswo für den Betrieb, und zwar zu Zeiten, die früher als reine Freizeit betrachtet wurden. Telefonanrufe im Interesse betrieblicher Arbeitsaufgaben werden z. B. auch in späten Stunden getätigt. Der Arbeitgeber kann weder sinnvoll die Arbeit in der Freizeit, noch die Freizeit bei der Arbeit verhindern, weil sie zwei Seiten derselben Medaille sind. Das alte Paradigma mit seinen klaren Festlegungen, wann, wie und wo gearbeitet wird, verliert deutlich an Einfluss. Es ist immer mehr die Kultur des Unternehmens bzw. des Teams, die hier die Grenzen setzt.[7]

---

[7] Vgl. z. B. Hatch et al. (2000).

In der Vergangenheit war es viel einfacher als heute, die Grenzen zwischen Arbeit und Privatleben festzulegen. Heute sind die Grenzen fließend, und in vielen Fällen sind sie sogar völlig erwischt. Die Gründe und Antriebskräfte für die Verschiebung der Grenzen sind folgende:

- Der Zugang zu Hilfsmitteln, wie Computer, WLAN, Stromversorgung im Zug, im Fernverkehrbus und im Flugzeug, macht es möglich, fast überall und zu jeder Zeit zu arbeiten: T-Mobile nennt ihre Lösung „web'n'walk" – eine exakte Beschreibung dessen, worum es geht.
- Flexible Arbeitszeiten,
- Ein größerer Anteil von Jobs, die keine ständige Anwesenheit im Büro erfordern,
- Eine Unternehmenskultur, die unterschiedliche Arbeitszeiten und Arbeitsmethoden akzeptiert, was auch mit der Lockerung alter Normen sowie einer größeren gesellschaftlichen Vielfalt in Bezug auf Lebensstil und Lebensführung zu tun hat.

Auf Jobs, die an einen physischen Arbeitsplatz gebunden sind, z. B. Krankenhäuser, die Polizei und der U-Bahn-Betrieb, trifft diese Entwicklung nur bedingt zu. Unberührt bleiben sie davon aber nicht: Die jeweilige Kultur und die Anforderungen der Generation Y setzen Unternehmen unter Druck, den Mitarbeitern bedeutsame und gesundheitsfördernde Aufgaben und Möglichkeiten der Selbstverwirklichung zu bieten.

Für einen wachsenden Anteil der Arbeitsaufgaben, die nicht an Ort und Stelle während der Bürostunden ausgeführt werden müssen, ist die Verschiebung der Grenzen zwischen Arbeit und Privatleben deutlich. Neue Fragen entstehen: Wo, wann, wie und wofür sollen die Aufgaben durchgeführt werden? Das heißt, Arbeitnehmer sind nicht nur Ausführende einer definierten Arbeitsaufgabe, sie fragen sich auch, ob die betreffende Aufgabe sinnvoll ist, und prüfen, ob es womöglich andere Wege gibt, das Arbeitsziel zu erreichen. Diese Entwicklung erzeugt zweierlei Stress für den Arbeitnehmer: Erstens sorgt die Prüfung, ob die Arbeitsvorgabe sinnvoll oder sinnlos ist, für Stress, Ärger und Verdruss, im schlimmsten Fall gar für negative Folgen. Zweitens macht die stets latente Möglichkeit, irgendwo, irgendwann und irgendwie zu arbeiten, es für den Arbeitnehmer schwieriger, von der Arbeit abzuschalten und unbeschwert in den Feierabend zu starten. Eine Entwicklung, wie wir sie jetzt spüren können, mit Mitarbeitern, die ständig online und stets bereit sind, E-Mails während des Abend- bzw. Mittagssessens zu beantworten, ist nicht einseitig zum Vorteil der unternehmischen Effizienz, sondern könnte zu negativen Folgewirkungen unter den Mitarbeitern führen, wenn sie nie oder selten das Gefühl haben, Freizeit haben zu können.

Klar ist, dass die Grenzen zwischen Arbeit und Privatleben in gewissem und zunehmendem Ausmaß vom Arbeitnehmer selber gezogen werden müssen. Die Personalabteilung kann zwar die Voraussetzungen für Work-Life-Balance entwerfen und beeinflussen, und sie kann versuchen, hartnäckige Mitarbeiter zu überzeugen. Schließlich kann sie aber nicht Mitarbeiter daran hindern, abends E-Mails zu lesen, Präsentationen und Unterlagen vorzubereiten und Kundengespräche zu führen.

7.8　Arbeit in der Freizeit – und Freizeit bei der Arbeit

Menschen haben immer mehr Freizeit bei der Arbeit und Arbeit in der Freizeit. Wer kennt nicht jemanden, der gelegentlich am Dienstagabend mit dem Computer im Wohnzimmer sitzt, um eine Aufgabe für Mittwoch vorzubereiten? Wer kennt nicht jemanden, der im Büro privat telefoniert, im Internet surft, Rechnungen bezahlt, Börsenkurse verfolgt oder private Reisen organisiert? Wer abends zu Hause arbeitet, hat natürlich einen Anspruch, während der Arbeitszeit Freizeitaktivitäten zu erledigen, und wer im Büro nach Kino- und Theaterkarten surft, hat einen Anlass, zu Hause zu arbeiten. Für die Generation Y sind die Grenzen zwischen Privatleben und Arbeitsleben längst fließend. Wo, wie und wann dienstliche Vorgaben und private Wünsche realisiert werden, ist weniger von Bedeutung. Wichtig ist, dass das Ergebnis stimmt und dass die Arbeit Spaß macht und eine Bedeutung hat. Je jünger der Mitarbeiter, desto mehr ist er gewöhnt, die Grenzen zwischen Arbeit und Freizeit individuell zu setzen. Die immer größer gewordenen Möglichkeiten, überall und zu fast jedem Zeitpunkt zu arbeiten, und gleichzeitig eine wachsende Vielfalt von Wegen, qualifizierte Arbeitsaufgaben auszuführen, verschieben die Verantwortung für eine gute Balance zwischen Arbeit und Freizeit in Richtung Mitarbeiter.

Die Generation Y zögert nicht, Anrufe in der Freizeit zu erledigen, E-Mails regelmäßig zu checken oder zu sehr später Stunde zu arbeiten, wenn die Arbeitsaufgabe das fordert – vorausgesetzt, sie wird entsprechend vergütet (Gehaltsentwicklung, Gewährung von Freiheiten, Beförderung nach Verdiensten).

Eine gesunde Work-Life-Balance-Kultur zu entwerfen, ist sehr wichtig und fordert Folgendes:

- Ein ausgewogenes Gleichgewicht zwischen Leistungsstimulanzen und Raum für die Erholung der Mitarbeiter.
- Die Identifikation der Quellen des negativen Stresses und Maßnahmen der Stressminimierung.

7.9　Ein neues Personalmanagement erfordert neue Perspektiven der innerbetrieblichen Zusammenarbeit

Die Entwicklung des Personalmanagements und die Durchsetzung einer Employer-Branding-Strategie erfordern eine neue Form der Zusammenarbeit zwischen verschiedenen Abteilungen des Unternehmens. Das Unternehmen kann nicht mehr als eine funktionale Organisation betrachtet werden. Es gibt, besonders wenn es darum geht, die sich an Botschaften und Authenzität orientierende Generation Y zu gewinnen, viele verschiedene Gründe, Synergien zu nutzen. Aus einer modernen Perspektive des Personalmanagements und der Marktkommunikation muss das Unternehmen mehr oder weniger als eine Einheit dargestellt werden[8], unabhängig davon, ob die Zielgruppe vorhandene Mitarbeiter, zukünftige Mitarbeiter oder Kunden bzw. andere Abnehmer und Interessenvertreter sind[9]. Menschen kommunizieren überall und zu jeder Zeit, d. h., die Vermarktung des Unternehmens könnte untergraben werden, falls spezifische Teile seiner Kommunikation negativ von den Erwartungen der Zielgruppe abweichen.

Dies alles erfordert eine horizontale Zusammenarbeit zwischen Informationsabteilungen, Personalabteilungen, Marketingabteilungen etc. sowie eine vertikale Zusammenarbeit zwischen der obersten Führungsebene, den mittleren Führungsebenen und allen Mitarbeitern des Unternehmens. Diejenigen, die ein Unternehmen repräsentieren, sollten gewisse Werte und Philosophien teilen, um einheitlich von den Zielgruppen wahrgenommen zu werden. Gibt es innerhalb des Unternehmens allzu viele und große Differenzen bezüglich der Wertschätzung und Prioritäten, wie Kunden und Mitarbeiter betrachtet und angesprochen werden etc., dann wird es schwer, einen starken und attraktiven Eindruck zu machen.

Die Personalabteilung und die Marketingabteilung müssen in der Regel zusammenwirken, um eine konstruktive Lösung für ein erfolgreiches Personalmanagement zu erarbeiten, das weiter reicht als die Zielsetzung, die Bedürfnisse der vorhandenen Mitarbeiter zu befriedigen. Schließlich spielt das Personalmanagement eines modernen Unternehmens eine Schlüsselrolle bei den Bemühungen, Mitarbeiter langfristig an den Arbeitgeber zu binden und neue Mitarbeiter anzuwerben. Ein Problem mag sein, dass die Personalabteilung und die Marketingabteilung ihre Rollen in diesem Prozess sehr unterschiedlich sehen: In einem traditionellen, funktional organisierten Unternehmen hat die Marketingabteilung keinen Einfluss auf diese Angelegenheiten.

Man kann sich zwar vorstellen, dass Unternehmen mit einem Überschuss an Stellenbewerbungen nicht motiviert sind, sich auf den unbequemen, eventuell sogar schmerzhaften Prozess einzulassen, Marketing- und Personalabteilungen einander näherzubringen, weil sie auch ohne diese Art von Zusammenarbeit überleben zu können glauben. Damit bleiben die schwer zu vereinbarenden Perspektiven und eventuelle Konflikte zwischen den Marketing- und Personalabteilungen im Verborgenen, treten nicht offen zu Tage. Die Vorteile eines modernen Personalmanagements können mit dieser Strategie ebenfalls nicht genutzt werden.

Die Umstellung auf ein Personalmanagement, das die Einbeziehung der Generation Y in das Unternehmen betont und dessen Ausgestaltung die Generation Y anspricht, ist eine Gelegenheit, verschiedene Abteilungen des Unternehmens einander näherzubringen. Traditionsgemäß setzen Marketingabteilungen in vielen Fällen andere Teile des Unternehmens unter Druck, innovative, schnelle und effiziente Lösungen für die Kunden zu finden, was natürlich die Innovationsfähigkeit fördert, gleichzeitig allerdings das Wohlbefinden des einzelnen Mitarbeiters gefährden könnte. Den Personalabteilungen kommt traditionsgemäß eine fürsorgliche und reaktive Rolle zu. Dies wurde in verschiedenen Studien fest-

---

[8] Vgl. Birkigt et al. (1992); Kapferer (2008); Keller et al. (2002); Maier (1992); Salzer-Mörling und Strannegård (2004).

[9] Dieser Abschnitt basiert auf Parment (2008a); Parment and Dyhre (2009).

Tab. 7.2 Psychometrische Profile von Personalmanagern im Vergleich zu Managern anderer Berei-che. (Quelle: Barrow und Mosley 2005)

Personalmanager sind im Vergleich zu anderen Managern im Allgemeinen …	Personalmanager sind im Vergleich zu anderen Managern im Allgemeinen …
Anschlussfreudiger	Weniger überzeugend
Demokratischer	Weniger fakten- und zahlenorientiert
Fürsorglicher	Weniger innovativ
Verhaltensorientierter	Weniger organisiert und strukturiert
Beunruhigender	Weniger kritisch
	Weniger wettbewerblich

gestellt, so auch in einer Studie von SHL, einem Forschungsinstitut, das psychometrische Tests ausführt und interpretiert[10]. Die Studie der 1990er Jahre basiert auf einem Vergleich zwischen Personalmanagern und Managern aus anderen Bereichen. Folgende Ergebnisse liegen vor (Tab. 7.2):

7.10 Direkte und indirekte Wege, die erwünschten Mitarbeiter anzuwerben

Im Kap. 8 geht es um das Employer Branding und damit um die expliziten, direkten Wege, das Unternehmen für vorhandene und künftige Mitarbeiter in günstigem Licht darzustellen. Nachfolgend geht es dagegen eher um Wege, die Wertschöpfung des Unternehmens zu erhöhen sowie das Wohlfühlen des Mitarbeiters zu verbessern – beides trägt zum Gesamtbild des Unternehmens bei: Wenn die Wertschöpfung hoch ist und die Mitarbeiter zufrieden sind, gibt es beste Möglichkeiten, einen attraktiven Arbeitsplatz zu kreieren, was sich in einer starken Arbeitgebermarke widerspiegelt.

Es gilt also nicht nur, sich um vorhandene Mitarbeiter zu kümmern. Es gilt gleichermaßen auch, durch die Imageverbesserung des Unternehmens[11], die aus der Einrichtung besserer Arbeitsplätze entsteht, erwünschte neue Mitarbeiter zu gewinnen.

7.11 Mitarbeiterloyalität

Die sich ständig verringernde Loyalität des Mitarbeiters muss richtig verstanden werden. Dass ein Arbeitnehmer für Jobangebote offen ist[12], heißt nicht, dass er schlecht arbeitet. Es mag sein, dass man ehedem gedacht hat, Loyalität müsse im Interesse eines guten Arbeitsergebnisses vorhanden sein. Auf die Generation Y jedenfalls trifft das keineswegs zu: Diese

---

[10] Vgl. Barrow und Mosley (2005).

[11] Vgl. Birkigt et al. (1992).

[12] Vgl. Abb. 4 zum Jobwechsel.

neue Generation sieht sich selber als Marke – wenn ich einen guten Eindruck hinterlassen habe, stärkt das auch meine Marke[13]. Personal Branding ermöglicht so den Eintritt in den Arbeitsmarkt.

Früher galt Job-Hopping als schlecht, und manche Unternehmen lehnten Bewerber mit zu viel „Job-Erfahrung" in kurzer Zeit ab. Die Generation Y weiß, dass der einzige Weg, das Einkommen zu verbessern, darin besteht, einen neuen Job zu suchen, was freilich ein entsprechendes Maß an Mut und Fähigkeiten erfordert. Die Einsicht, dass Jobwechsel mit Lohnverbesserungen verbunden sind, setzt Arbeitgeber unter Druck: Tüchtige Mitarbeiter können zu jeder Zeit einen neuen Job suchen; wenn wir die betreffenden Mitarbeiter behalten wollen, müssen wir sie dafür allerdings auch adäquat bezahlen. Die Bereitschaft, Arbeitslöhne und andere Bedingungen spürbar zu verbessern, um den Jobwechsel von Schlüsselmitarbeitern zu verhindern, muss also erkennbar vorhanden sein. Der moderne Mitarbeiter mag es, den Job zu wechseln, einige Jahre später aber erneut für den alten Arbeitgeber zu arbeiten oder ihn als Kunden oder Lieferanten zu treffen. Gute Beziehungen zu ehemaligen Mitarbeitern – den Alumni – zu pflegen, gilt als sehr wichtig.

Die größere Flexibilität aufseiten der Arbeitnehmer könnte jedoch zu einer Arbeitslohnspirale führen, der entgegenzuwirken sich alle Unternehmen genötigt sehen. Das Gegenmittel heißt, nicht der klassischen HR-Perspektive entsprechend: Mehr Geld und Anreize nur für diejenigen, die andere Jobangebote bekommen, und weniger für andere! Das hätte eine differenzierte Arbeitslohnentwicklung zur Folge. Wenn Marktmechanismen mehr Einfluss auf die Attraktivität der Arbeitnehmer haben, bedeutet das, dass sich die Vergütung des einzelnen Arbeitnehmers seinem Marktwert angleicht. Qualifizierte und attraktive Arbeitnehmer werden – unabhängig vom Alter – mehr verdienen. Arbeitgeber, die der stetig abnehmenden Loyalität seitens ihrer Mitarbeiter keine Beachtung schenken, können früher als erwartet an den Rand ihrer Existenz geraten.

7.12 Soziale Netzwerke

Eingestellt wird nicht nur die Person, sondern auch das soziale Netzwerk der Person!

7.12.1 Sozialisierungsmuster

Wie schon im einleitenden Kapitel beschrieben, sieht die Generation Y ihre sozialen Netzwerke primär als Kanäle für den Kompetenzaustausch und die Lösung von Problemen sowie als Plattform für den Austausch von Erfahrungen und Meinungen über frühere, gegenwärtige und potenzielle Arbeitgeber. Das soziale Netzwerk ist damit eine zentrale Ressource für die persönliche Entwicklung und ist für die Karriereplanung oftmals wichtiger als der Arbeitgeber.

---

[13] Dies wird oft „Personal Branding" genannt, vgl. Bence (2009); Mobray (2009).

Die Sozialisierungsmuster der Generation Y unterscheiden sich von denen früherer Generationen. Diese Unterschiede können Generationenkonflikte auslösen. Es ist daher sehr wichtig für einen Arbeitgeber zu verstehen, wie junge Mitarbeiter sozialisieren und welche Implikationen das für das Arbeitsumfeld hat.

Generation-Y-Individuen hinterlassen manchmal den Eindruck, weniger mit Kollegen zu sozialisieren als frühere Generationen. Wie kommt es, dass junge Mitarbeiter tendenziell nicht gerne früh am Morgen kommen und ungern erst spät abends nach Hause gehen? Ältere Kollegen meinen, als junger Mitarbeiter sollte man früh kommen und spät gehen. Jüngere sind hingegen der Ansicht, dass in erster Linie die Leistung zähle.

Soziale Netzwerke sind sehr wichtig, um die Arbeit gut durchführen zu können: Freunde, Alumni-Kontakte, vorherige Kollegen etc. sind immer öfter Quellen von wichtigen Informationen, während der Chef seltener gefragt wird. Wenn der vorhandene Wettbewerb intensiv ist, könnte diese zunehmende Art der Kontaktaufnahme und Informationssuche zur Effektivität und Effizienz beitragen. Obwohl es eher ein Mythos ist, dass die Generation Y sehr oft den Job wechseln wird, führt die besondere Betonung der sozialen Netzwerke zu Impulsen und Gedanken, die im Vergleich zum innenbetrieblichen Kontext neue Perspektiven bringen. Damit wird es auch leichter, den Job zu wechseln, wenn man mit dem vorhandenen Job nicht zufrieden ist. Umgekehrt gilt auch, dass die Zufriedenheit mit dem Job höher wird, wenn im Netzwerk positiv über den vorhandenen Arbeitsplatz geredet wird.

7.12.2   Veränderte Voraussetzungen für Networking

Es gibt wenigstens fünf Faktoren, die die Voraussetzungen für Networking verändert haben.

1. Durch das Internet haben die Voraussetzungen und Möglichkeiten für Networking sich grundsätzlich verändert. Es gilt für Netzwerke, die von Organisationen geführt werden, genauso wie für Peer-to-Peer-Netzwerke. Organisationen profitieren von der Leichtigkeit der Kommunikation, den Möglichkeiten zu kontrollieren, was in Online-Foren geredet wird etc. Peer-to-Peer-Netzwerke profitieren von den Möglichkeiten, neue Netzwerke über bestehende Netzwerke zu schaffen, und das zu wesentlich geringeren Kosten. Die Anzahl der von Universitäten und Unternehmen geführten Alumni-Netzwerke sind in den letzten zehn Jahren drastisch gestiegen ebenso die Anzahl der Netzwerke für Berufsverbände und Young Professionals.
2. Das soziale Netzwerk wird auch für Personal-Branding-Zwecke benutzt. Facebook, und auch Xing und LinkedIn sind gute Beispiele dafür, wie Menschen das Internet nutzen, um sich auf die gewünschte Weise zu präsentieren, d. h. was sie wollen, was sie nicht mögen, politische und religiöse Überzeugungen, Lieblingsmusik etc. Individuen, die sich auf eine Weise präsentieren, die nichts oder wenig mit der Realität zu tun hat, gehen das Risiko ein, ihren persönlichen Brand zu gefährden.

3. Die Kriterien für den Zugang zu Netzwerken haben sich verändert. Wenn früher Familiengeschichte, Parteizugehörigkeit, Wohnbereich, Geschlecht, Alter und andere demografische Verhältnisse Mitgliedschaften bestimmt haben, sind Netzwerke jetzt offener und für jedermann zugänglich. Und jedermann, der eine Idee hat, kann ein Netzwerk gründen.

4. Die Zahl von sozialen Netzwerken und die starke Tendenz, sich nicht ein Leben lang für etwas zu engagieren, nehmen zu. Viele Nichtregierungsorganisationen, politische Parteien, Fachverbände und Kirchen fragen sich, warum die Loyalität gesunken ist. Die Antwort lautet: Die Generation Y ist viele Möglichkeiten gewohnt und wechselt gerne Zusammenhang und Netzwerk, wenn es passt. Es ist wahrscheinlich, dass Individuen der Generation-Y-Teilnehmer von mehreren Netzwerken sind, nicht jede Beziehung müsste aber intensiv gepflegt werden.

5. Man sieht die persönliche Integrität anders. Die Ansicht, was öffentlich kommuniziert werden kann und sollte, unterscheidet die Generation Y grundsätzlich von früheren Generationen. Das gilt auch für das Nutzen von geistigem Eigentum: An einer großen Universität wurde Plagiarismus diskutiert. Während Studenten und junge Mitarbeiter meinten, es sei im Interesse aller, die nichts zu verbergen haben, dass die Manuskripte kontrolliert werden, meinten die älteren Kollegen (Babyboomer), dass das Schreiben eines Aufsatzes eine Vertrauenssache sei: „Wir müssen den Studenten vertrauen. Wenn wir über Plagiarismus reden, dann haben wir das Vertrauen verloren." (Abb. 7.2)

Für das Personalmanagement des Unternehmens ist es sehr wichtig, diese Entwicklung zu beachten. Besonderes Augenmerk sollte sowohl auf potenzielle Mitarbeiter mit großen positiven Möglichkeiten als auch auf solchen mit deutlich problematischen Anlagen liegen.

- Das soziale Netzwerk des Mitarbeiters ist als Ressource für Informationsaustausch, als Kompetenzressource, als Kanal für Marktkommunikation, z. B. zur Verbreitung authentischer und positiver Informationen über das Unternehmen als Arbeitgeber, Informationen über neue Produkte etc., aufzufassen. Das soziale Netzwerk kann auch für Einladungen, für Fokusgruppen, für Events etc. eine wichtige – und manchmal (z. B. Kundenlisten) sogar kostenlose – Ressource sein.

- Das Verhältnis zu unternehmensinternen Informationen, die nicht an Dritte weitergegeben werden dürfen oder sollten, ist zu prüfen. Die Grenzen für das, was erlaubt, legal und ethisch akzeptabel ist, sind in vielen Fällen nicht klar. Klar ist hingegen, dass die Generation Y gerne über Erfahrungen mit Arbeitgebern, über Konsumgüter, über Restaurantbesuche und Urlaub im Ausland, über ein Wochenende in Kopenhagen etc. redet. Klar ist auch, dass im sozialen Netzwerk Menschen gefragt und befragt werden, um Lösungen für Probleme zu finden. Als Teilnehmer an sozialen Netzwerken muss man vorsichtig sein, um zu verhindern, dass schützenswerte Informationen aus dem Unternehmen an Dritte weitergegeben werden.

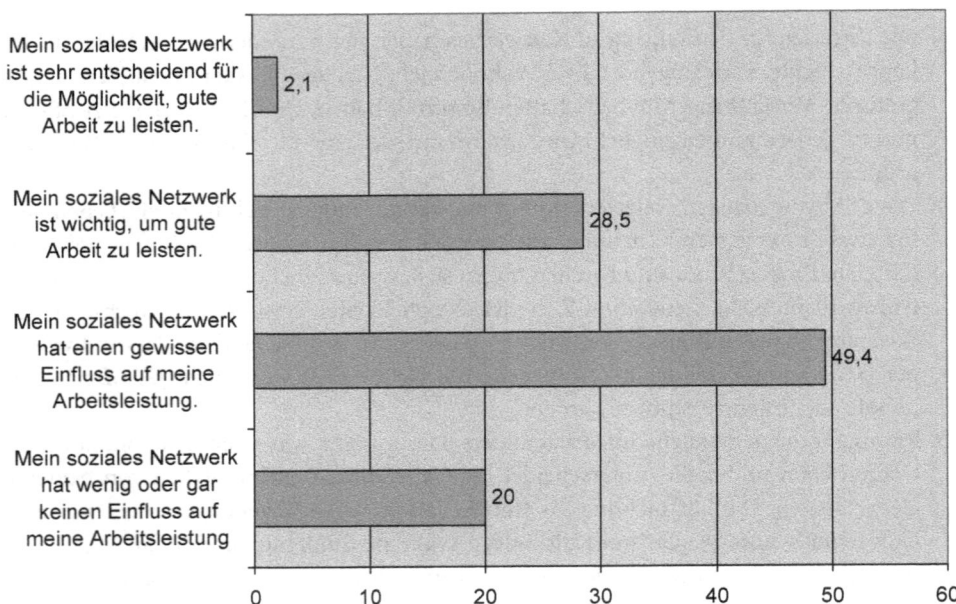

Abb. 7.2 Die Rolle des sozialen Netzwerks für die Arbeitsleistung, z. B. jemanden anrufen, jemanden in Facebook befragen. (Quelle: Employer-Branding-Fragebogen)

Fragen an den neuen Mitarbeiter über sein Verhältnis zu sozialen Netzwerken sollten in der Einstellungsphase gestellt werden. Es geht darum, die Integrität des vorhandenen oder künftigen Mitarbeiters zu überprüfen. Wer schlecht über verschiedene Verhältnisse, besonders wenn es mit der Arbeit zu tun hat, in sozialen Medien (einfacher zu überprüfen) oder privaten Zusammenhängen (schwieriger zu überprüfen) redet, gefährdet die Anstrengungen des Arbeitgebers, sich so gut wie möglich zu präsentieren. Es handelt sich nicht um ein Verbot gegen negative Ansichten – die muss jeder frei denkende Mensch ausdrücken können –, sondern um eine gesunde Verhaltensweise. Ein Verbot würde übrigens in unserer transparenten Gesellschaft nicht funktionieren (Abb. 7.3).

Außer Persönlichkeitstests und qualifizierten, durchdachten Interviewtechniken gibt auch das Verhalten in sozialen Medien, wie Xing, Facebook und LinkedIn[14], Aufschluss über die Loyalität der betreffenden Person. Wer in Facebook Bilder von späten Stunden des letzten Kundenmeetings oder der jüngsten Büroparty hochlädt, oder wer es mit der Wahrheit hinsichtlich der persönlichen Daten (frühere Arbeitgeber, Ausbildung etc.), die er bei der Online-Plattform LinkedIn angegeben hat, nicht so genau nimmt, könnte große

---

[14] LinkedIn ist eine Online-Plattform zur Pflege des sozialen Netzwerks. LinkedIn ist auf bestehende Geschäftskontakte und auf das Anknüpfen neuer Verbindungen gerichtet, und nicht wie Facebook hauptsätzlich für das Privatleben als Gegensatz zum beruflichen Leben gedacht. Die Grenzen sind allderdings nicht eindeutig, und genau wie bei Facebook gibt es Menschen, die gerne mehrere Hunderte „Geschäftskontakte" in LinkedIn haben.

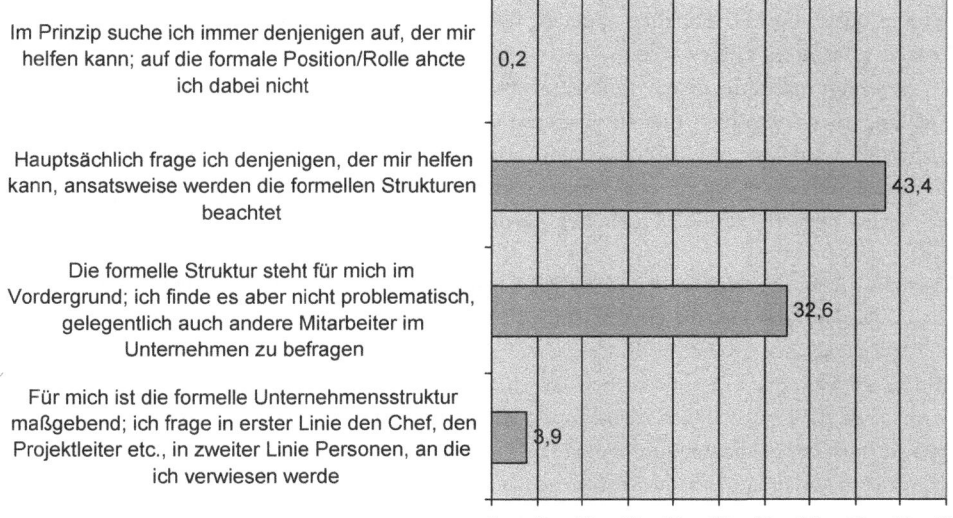

Abb. 7.3 Beurteilung von Autoritäten am Arbeitsplatz. Angaben in Prozent. (Quelle: Employer Branding Fragebogen)

Probleme für den Arbeitgeber, für Kunden, für Lieferanten und für die eigene Karriere heraufbeschwören. Hier gibt es eigentlich keineQualitätskontrolle, jeder kann in sozialen Foren eintragen, was er will. LinkedIn ist für Suchmaschinen optimiert, was zur Folge hat, dass Treffer von LinkedIn bei der Google-Suche nach einer Person normalerweise zu den ersten zehn Treffern zählen. Angenommen, wir „googlen" einen Mitarbeiter, der uns interessiert, weil er unlängst befördert worden ist. Es könnte dann durchaus passieren, dass wir unter den ersten Treffern zu unserer Überraschung etwa „N. N. is looking for job opportunities" oder „N. N. ist an Stellenangeboten interessiert" bei LinkedIn lesen. Noch schlimmer wird es, wenn der Mitarbeiter Mitglied in suspekten Gruppen oder Vereinen ist oder verwerfliche Bilder und Ansichten in sozialen Medien hochgeladen hat. Die persönliche Karriereplanung ist also nicht mehr Privatsache, sondern für jedermann offen, der weiß, wie im Internet gesucht wird.

Um diese Entwicklung zu verstehen, muss man selber im Internet surfen – der Leser möge ein paar Kollegen, Freunde und Verwandte „googlen", und er wird vermutlich interessante Informationen über sie finden.

7.13   Die erwünschten Mitarbeiter halten

In einer Welt voller Möglichkeiten ist es nicht einfach, erfolgreiche, talentierte Mitarbeiter auf Dauer an das Unternehmen zu binden. Im Vergleich zu früheren Generationen bekommen Menschen aus der Generation Y öfter Jobangebote und haben mehr Einfluss und

Wissen aus außerbetrieblichen Quellen. Der Chef und das Unternehmen sind in diesen Prozess eher nicht einbezogen.

Es genügt nicht, die begehrten Mitarbeiter nur zu gewinnen, man muss sie auch halten. Auf längere Sicht zählen hier die inneren Qualitäten des Unternehmens. Sobald jemand eingestellt wird, ist er/sie Mitarbeiter(in), und eine langfristige Beziehung hat begonnen, die nicht sogleich abbricht, wenn die betreffende Person die Arbeit beendet oder den Job wechselt – ausscheidende Mitarbeiter werden Alumni.

Vorsicht – Deine hochleistenden Mitarbeiter bekommen Jobangebote von Konkurrenten
Die 31-jährige Mitarbeiterin einer leitenden Prüfungsgesellschaft arbeitet dort seit sechs Jahren und hat gerade den großen Prüfungstest erfolgreich abgeschlossen. Ein Konkurrent lädt sie zum Mittagsessen ein und präsentiert einen Vorschlag zu einem neuen Job. Die Mitarbeiterin lehnt das Angebot ab, kehrt in ihr Büro zurück und trifft dort auf ihren Chef. Sie hat noch nicht bemerkt, dass sie noch das Namenschild mit dem Logo des Konkurrenten an ihrer Bluse trägt. Der Chef ist schockiert und schreit: „Hast du dir einen neuen Job gesucht? So was hatte ich nicht von dir erwartet!". Warum nicht? Weil der Chef, wie viele andere Chefs verschiedener Positionen, Unternehmen und Branchen davon ausgeht, dass die vorhandenen Mitarbeiter immer für das Unternehmen arbeiten wollen, und dass ein Exit vom Chef entschieden wird. Natürlich würde der Chef diese Haltung nicht in der Öffentlichkeit vertreten, Tatsache ist aber, dass viele Chefs auf dieser Weise reagieren, wenn hochleistende Mitarbeiter über einen Wechsel nachdenken und diesen planen.

Unternehmen im Allgemeinen legen viel Wert darauf, dass die Mitarbeiter sich wohl fühlen, und bemühen sich gleichzeitig darum, hochleistende Individuen, die für Konkurrenten arbeiten, zu re-krutieren. Es ist ihnen aber nicht ausreichend bewusst, dass die Konkurrenten auf ähnliche Weise versuchen, die besten Mitarbeiter ihres Unternehmens abzuwerben.

In wettbewerbsorientierten Zusammenhängen müssen Unternehmen nicht nur den Wert ihrer Mitarbeiter kennen, sondern auch wissen, ob es Gründe gibt, dieser oder jener An-stellung ein Ende zu setzen. Der Mitarbeiter versteht unsere Strategie und Unterneh-menskultur nicht, er wird davon nicht motiviert; die Wertvorstellungen des Mitarbeiters unterscheiden sich deutlich von den Werten, die das Unternehmen hochhält – das können Gründe sein, um eine Anstellung zu beenden. In anderen Fällen gefällt uns der/die Mit-arbeiter(in), er/sie hat allerdings ein Angebot von unserem Konkurrenten bekommen, und wir können ihm/ihr nur Glück wünschen und hoffen, dass er/sie in ein paar Jahren mit neuen Erfahrungen zu uns zurückkommt. Im Allgemeinen gilt, dass es eine sehr teure Me-thode ist, Mitarbeiter überzuzahlen, weil man sie gerne halten will. Marktmechanismen stellen sicher, dass Unternehmen die erwünschten Mitarbeiter bekommen.

Toptalente sind begehrt und werden von anderen Unternehmen umworben. Das ist ein inhärentes Risiko und eine Folge der hohen Arbeitsmarktattraktivität dieser Personen. Auf der anderen Seite bringen solche Menschen dem Unternehmen Prestige ein, und sie setzen andere Mitarbeiter – Chefs eingeschlossen – unter Druck, besser zu werden. Über-dies haben sie in den meisten Fällen große soziale Netzwerke, mit Personen, die für das

Geschäft wichtig sind. Bei Mitarbeitern, denen die erforderliche Kompetenz, Fähigkeiten etc. fehlen, ist die Situation anders und oft sehr problematisch: Sie bleiben für eine sehr lange Zeit im Unternehmen, mit anderen Worten, sie wechseln den Job nicht, weil sie keinen besseren Job finden können. Je älter sie werden, desto schwieriger wird es, einen neuen Job zu finden. Die Balance zwischen überqualifizierten und talentierten Mitarbeitern, die eventuell unser Unternehmen als „eine zufällige Gelegenheit für einen Sprung auf der Karriereleiter – aber nicht gut genug auf Dauer" finden, und den nicht ausreichend qualifizierten Mitarbeitern – „die Besten, die wir gewinnen konnten", wie sich ein Personalchef entschuldigt, der die Unternehmensattraktivität unterschätzt – ist schwierig und muss sehr ernst genommen werden. Um diesbezüglich die richtigen Entscheidungen treffen zu können, muss man die Wettbewerber im Arbeitsmarkt gut kennen und selbstkritisch prüfen, wie die Attraktivität des eigenen Unternehmens derzeit wahrgenommen wird. Wer das eigene Unternehmen, seine Stärken und Defizite nicht kennt, wird es schwer haben, diese Balance zu finden.

Je mehr präsumtive Mitarbeiter, vor allem Studenten und Berufsanfänger, präsumtive Arbeitgeber unter die Lupe nehmen, bevor sie über ein Jobangebot nachdenken, desto größer ist die Wahrscheinlichkeit, dass man dort arbeitet, wo man hinpasst und sich wohl fühlt. Das ist in den meisten Fällen auch vorteilhaft für den Arbeitgeber und für das Arbeitsklima. Wer einen Arbeitgeber unter die Lupe nimmt, um festzustellen, ob dieser den eigenen Präferenzen entspricht, der hat heute viele Hilfsmittel und Informationen zur Verfügung, z. B. Communities im Internet, Ranking-Tabellen, Daten zur Mitarbeiterzufriedenheit (teilweise veröffentlicht), Freunde, Kontakte im sozialen Netzwerk etc. Als natürliche Folge erhöht sich die Transparenz. Wenn Unternehmen Universitäten besuchen, um Beziehungen zu zukünftigen Mitarbeitern anzubahnen, hinterlassen sie nicht selten Kontaktdaten, um den Studenten zu ermöglichen, sich mit dem Unternehmen in Verbindung zu setzen, falls Fragen auftauchen.

In einer Situation, die durch folgende Merkmale gekennzeichnet ist, wird das innerbetriebliche Feedback sehr wichtig, um den Mitarbeiter nicht zu verlieren:

1. Die Gewohnheit, Feedback zu bekommen, ist sehr ausgeprägt.
2. Die Mitarbeiter, besonders der Generation Y, kommunizieren sehr viel mit Menschen und in Foren außerhalb des Unternehmens.
3. Viele Informationen, besonders außerhalb des Unternehmens, setzen die Mitarbeiter unter Druck, die eigenen Fähigkeiten zu bewerten und spezifische Kompetenzbereiche zu verbessern – wenn das Feedback fehlt, weiß der Mitarbeiter nicht, was verbessert werden sollte.

Traditionsgemäß führen viele Unternehmen Mitarbeitergespräche nur einmal jährlich, was für die Generation Y als viel zu selten angesehen wird. Feedback möchte man eher auf täglicher Basis haben, nicht zwangsläufig in Form eines Mitarbeitergespräches, auf jeden Fall jedoch ziemlich oft. „Ich möchte jeden Tag Feedback, um zu wissen, wie gut ich es gemacht habe" meinen viele junge Mitarbeiter. Daher müssen Unternehmen ihre Feedback-strategien neu überdenken. Es sind meistens die allerbesten Mitarbeiter, die den größten Bedarf an Feedback haben.

Unternehmen, die die Generation Y ansprechen wollen, müssen Wert auf Feedback legen, auch wenn es zu internen Konflikten führt. Vorhandene Mitarbeiter sind meistens nicht an intensives Feedback gewöhnt und könnten es auch als problematisch sehen: Besonders ältere Mitarbeiter befürchten oftmals, dass ein intensives Feedback mit Misstrauen und Unselbstständigkeit verknüpft ist. Sie sind an selteneres Feedback – oft auf jährlicher Basis – gewöhnt.

Für die Generation Y jedoch ist Feedback sehr wichtig. Es stärkt die Verbundenheit zwischen Arbeitnehmer und Arbeitgeber. Wer Feedback mag, erwartet es auch beim aktuellen Arbeitgeber. Für den Arbeitgeber ist es besser, wenn der Mitarbeiter das gewünschte Feedback aus innerbetrieblichen Quellen bekommt, statt sich externen Quellen zuwenden zu müssen (Abb. 7.4).

7.14   Interne Karrieremöglichkeiten betonen

Es ist wichtig zu verstehen, warum so viele Berufsanfänger und Studenten planen, im künftigen Berufsleben den Job relativ oft zu wechseln. Die folgenden Gründe können diese Haltung erklären[15]:

- Sie befürchten, bei einem Arbeitgeber hängen zu bleiben.
- Sie wollen eine breite Erfahrung aus verschiedenen Branchen und Kontexten, was sich auf dem Curriculum Vitae gut ausnimmt.
- Sie wollen viele Zusammenhänge, Branchen, Länder und Kulturen aus Gründen der Selbstverwirklichung kennenlernen.

Wenn das Unternehmen diesen Bestrebungen entsprechen kann, erhöht sich die Chance, dass Mitarbeiter aus der Generation Y gerne auch langfristig dort arbeiten. Multinationale Unternehmen bieten naturgemäß häufiger Gelegenheit zur Arbeit im Ausland. Sie bieten eher Abwechslung durch verschiedenartige Arbeitsaufgaben. Der Mitarbeiter begegnet unterschiedlichen Kunden und arbeitet eventuell mit ausländischen Kollegen zusammen. Er hat im Zusammenhang mit seiner Arbeit für das Unternehmen mehr Aussicht auf kulturelle Erlebnisse. Interessant ist für die Generation Y auch die Möglichkeit, durch die Arbeit eine neue Sprache zu erlernen. Jedes Unternehmen muss sich aber angesichts der hohen Erwartungen der Generation Y fragen, inwieweit es die Ansprüche auf Selbstverwirklichung erfüllen kann: Was können wir anbieten und was können wir nicht anbieten? Unklarheit in dieser Hinsicht verkauft sich schlecht und führt zu Irritation, Frustration und ineffizienten Entscheidungen.

---

[15] Vgl. Parment und Dyhre (2009).

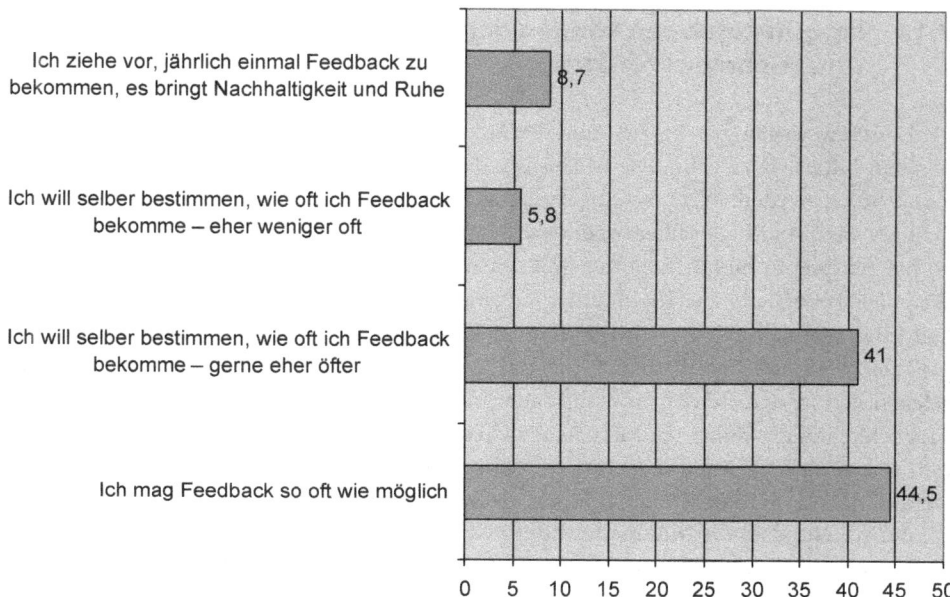

Abb. 7.4 Wie oft willst du Feedback bei der Arbeit? (Quelle: Generation-Y-Fragebogen)

Durch eine klare Beschreibung der Karrieremöglichkeiten weiß der Arbeitnehmer, ob es sinnvoll ist, den Arbeitgeber in den Zukunftplan einzubeziehen. Karrieremöglichkeiten werden formell und informell kommuniziert – je höher die Transparenz, desto einfacher ist es, diese Informationen zu bekommen. Die formellen Wege sollten allerdings bevorzugt werden, weil es die Gleichbehandlung der Mitarbeiter fördert und auch das Risiko verringert, dass ein Mitarbeiter einen neuen Job sucht, ohne etwaige Zukunftschancen beim aktuellen Arbeitgeber zu berücksichtigen. Formelle Wege sind Folgende:[16]

- Möglichkeiten deutlich machen, z. B. Spezialisierung (Spezialist werden), horizontaler Aufstieg (Chef werden) und Projektleitung.
- Karrieremöglichkeiten deutlich kommunizieren, z. B. Aufstiegschancen darstellen, um sicherstellen zu können, dass die Personalangelegenheiten transparent sind und dass alle Chefs und Mitarbeiter entsprechend informiert werden.
- Karrieremöglichkeiten bei Mitarbeitergesprächen grundsätzlich immer einbeziehen.

---

[16] Vgl. Parment und Dyhre (2009).

7.15   Vergünstigungen können den Wettbewerbsvorteil des Unternehmens fördern

Um wettbewerbsfähig zu bleiben und die Attraktivität als Arbeitgeber zu verbessern, können den Mitarbeitern geldwerte Leistungen des Unternehmens und andere Vergünstigungen geboten werden. Wenn es eine durchdachte Strategie dafür gibt, ist die Wahrscheinlichkeit, dass Mitarbeiter überbezahlt werden müssen, kleiner.

Ein Beispiel in dieser Richtung sind Arbeitgeber, die sich um Kleinkinder kümmern. Weil viele Berufsanfänger Kleinkinder haben oder einen Kinderwunsch hegen, ist der Arbeitgeber, der sich explizit um Kleinkinder kümmert, im Vorteil gegenüber einem sonst gleichen Wettbewerber. Was kann man tun? Man kann die Möglichkeit einrichten, Kinder gelegentlich in den Betrieb mitzubringen, um sie da selbst zu betreuen. Man kann die Möglichkeiten der Elternzeit mit betrieblichen Arbeitsaufgaben in einer Weise kombinieren, wie sie der/die Mitarbeiter(in) wünscht. Das vermittelt zum einen das beruhigende Gefühl, dass das Unternehmen Kinder wirklich mag und keinen Nachteil für die Karriere darin sieht, dass die Mitarbeiter Eltern werden. Mutterschaft und Vaterschaft fördern die individuelle Kreativität und Effizienz, was auf Dauer vorteilhaft für den Arbeitnehmer sein dürfte. Zum anderen ist es – zumal in Zeiten, da der sozialen Verantwortung des Unternehmens ein hoher Stellenwert zukommt – natürlich gut für die Reproduktion des gesellschaftlichen Arbeitsvermögens. Außerdem erregen Maßnahmen dieser Art öffentliche Aufmerksamkeit, funktionieren sozusagen als PR-Aktion: Journalisten, Netzforen und andere vertrauenswürdige Quellen reden über das Unternehmen mit positivem Tenor. Das schwedische Informationstechnik-Consultingunternehmen KnowIT hat im Jahre 2011 eine Frau angestellt. Sie war zu dieser Zeit schwanger und hat es nicht verheimlicht. Trotzdem hat sie den Job bekommen, was zu einem großen Zeitungsartikel in der führenden IT-Zeitung *Computer Sweden* führte. Das war sehr gut für die Arbeitgebermarke und die Beziehungen zu anderen, die sich für eine Arbeit bei KnowIT interessieren. Maßnahmen und Entscheidungen, die Verantwortlichkeit, Mitarbeiterpflege und das Streben für eine bessere Gesellschaft, in diesem Fall Gleichbehandlung der Geschlechter, kommunizieren, sind gut sowohl für die Unternehmenskultur als auch für die Arbeitgebermarke und für die Attraktivität in Beziehung zu verschiedenen Interessenten.

Wo derartige Möglichkeiten im Unternehmen nicht gegeben sind, sind Mitarbeiter bei Erkrankung ihrer Kinder gezwungen, zu Hause zu bleiben oder den Arbeitsplatz früher zu verlassen. Sie sind deutlich weniger flexibel, als wenn ihnen in solchen Fällen das Unternehmen helfend zur Seite steht. Alles in allem ist es für die meisten Unternehmen günstig, die gebotenen Vorteile für Mitarbeiter mit Kindern zu betonen. Das verschafft der Arbeitgebermarke allgemein ein positives Image und sorgt unmittelbar für Attraktivität speziell in den Augen der Berufsanfänger, die Kinder haben bzw. einplanen.

7.16   Vom Altersprinzip zur Leistungsorientierung

Nicht nur Mitarbeiter in Wirtschaftsunternehmen, sondern Menschen in den meisten Lebensbereichen werden aus Tradition nach dem *Altersprinzip* befördert und entlohnt. Wer älter ist, hat mehr Erfahrung und wird bessere und ausgewogenere Entscheidungen treffen – so die traditionelle Ansicht! Ältere Mitarbeiter hatten schlechthin höhere Einkommen als jüngere Kollegen, und es war relativ leicht für Arbeitgeber, jährliche Lohnkostenerhöhungen zu berechnen. Das Altersprinzip kämpft heute ums Überleben, und immer weniger Unternehmen haben die erforderlichen Ressourcen, Älteren höhere Gehälter zu zahlen, nur weil sie eben älter sind. Ältere Menschen haben mehr erlebt, sie haben Erfahrungen in vielerlei Situationen und haben viele gute Lösungen gesehen. Sie sind sehr wahrscheinlich auch in der Lage, kluge und ausgewogene Entscheidungen zu treffen. Älteren Menschen höhere Gehälter zu zahlen, ist durchaus keine schlechte Idee, und es kann profitabel sein. Das Prinzip, Mitarbeitern höhere Löhne zu zahlen, nur weil sie mehr Dienstjahre haben, ist allerdings weder sinnvoll noch gut für das langfristige Überleben des Unternehmens. Ältere Mitarbeiter sind in der Regel weniger attraktiv im Arbeitsmarkt, weil viele – aber bei weitem nicht alle! – Arbeitgeber den 40- oder 45-Jährigen einem 62-Jährigen vorziehen. Wie schon vorher beschrieben (siehe Kap. 5.1), haben es ältere Arbeitnehmer, die mehrmals den Job gewechselt haben, leichter, einen neuen Job zu finden, als diejenigen, die sehr lange dem Arbeitgeber treu geblieben sind.

Dass das Senioritätsprinzip an Boden verliert, ist klar. Die skandinavische Fluggesellschaft Scandinavian Airlines Systems (SAS) hat wegen erheblicher finanzieller Probleme die Zahl der Mitarbeiter stark reduziert, was Implikationen für die Altersverteilung bedeutet. Die Mitarbeiter sind immer weniger und älter geworden. Da die Gewerkschaften Abweichungen vom Senioritätsprinzip nicht akzeptiert haben, musste SAS Mitarbeiter mit dem höchsten Dienstalter befördern. Im Jahr 1994 legte aber das schwedische Arbeitsgericht fest, dass es SAS erlaubt sei, jüngere, aber höher qualifizierte Kollegen zu befördern. So gibt es seitdem junge Purser, die Chefs von älteren Flugbegleitern sind. Es liegt auch im Interesse der Fachverbände, dass Unternehmen unter Erhaltung und Verbesserung der Wettbewerbsfähigkeit geführt werden.

Die Leistungsorientierung tritt immer mehr in den Vordergrund und ersetzt das Altersprinzip. Für junge Menschen von hoher Leistungsfähigkeit ist das eine gute Nachricht, für weniger leistungsfähige ältere Menschen eher das Gegenteil! Die Philosophie eines leistungsorientieren Systems ist, dass Marktkräfte tonangebend sind und bestimmen, wer Erfolg hat und wer nicht. Leistungsorientierung hat mit persönlichen Anreizen zu tun – wer mehr leistet, muss auch mehr verdienen. Um die Leistung beurteilen zu können, müssen adäquate Systeme vorhanden sein. Leistungsorientierung funktioniert besser, wenn Mitarbeiter folgende Merkmale aufweisen:[17]

---

[17] Parment und Dyhre (2009), Kap. 3.

- Sie sind qualifiziert und gut ausgebildet.
- Sie verfügen über ausreichende Selbstkontrolle und kennen die eigenen Stärken und Schwächen.
- Sie haben den Ehrgeiz, beständig besser werden zu wollen.

Anreizsysteme funktionieren besser,

- wenn Regeln dafür vorhanden sind, wer, wie und wann belohnt und befördert wird.
- wenn solche Regeln zu attraktiven Karrieremöglichkeiten führen.

Bei der Festlegung eines Anreizsystems muss auch die Kontrolle bedacht werden: Auf welche Weise, wie oft und bei wem sollten die Leistungen der Mitarbeiter gemessen und nachverfolgt werden? Gibt es Toleranz bei Abweichungen von Budgets, Standards und Abmachungen?[18]

Obwohl wenig Kontrolle ansprechender erscheinen mag, möchten viele Menschen eine strenge Kontrolle: Sie wollen wissen, was zu erwarten ist, wie Aufgaben erledigt werden sollten und was die Mitarbeiter, gemessen an den Standards, geleistet haben.

7.17   Die Einstellung der Generation Y zum Arbeitsleben: Generationenkonflikte

Im Folgenden zwei Zitate, die die Merkmale der Generation Y verdeutlichen:

„Es ist sehr unwahrscheinlich, dass sich die Generation Y auf das Management vom traditionellen Befehl-und-Kontrolle-Typ einstellt, das noch in vielen der heutigen Belegschaften gängig ist", sagt Jordan Kaplan, ein Dozent für Betriebswirtschaftslehre an der Universität auf Long Island in Brooklyn, New York. „Sie sind, ständig ihre Eltern befragend, aufgewachsen, und nun befragen sie ihre Arbeitgeber. Sie wissen nicht, wann man den Mund hält, was toll ist. Aber für den 50 Jahre alten Manager, der sagt ‚Mach es, und zwar jetzt‘, ist das ärgerlich."

> Arbeiter der Generation Y stehen in dem Ruf, in schleppend vorankommenden Umfeldern, traditionellen Hierarchien und gar etwas überalterten Technologien – d. h. beinah in jeder Hinsicht an den meisten Arbeitsplätzen – Langeweile und Frustration zu erfahren. Eine übliche Reaktion anderer Arbeiter auf diese Frustration ist Verärgerung. ‚Warum müssen wir uns auf sie einstellen? Sie sollen sich auf uns einstellen!‘[19]

Klar ist, dass der Ehrgeiz dieser Generation und die Direktheit, mit welcher kommuniziert wird, zu Konflikten führen können. Hier könnte die Curling-Elternschaft zu Konflikten

---

[18] Merchant und van der Stede (2007); Parment und Dyhre (2009).

[19] Rothberg (2006).

beitragen, weil ältere Mitarbeiter nicht nur die Haltung von Jungen, sondern auch die Interventionen ihrer Eltern, stören.

Dass ältere und jüngere Mitarbeiter es schwer haben, miteinander zu kommunizieren, ist zwar nichts Neues, es wird aber mit dem Eintritt der Generation Y in die Arbeitswelt deutlicher. Früher war das Altersprinzip tonangebend, d. h., junge Mitarbeiter, die meistens die Zielsetzungen hatten, beim Unternehmen zu bleiben, und dafür gern bereit waren, sich anzupassen, haben Konflikte mit älteren Mitarbeitern eher vermieden. Heutzutage planen junge Mitarbeiter relativ oft, das Unternehmen zu verlassen, und sie sind viel mehr als frühere Generationen daran gewöhnt, ihre Meinung zu äußern.

Die Werte sind anders: Ältere bewerten Weisheit, Erfahrung und den Einsatz vieler Arbeitsstunden, Jüngere Leistungen und Erlebnisse. Ältere Normen, z. B. Familienstrukturen, wirken nicht mehr so stark wie früher, und insgesamt sind die Veränderungen der Werte auch bedeutsam für die Vorstellungen darüber, wie, wo, warum und wann gearbeitet werden sollte.

Viele Unternehmen sind stark von den Babyboomern in der Art und Weise, wie gearbeitet wird, geprägt. Ihre Art und Weise zu arbeiten ist akzeptiert, wird allerdings von der Generation Y in Frage gestellt. Besonders in großen Unternehmen ist es schwierig, etablierte Arbeitsroutinen zu verändern, und wenn durchgreifende Veränderungen vorgenommen werden, führt das nicht selten zu Stress, Frustration und, worauf aufmerksam gemacht werden muss, Nostalgie. Letzere kann leicht mit Erfahrung verwechselt werden: Wer an die guten alten Tage denkt, nimmt Bezug auf seine große und langjährige Erfahrung, obwohl das in manch einer Arbeitssituation wenig sinnvoll ist. Generell gilt, dass junge Mitarbeiter Erfahrung unterschätzen, während ältere Mitarbeiter Erfahrung überschätzen. Nostalgie in einer Diskussion der unternehmerischen Zukunft als wertvolle Erfahrung darzustellen, ist sicherlich wenig angebracht.

Um die Konkurrenzfähigkeit des Unternehmens aufrechtzuerhalten und entwickeln zu können, müssen Fragen des Generationswechsels ernst genommen werden. Fünf Faktoren, die junge Menschen am Eintritt in ein Unternehmen hindern, sind identifiziert worden:

- Unternehmen ändern sich nur langsam, was zur Folge hat, dass es wahrscheinlicher ist, dass junge Mitarbeiter in der vorhandenen Kultur eher sozialisiert werden, als dass sie die Kultur verändern.
- Unternehmen sind komplex und hoch entwickelt, mit hohen Anforderungen an die Qualität. Es dauert lange Zeit, bis die neuen Mitarbeiter die Art und das Wesen des Unternehmens verinnerlicht haben.
- Mangel an guter Führung: Bei inhärenten Spannungen zwischen Abteilungen, z. B. der Personalleitung und dem Topmanagement, wird es schwierig, das Unternehmen zu führen. Eine gewisse Spannung zwischen der Personalabteilung und dem Controlling oder zwischen Produktentwicklern und Verkäufern ist aber schwer zu verhindern und könnte das Unternehmen vorantreiben. Dass Produktentwickler laut Verkäufer unverkäufliche Produkte entwickeln, und dass Verkäufer Produkte verkaufen, die nicht entwickelt werden können, ist zwar eine Übertreibung, eine vollständige Harmonie zwischen den

Ansichten von Produktentwicklern und Verkäufern ist aber schwierig zu erreichen und kaum zu wünschen.

- Unternehmen können sich in der Regel nicht gut beschreiben und darstellen, was es erschwert, junge Menschen zu gewinnen.
- Branding wird zu weit getrieben: Junge Menschen sind in der Regel weit gereist, gut informiert und kritisch gegenüber der markenbewussten Gesellschaft. Die Betonung von Branding, konsistenter Ausdrucksweise[20] und standardisierten Kundenprozessen reduziert die Kreativität und macht es schwierig, neue Ideen junger Menschen zu implementieren. Branding-Ratgeber betonen die Vorzüge konsistenter Ausdrucksweise, tendieren aber dazu, zu vergessen, dass ein gewisses Maß von Abwechslung, Flexibilität und Vielfalt notwendig ist, um eine Marke lebendig zu machen. Die Ergebnisse aus der Erforschung von Marken geben keinen Grund, die Standardisierung zu weit zu bringen, weil Lebendigkeit eine wichtige Charakteristik von erfolgreichen Marken ist.

7.18   Arbeitnehmerzufriedenheit

Es ist wichtig, die Zufriedenheit der vorhandenen Mitarbeiter zu messen. Dafür gibt es mehrere Gründe.

- Die Messung des Zufriedenheitsgrads in der Belegschaft liefert ein wichtiges Feedback über Stärken, Schwächen und kritische Bereiche des Unternehmens. Damit kann das Unternehmen seine Konkurrenzfähigkeit in den Verbraucher- und Arbeitsmärkten verbessern.
- Es wird möglich, Vergleiche zwischen der Attraktivität des Arbeitgebers und der von Wettbewerbern zu führen, vorausgesetzt, entsprechende Daten der Wettbewerber sind vorhanden. Rankings und Untersuchungen sowie das Marketing der Wettbewerber liefern entsprechende Daten.[21]
- Es gibt auch Daten über Erwartungen der Mitarbeiter. Einige Mitarbeiter könnten auch schon für einen Wettbewerber gearbeitet haben und aufgrund dessen gewisse Informationen besitzen.
- Daten der Arbeitnehmerzufriedenheit können sehr sinnvoll für Marketingzwecke genutzt werden, um erwünschte Mitarbeiter anwerben zu können – „83 % unserer Mitarbeiter sind mit... zufrieden.". Viele Unternehmen nutzen veraltete Fragebögen, die wenig für Marketingzwecke benutzt werden können und Fragen stellen, die besonders von jungen Mitarbeitern als wenig relevant angesehen werden.
- Sie schafft Zeitreihen-Daten, die für die langfristige Entwicklung des Personalmanagements überaus wichtig sind. Zeitreihen, entstanden durch kontinuierliches Sammeln

---

[20] Siehe Aaker (1997); Birkigt et al. (1992); Parment (2011); Hatch and Schulz (2003).

[21] Gelegentlich müssen diese Daten gekauft werden, z. B. sind Ranking-Berichte von Universum Communications erhältlich.

von Daten, sind unschätzbar, um die langfristige Entwicklung der Mitarbeiterzufriedenheit bewerten zu können, desgleichen auch das Wechselspiel zwischen Mitarbeiterzufriedenheit und anderen Faktoren, wie Konjunktur, Profitabilität und Strategie des Unternehmens.

Methoden zur Steigerung der Arbeitnehmerzufriedenheit erinnern sehr an jene, auf die Politiker üblicherweise in Wahljahren zurückgreifen, um Wählerstimmen auf sich zu ziehen.

7.19   Warum Mitarbeiter uns verlassen

Alle Unternehmen verlieren Mitarbeiter, und sollten das auch – schließlich ist es fraglich, ob eine sehr niedrige Personalfluktuation sinnvoll ist. Die schwedische Tochterfirma eines deutschen Unternehmens macht sich darüber Sorgen, dass die Personalfluktuation von 3 auf 4 % gestiegen ist. Natürlich ist das eine beachtliche Veränderung, wenn aber genauer hingeschaut wird, hat die Veränderung zur Folge, dass der durchschnittliche Mitarbeiter dort nicht 33 Jahre, sondern nur 25 Jahre arbeitet, was teilweise damit zu tun hat, dass man die Karriere nicht mehr mit 17 Jahren beginnt, sondern später, nach einer höheren Ausbildung z. B. erst mit 25 Jahren. Die Tochterfirma liegt in einem ländlichen Gebiet Schwedens und hat bisher nur wenige Mitarbeiter aus Großstädten angeworben. Als vor einigen Jahren ein paar Mitarbeiter, die nicht am Firmenstandort leben, dort zu arbeiten angefangen haben, hat sich die Unternehmenskultur verändert, und jetzt geschieht es durchaus, dass Mitarbeiter den Job innerhalb und außerhalb des Unternehmens wechseln.

Wichtig ist, die Gründe zu verstehen, warum Mitarbeiter den Job wechseln:[22]

- Ein Jobwechsel an sich bringt psychologische Vorteile, wie z. B. größere Karrierechancen, weil es für Menschen, die nie den Arbeitsplatz gewechselt haben, immer schwieriger wird, sich im Arbeitsmarkt durchzusetzen.[23]
- Studien deuten darauf hin, dass die wichtigsten Gründe, warum Mitarbeiter ein Unternehmen verlassen, Mangel an Einfluss, unattraktive Arbeitszeiten, unattraktives Arbeitsumfeld und unattraktive Arbeitsaufgaben sind.[24]
- Andere Faktoren, die zur Beendigung der Anstellung beitragen, sind Feedback und Anerkennung[25], Karrierefortschritt[26], Unternehmenskultur[27] und der Wohlfühlfaktor in Bezug auf die Kollegen und den Vorgesetzten[28].

---

[22] Daten darüber, warum Arbeitnehmer den Job wechseln, werden in Kap. 4 vorgestellt.

[23] Ware (2008).

[24] Sutherland und Canwell (2004).

[25] Ware (2008).

[26] Ware (2008); Dychtwald und Baxter (2007); Boxall et al. (2003).

[27] Dychtwald und Baxter (2007).

[28] Boxall et al. (2003).

- Einige Studien zeigen, dass eine bestimmte Einkommenshöhe erforderlich ist, um Mitarbeiter gewinnen und längerfristig an das Unternehmen binden zu können – den Unterschied machen dann die psychologischen Faktoren[29]. Außerdem macht die Arbeit mehr Spaß, wenn die Arbeitsaufgaben mit der Kompetenz und den Erfahrungen des einzelnen Mitarbeiters im Einklang stehen.[30]
- Auf die Frage, warum man den Job wechselt, wird vielfach als Grund genannt, dass ein interessanteres und stärker herausforderndes Angebot vorliegt.[31] Eine Studie zeigt, dass die fünf gängigsten Gründe, warum der Job gewechselt wird, folgende sind: Unzufriedenheit mit dem Gehalt und der Gehaltsentwicklung; wenig Einfluss auf wichtige organisatorische Entscheidungen und die Ausrichtung des Unternehmens, Unzufriedenheit mit der Arbeitszeit, das Arbeitsumfeld und die Arbeitsaufgaben.[32]

7.20   Schließlich verlassen uns die meisten: Netter Ausstieg

Die meisten Menschen bleiben heutzutage nicht mehr ihr ganzes Arbeitsleben lang beim selben Arbeitgeber, und in den letzten Jahrzehnten hat die Zahl der Arbeitnehmer, die in ihrer beruflichen Laufbahn mehrmals den Job wechseln, kräftig zugenommen. Strategien für Mitarbeiter, die den Arbeitsplatz wechseln, wären nicht notwendig, würden nur sehr wenige Mitarbeiter nicht ihr ganzes berufliches Leben bei ein und demselben Unternehmen bleiben wollen. Das ist aber längst nicht mehr der Fall, und diese Entwicklung muss ernst genommen werden: Es wird immer wichtiger, Informationen über Mitarbeiter, die uns verlassen, zu sammeln und zu analysieren. Die Nutzung dieser Daten kann dem Unternehmen sogar einen Wettbewerbsvorteil bringen, weil wir bezüglich früherer Mitarbeiter mehr wissen als die Konkurrenz.

Informationen zu folgenden Fragen sind für die Entwicklung des Personalmanagements eines Unternehmens sehr hilfreich:

- Welche Mitarbeiter geben die Anstellung auf? Die besten, die nicht so guten oder der Durchschnitt?
- Warum geben sie die Anstellung auf?
- Wohin gehen sie, und was kann der neue Arbeitgeber bieten?
- Wer hat die Möglichkeit, die Entscheidung zu beeinflussen?

Jedes Unternehmen sollte in der Lage sein, diese Fragen zu beantworten, vor allem aber diejenigen, die eine starke Personalfluktuation unter den jungen Mitarbeitern haben (z. B. Partnerorganisationen, Wirtschaftsprüfungsgesellschaften und Rechtsanwälte, öffentliche Organisationen, Zentren für Graduiertenstudien an den Universitäten).

---

[29] Vgl. z. B. Boxall et al. (2003).

[30] Vgl. z. B. Rose (1994).

[31] Boxall et al. (2003); Rose (1994).

[32] Ware (2008).

Das Ausscheiden eines Mitarbeiters sollte mit Respekt, Integrität und Großzügigkeit behandelt werden. Das Ziel eines respektvollen Ausscheidens ist erstens, gute Beziehungen mit dem bisherigen Mitarbeiter beizubehalten, sowie zweitens, Informationen, Daten und Wissen über spezielle Erfahrungen der Aussteiger nutzen zu können, um das Personalmanagement weiterzuentwickeln.

Die Mitarbeiter darüber ins Bild setzen zu wollen, wie schlecht die Wahl doch sei, den Job zu wechseln, und wie wenig vielversprechend der neue Arbeitsplatz sein würde, sollte selbstverständlich unterlassen werden. Gleichwohl muss jeder seine Einstellung zu diesem Thema hinterfragen. Möglicherweise sind die Situation und die Entscheidung des Mitarbeiters durchaus nachvollziehbar. Schließlich ist das eigene Unternehmen nicht für jeden stets die erste Wahl – obwohl man das oft nicht wahrhaben möchte, wenn man dort lange Zeit gearbeitet hat.

Checkliste

- Wie arbeiten Sie mit Anwerbung, Entwicklung und Maßnahmen, um qualifizierte Mitarbeiter zu behalten?
- Wie steht es um die Rolle und den Umfang des Personalmanagements im Unternehmen?
- Wie wird Work-Life-Balance definiert und praktiziert?
- Gibt es Richtlinien dafür, wie mit den Fragen „Arbeit in der Freizeit" und „Freizeit bei der Arbeit" umgegangen werden sollte? Wenn nicht, funktioniert die Balance für die Mehrzahl der Mitarbeiter?
- Wie hat sich die Mitarbeiterloyalität entwickelt? Welche Erklärungen gibt es für eventuelle Veränderungen?
- Werden die sozialen Netzwerke der Mitarbeiter für Rekrutierung und Verkäufe genutzt?
- Wie oft und auf welche Weise bekommen Mitarbeiter Feedback?
- Werden Daten aus Mitarbeiteruntersuchungen im (internen und externen) Marketing benutzt? Diese Gelegenheit sollte öfter genutzt werden – das ist kostengünstig und könnte die Mitarbeiter motivieren.
- Werden Daten von Mitarbeitern, die das Unternehmen verlassen, gespeichert und analysiert? Sie bilden eine wichtige Quelle für Informationen zur Mitarbeiterzufriedenheit.
- Inwieweit wird das Unternehmen bezüglich der Kriterien für Entlohnung und Beförderung vom Altersprinzip bzw. vom Leistungsprinzip gekennzeichnet?
- Welche Generationskonflikte gibt es im Unternehmen? Wie werden sie behandelt?
- Wir arbeitet Ihr Unternehmen mit Networking? Gibt es eine systematische Sammlung von Informationen darüber, wie Wettbewerber bzw. Mitarbeiter mit sozialen Netzwerken umgehen?

Handlungsempfehlungen

- Work-Life-Balance neu definieren. Nur wenige oder gar keine Unternehmen können sich von der gesellschaftlichen Entwicklung fernhalten und sich vor ihr schützen. Folglich müssen Richtlinien für die neue Situation festgelegt werden. Besonders in Jobs mit hoher Flexibilität aufseiten des Arbeitnehmers ist dieses Thema wichtig. Auch gibt es noch viele Jobs mit nur wenigen Möglichkeiten, sie an anderer Stelle als am Arbeitsplatz im Betrieb auszuführen – Krankenschwestern, Polizisten, Ärzte, Zahnärzte, Jobs in der Fertigung etc.

- Eine gute Zusammenarbeit zwischen der Personalabteilung und der Marketingabteilung ist die Basis für erfolgreiches Personalmanagement, wenn es darum geht, einen modernen, mitarbeiterorientierten Arbeitsplatz zu schaffen und Employer Branding ernst zu nehmen. Die Anwerbung von neuen Mitarbeitern ist eine gute Gelegenheit, die Personal- und die Marketingabteilung einander näherzubringen.

- Die sozialen Netzwerke von Mitarbeitern können für viele Zwecke genutzt werden: Einladungen für Anwerbung; Produkttests; Fokusgruppen für Produkt-Feedback; zugeordnete Mitarbeiter während der Elternzeit finden etc. – das ist kostengünstig und motiviert einzelne Mitarbeiter.

- Nicht nur auf Spitzenkräfte konzentrieren; sie können schnell das Unternehmen verlassen, wenn ein besseres, nicht zu übertreffendes Angebot vorliegt. Überlegen, welche Kompetenzen und Charaktermerkmale die wichtigsten sind, um verschiedene Interessenten in Betracht ziehen zu können. Was für das Unternehmen ein Toptalent ist, mag als solches nicht auch im allgemeinen Arbeitsmarkt gesehen werden – zum Vorteil für das Unternehmen, das den Betreffenden dann nicht übertrieben hoch bezahlen muss.

- Reichliches Feedback ist unverzichtbar, um die besten Mitarbeiter längerfristig an das Unternehmen zu binden. Hier kann jedoch eine Anpassung der Unternehmenskultur notwendig sein, um die Bedürfnisse kompetenter junger Mitarbeiter befriedigen zu können.

- Die internen Karrieremöglichkeiten sollten möglichst deutlich dargestellt werden. Da junge Mitarbeiter der Gedanke abschreckt, bei einem Arbeitgeber hängen zu bleiben, sind sie stets an anderen Angeboten interessiert. Wenn die internen Möglichkeiten nicht bekannt sind, erhöht sich das Risiko, dass sich Mitarbeiter externen Angeboten zuwenden. Auch für die Gewinnung neuer Mitarbeiter ist es von Vorteil, attraktive interne Karrieremöglichkeiten präsentieren zu können: Das vermittelt den Eindruck von einem Umfeld mit guten Entwicklungsmöglichkeiten.

Erhebliche Veränderungen in der Arbeitswelt: Die Entstehung von Branded Society

Marken sind nicht mehr wegzudenken. Wir erwarten, dass Marken uns das Leben erleichtern und uns – Individuen, Arbeitgeber, Standorte etc. – helfen, unsere Identität zu zeigen. Ursprünglich waren Marken für Konsumgüter gedacht und ausgelegt. Später wurden sie auch für eine Reihe von anderen Anwendungen entwickelt. Man kann sich fragen, ob es sinnvoll ist, Marken für Arbeitgeber, Standorte etc. aufzubauen und zu führen. Die Frage kommt allerdings zu spät: Wir leben schon in der Branded Society.

8.1 Kommerzialisierung, Deregulierung und Markenpolitik

Noch in den 1970er und 1980er Jahren gab es Umgebungen, in denen keine kommerziellen Nachrichten existierten. Wir können hier über „nicht kommerzielle Umfelder" reden. Diese kommen immer seltener vor. Besonders deutlich ist die Entwicklung seit den 1980er Jahren, das Jahrzehnt der Reaganomics und des Thatcherismus. Starke Präferenzen für freie Märkte, Deregulierung und den kleinen Staat gewannen an Bedeutung[1] sowie auch Privatisierung[2] und Individualismus[3]. Nicht nur Unternehmen, sondern auch der öffentliche Sektor, Nichtregierungsorganisationen, Städte, Arbeitgeber und gesellschaftliche Institutionen entdeckten die Vorteile der Markenprofilierung. Gleichzeitig, und auch durch großzügige Deregulierungen, nahm die Wettbewerbsintensität zu und die Kommunikationslandschaft begann einen Wandel von Informationsgebung und Produktinformationen zu offensiven und sogar provokativen Werbebotschaften, die auf Emotionen, Ästhetik, Erlebnisse und Konsumkulturen bauen. Die Generation Y wuchs in dieser Branded Socie-

---

[1] Vgl. Bienkowski et al. (2006); Jenkins (2006); Niskanen (1988); Pratten (1997); Skidelsky (1988); Vinen (2009); Wood (1991).

[2] Vgl. die Literatur zum New Public Management, z. B. Ferlie (1996); Hood (1995).

[3] Freeman und Bordia (2001); Triandis (1993), siehe auch Schimmack et al. (2005).

A. Parment, *Die Generation Y,*
DOI 10.1007/978-3-8349-4622-5_8, © Springer Fachmedien Wiesbaden 2013

ty auf, und ihr ist die Markenentwicklung von Gemeinden, öffentlichen Verkehrsmitteln, Kirchen und Einzelpersonen[4] nicht fremd.

Die kanadische Autorin und Soziologin Naomi Klein präsentiert viele Gedanken über unsere Gesellschaft und die hier beschriebene Entwicklung in ihrem einflussreichen Bestseller *No Logo: Der Kampf der Global Player um Marktmacht*, der im Jahr 2005 in deutscher Übersetzung erschien[5]. Klein beschreibt die negativen Auswirkungen von übertriebener Kommerzialisierung und Markenorientierung. Kleins kritische Perspektive ist eine Abwechslung zu den oft argumentierten Vorteilen der Markenorientierung.

8.2 Eine Ausbreitung der Anwendung von Marken-Building

Die Entwicklung der Markenorientierung ist interessant für jeden, der sich mit Branding beschäftigt. Vor einigen Jahrzehnten, als multinationale Konzerne weniger Marktmacht hatten als heute, hatte der Begriff Marke eher mit Schriftzügen und Verpackungen zu tun. Seit den 1980er Jahren haben Markennamen und Logos sich ausgebreitet und sind jetzt überall nicht nur spürbar, sondern sehr auffällig geworden. Weil die Intensität von Kommunikation und Botschaften zugenommen hat, müssen Bemühungen, Zielgruppen zu erreichen, immer provokativer sein. Klein meint, dass Marken wie Nike und Pepsi durch ihre Zusammenarbeit mit Filmstars und Sportlern eher als soziale Bewegungen betrachtet werden sollen. Daher ist der Markenname wichtiger geworden als das eigentliche Produkt. Ein Indiz für die fraglichen Motive von Unternehmen und ihre Bemühungen, mit immer jüngeren Zielgruppen zu kommunizieren, ist die zunehmende Kommunikation mit Schülern, um sie frühzeitig als Kunden zu erwerben. Eine direkte Folge dieser Entwicklung sind weniger Wahlmöglichkeiten durch die starke Marktdominanz von Handelsketten wie Zara, Hennes & Mauritz, McDonalds, Wal-Mart und 7Eleven. Schulen, Krankenhäuser etc. gehen sogar Verträge mit Unternehmen ein, die Wahlmöglichkeiten stark begrenzen oder eliminieren. So gibt es in vielen Fällen nur eine Marke auf einem Campus zu kaufen, weil die Universität einen exklusiven Vetrag mit 7Eleven eingegangen ist. Waren vorher Cafés und Restaurants in Krankenhäusern und auf dem Universitätsgelände vom Krankenhaus bzw. der Uni geführt, sind sie heute immer öfter privatisiert.

Die Generation Y kennt diese Vorgeschichte aus eigener Erfahrung nicht und ist an die heutige Situation gewöhnt.

Plätze und Städte mit einer inhärenten Attraktion, z. B. Barcelona, Peking, New York, Stockholm und Sydney, bemühen sich darum, ihre Marken zu fördern. Prominente Personen wie Lady Gaga, Beyoncé, Dr. Phil, Donald Trump, Heidi Klum und Oprah Winfrey sind sehr aktiv in der Förderung ihrer persönlichen Marken. Die Mechanismen, die starke Marken hervorbringen, sind ähnlich für verschiedene Markentypen, und *Co-Branding* wird oft als Methode benutzt, um die Zielgruppe zu erreichen. Co-Branding wurde zuerst

---

[4] Oft bezeichnet als Personal Branding, siehe z. B. Goldsmith et al. (2009); Purkiss und Royston -Lee (2009); Spillane (2000); Wilson und Blumenthal (2008); Vickers et al. (2008).

[5] Klein N., Dierlamm H. und Schlatterer H. (2005) No Logo! Der Kampf der Global Players um Marktmacht – Ein Spiel mit vielen Verlierern und wenigen Gewinnern, Goldmann Verlag.

von Unternehmen benutzt, wenn zwei oder mehr Unternehmen zusammen Marketing-maßnahmen durchgeführt haben, um die Attraktivität der einzelnen Marken zu fusionie-ren. Hier gibt es viele Beispiele: Rock-Stars, die für Nike arbeiten, um Nike *und* dem Rock-Star einen starken Auftritt im Gütermarkt zu gewährleisten, oder wenn Hennes & Mauritz mit Stella McCartney, Roberto Cavalli, Karl Lagerfeld, Viktor & Rolf, Kylie Minouge, Sonia Rykiel, Madonna oder Jimmy Choo zusammenarbeitet, um die Attraktivität des Designers für Marketingzwecke zu benutzen und gleichzeitig die Marktbekanntheit und Attraktivität des Designers zu stärken. Diese Maßnahmen waren oft sehr erfolgreich – so berichtet ein damaliger Mitarbeiter vom Handelsrechtunternehmen Mannheimer und Swartling, dass ab 10:30 Uhr, 30 min vor der Präsentation von Hennes & Mauritz in Zusammenarbeit mit Viktor & Rolf, überhaupt keine Frauen mehr im Büro anzutreffen waren – sie standen alle in der Schlange vor dem Hennes & Mauritz-Geschäft, um die attraktive Kleidung, dessen Auflage limitiert war, kaufen zu können.

Oprah Winfrey, eine der weltweit mächtigsten Entertainerinnen, die viele Jahre eine tägliche Show in den USA moderierte, präsentierte am 14. Dezember 2010 ihre Show im Sydney Opera House. Oprah Winfrey und ihr Team von 300 Mitarbeitern einschließlich des Gastes John Travolta und einiger langjähriger, treuer Gäste, flogen nach Sydney, um in Co-Branding-Zusammenarbeit mit Tourism Australia, der Fluggesellschaft Qantas, Tourism New South Wales, Tourism Queensland, Tourism Victoria und Network 10 die Oprah-Show im Sydney Opera House zu realisieren[6]. Eine Reihe von sehr starken Marken kam so zusammen – vgl. Co-Branding – Oprah Winfrey, Sydney Opera House, Sydney und Australien (John Travolta war nicht die Hauptperson, seine Marke wurde trotzdem in einem guten Zusammenhang exponiert). Medien haben viel über das Event berichtet – und es hat sich für alle Investoren gelohnt! Die ungewöhnliche und unerwartete Kom-bination von Winfrey und dem Operahaus hat viel Interesse geweckt und wurde in vielen Kommunikationskanälen präsentiert. Der Winfrey-Besuch hat den australischen Steuer-zahler etwa 3 Mio. Australische Dollar[7] gekostet – offensichtlich ein niedriger Preis. Es wurde geschätzt, dass der Wert für Australien über 83 Mio. Australische Dollar war[8].

Es wird oft argumentiert, dass der öffentliche Sektor kein oder nur wenig Geld für die-sen Typ von Events ausgeben sollte. Das Ergebnis von dem Oprah-Besuch zeigt aber, dass Staaten, Städte, Landkreise und Regionen durch Marketingmaßnahmen ihr Geld effizient nutzen können. Die meisten Städte und Regionen investieren jährlich viel Geld, um den Platz attraktiv für Investoren, Unternehmen und Einwohner zu machen.

Jede Organisation – ob Arbeitgeber, Fachverband, Restaurant, Kirche, politische Partei oder Stadt – muss sich darum bemühen, Wettbewerbsvorteile zu entwickeln. Dies wird in Zukunft auch für Individuen gelten – und die wachsende Menge von Literatur über Perso-nal Branding betont, dass es für Individuen mit ehrgeiziger Lebens- und Karriereplanung immer wichtiger wird, diese Verhältnisse zu verstehen[9]. Für die Generation Y ist Branding

---

[6] Wall Street Journal (2010).

[7] Bryant (2010); Carswell et al. (2010); Fenner et al. (2010).

[8] Bulbeck (2010).

[9] Vgl. Goldsmith et al. (2009); Purkiss und Royston-Lee (2009); Spillane (2000); Wilson und Blu-menthal (2008); Vickers et al. (2008).

etwas natürliches, wie es von einem Mann, der 1984 geboren wurde, ausgedrückt wurde:
»Wir sind gewöhnt, uns zu vermarkten, wir haben das in der Schule gelernt und unsere
Eltern haben gesagt: ,Du musst zeigen, was du kannst, sei nicht zurückhaltend!'«

8.3 Eine starke Marke: Ein vielfältiger Erfolgsfaktor

Ein Arbeitgeber kann durch die Nutzung einer Marketing- und Branding-Perspektive
seine Attraktivität entwickeln. Weil die Zielgruppe in einer von Marketing und Marken
geprägten Gesellschaft erwachsen wurde, hat ein Arbeitgeber die Chance, die Employer
Brand bzw. die Persönlichkeit der Marke im Bewusstsein der Zielgruppe zu verankern.

Produktplatzierung ist die gezielte Darstellung von Markenprodukten in verschiedenen
Medien. Sie ist ein Instrument der Kommunikationspolitik im Marketing und wurde zuerst in Film- und Fernsehproduktionen eingesetzt. Wer die nahe Geschichte kennt, kann
sich sicherlich erinnern, dass sie bis in die 1990er Jahre hinein relativ selten vorgekommen
ist – *Dallas, Dynasty, Cosby* und *Seinfelt* fehlten intensive Einsätze von Produktplatzierung.
In der Regel wurden Geld- oder Sachzuwendungen geleistet. Richtig angefangen hat es in
den 1990er Jahren, als die Wettbewerbsintensität zugenommen hat, und es für Vermarkter
immer schwieriger wurde, gut funktionierende Kommunikationskanäle zu finden.

In Filmproduktionen gab es schon früher Produktplatzierungen. Mit dem Film *Die Rei-
feprüfung* mit Dustin Hoffman in der Hauptrolle stand ein roter Alfa Romeo Spider 1967
im Mittelpunkt des Geschehens. Ein Auto musste zwar her, aber dass es ein Alfa Romeo
wurde, war kein Zufall, denn hier ging es um Produktplatzierung.

Etwas paradox ist der Dokumentarfilm *The Greatest Movie* aus dem Jahr 2011, weil
die gesamten Produktionskosten über Prouktplatzierung finanziert wurden. Zugleich sind
die Mechanismen von Marketing und Werbung in der Filmproduktion das Thema dieser
Dokumentation.[3]

Wer heute Fernsehprogramme wie *Desperate Housewives, Stromberg, Germany's next
Topmodel,* oder *Sabine!* anschaut, weiß, worum es geht. Wie kann ein Arbeitgeber diese
Art der Entwicklung nutzen? Es gibt viele Wege, die Marke in verschiedenen Zusammenhängen zu platzieren und zu kommunizieren. Man sollte, um bestimmte Informationen in
Sendungen zu platzieren, nicht den Eindruck erwecken, dass es um redaktionelle Beiträge
geht. Solche Maßnahmen sind unethisch und verboten[10]. Creative Placement, auch Endor-
sement genannt, und Celebrity Placement können aber auch von einer Arbeitgebermarke
benutzt werden. Bei Creative Placement geht es darum, für die Arbeitgebermarke Storys
bzw. Geschichten zu entwickelt und in die Handlung verschiedener Zusammenhänge –
Präsentationen, Messeberichte, Fernsehprogramme etc. – zu integrieren. So können Mitarbeiter eine positive Wertung über den Arbeitgeber abgeben, vorausgesetzt natürlich, dass
der Mitarbeiter den Arbeitgeber mag und sich dazu nicht gezwungen fühlt. Durch die gute
Einbindung in die Zusammenhänge bzw. Handlung fällt das Creative Placement weniger

---

[10] Sogennanter Themenplatzierung verbietet § 7 Abs. 7 Satz 1 RStV.

auf. Eine Praxis des Celebrity Placements ist die Celebrities in der Unternehmungsleitung einzubeziehen, z. B. sind Julia Roberts, Morgan Freeman, Musik-Legende Willie Nelson und NASCAR-Fahrer Rusty Wallace im Advisory Board von Earth Biofuels, Inc., einem amerikanischen Unternehmen, das alternative Kraftstoffen wie Biodiesel, Ethanol und Erdgas produziert.

Ein Arbeitgeber sollte hier vorsichtig vorgehen. Es ist entscheidend, dass er einen seriösen Eindruck hinterlässt, ohne den Verdacht zu erregen, dass er versucht, seine Arbeitgebermarke „cooler" zu präsentieren als die Verhältnisse am Arbeitsplatz und die Erfahrungen der Mitarbeiter tatsächlich sind. Celebrities müssen auch mit Vorsicht gewählt werden – wenn ihr Lebensstil, was für amerikanische Celebrities nicht selten vorkommt, zu enormen Umweltbelastungen führt, verliert der Umstieg auf alternative Kraftstoffe an Glaubwürdigkeit. In dieser Hinsicht verpflichtet eine Marke eines Konsumartikels weniger, während eine Arbeitgebermake die Realitäten am Arbeitsplatz widerspiegeln sollte.

8.4   Die Präferenzen von Mitarbeitern in der Branded Society

Wenn es darum geht, eine starke und attraktive Marke aufzubauen, sind die Mitarbeiterpräferenzen sehr wichtig. Die Generation Y ist in der Branded Society aufgewachsen – zumindest im Aufkommen der Branded Society – und daher sind die Präferenzen der Generation Y wichtig und machen wertvolle Informationen für Unternehmen aus, die sich darum bemühen, junge Mitarbeiter anzuziehen.

Abbildung 8.1a bis 8.1d zeigen die Präferenzen einer Untersuchung der Generation Y in den USA, Neuseeland und Schweden zu Arbeitgeberpräferenzen. Die Ergebnisse spiegeln die Branded Society wider: Junge Menschen wollen Spaß bei der Arbeit, legen Wert auf Entwicklung und Selbstverwirklichung und repräsentieren eine deutliche Auseinandersetzung mit Werten, die jüngst den Arbeitsmarkt gekennzeichnet haben. Die in der Studie repräsentierten Kategorien sind von Fokusgruppen und Interviews mit Generation-Y-Individuen abgeleitet.[11]

Das Ergebnis kann in vier Unterkategorien unterteilt werden: sehr wichtige, wichtige, gemischte und unwichtige Faktoren.

Die Kategorien mit dem höchsten Anteil von Individuen, die sie als „sehr wichtig" finden, sind *die Gelegenheit zu lernen und sich zu entwickeln* (66,7 %); *Spaß bei der Arbeit* (63,6 %); *Herausfordernde Arbeitsaufgaben* (59,8 %) und *Sinnvolle Arbeit* (55,3 %). Diese vier Faktoren sind von fast allen Respondenten als wichtig bewertet, und dies gilt sowohl in den USA und Neuseeland als auch in Schweden.

Fünf Kategorien werden als relativ eindeutig wichtig (relativ wichtig oder sehr wichtig) gesehen – *Gehalt und Vergünstigungen* (96,1 %), *Kollegen/Soziales Umfeld* (87,6 %), *Jobsicherheit* (84,5 %), *Führung, Kultur und Werterhaltung* (76 %)und *Standort* (74,6 %). Keiner betrachtete das Gehalt als unwichtig, was letztendlich keine Überraschung ist – wie in vie-

---

[11] Die Ergebnisse sind in Parment (2011) publiziert.

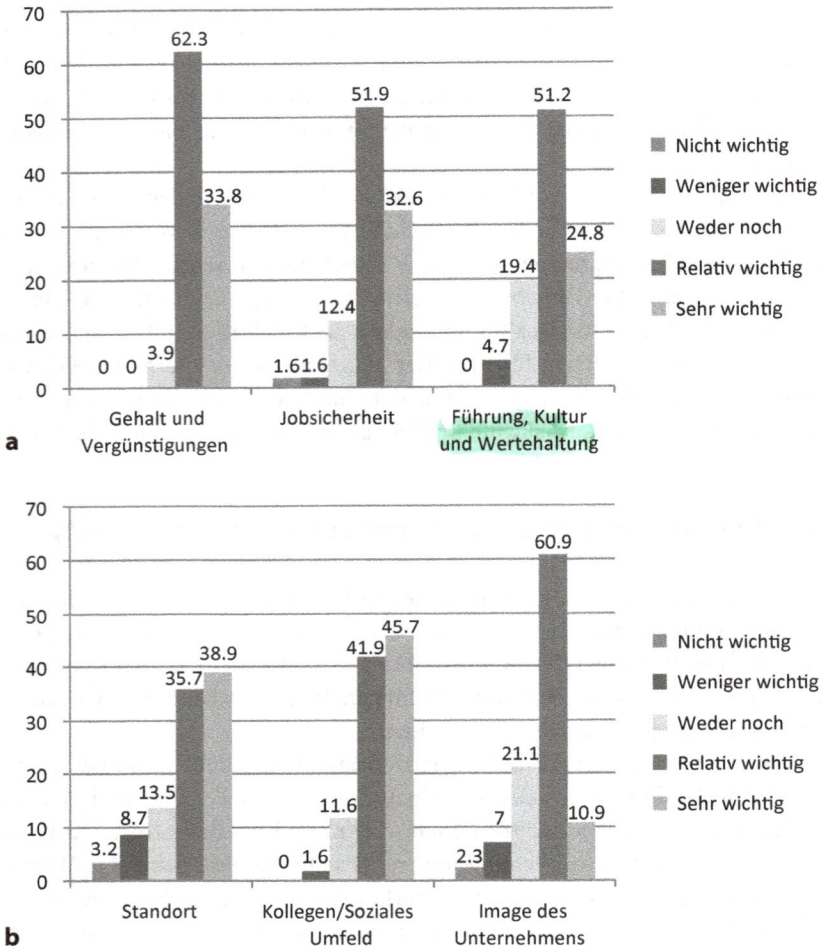

Abb. 8.1 a Bedeutsamkeit von Arbeitsplatzfaktoren für die Generation Y bei der Arbeitgeberwahl. Angaben in Prozent. **b** Bedeutsamkeit von Arbeitsplatzfaktoren für die Generation Y bei der Arbeitgeberwahl. Angaben in Prozent. **c** Bedeutsamkeit von Arbeitsplatzfaktoren für die Generation Y bei der Arbeitgeberwahl. Angaben in Prozent. **d** Bedeutsamkeit von Arbeitsplatzfaktoren für die Generation Y bei der Arbeitgeberwahl. Angaben in Prozent

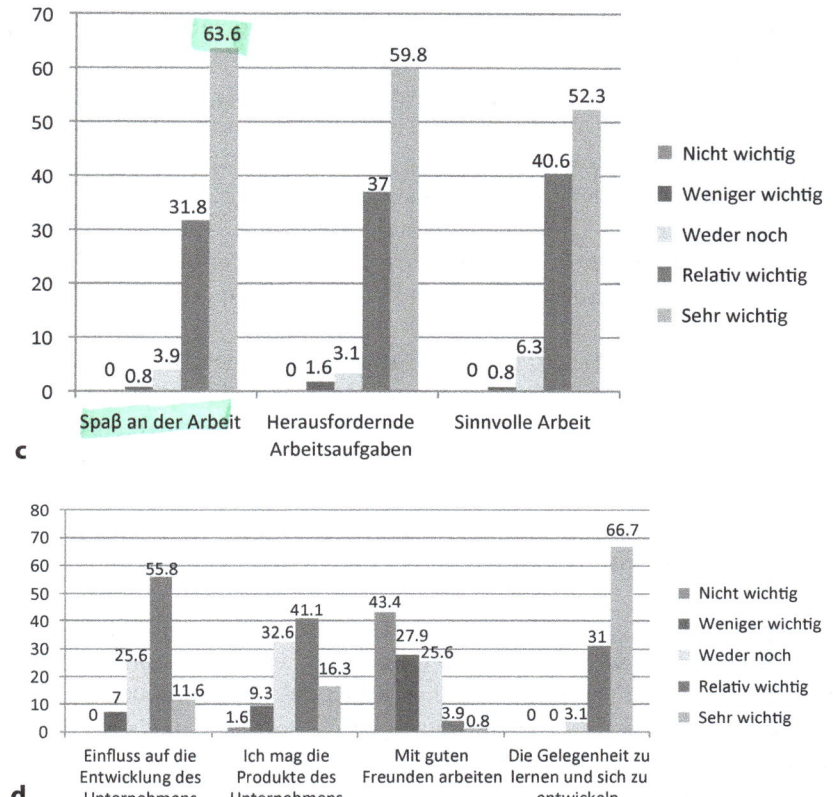

Abb. 8.1 Fortsetzung

len andere Untersuchungen wird es aber nur von einem Drittel als sehr wichtig angesehen. Dass junge Menschen gerne oft den Job wechseln und Jobsicherheit nicht bewerten, hört man oft – es ist aber Unsinn. Die Generation Y will beides – Flexibilität und Sicherheit; hohes Gehalt und Spaß bei der Arbeit etc.

Der Standort wird, obwohl nicht so eindeutig wie einige andere Kategorien, als sehr wichtig von fast zwei Fünfteln angesehen. Um die hohen und komplexen Ziele für Karriere und Leben erreichen zu können, trägt ein attraktiver Standort des Arbeitgebers unbedingt dazu bei. Der Standort trägt direkt zur Selbstverwirklichung bei, weil es ein Leben in der Nähe von Afterworks, Wohnort, Shopping und Freunden ermöglicht. Immer mehr junge, hochqualifizierte Mitarbeiter wollen in der Stadtmitte wohnen – und leben[12]. Networking wird durch einen attraktiven Standort leichter, weil der Mitarbeiter kurz nach dem Ende des Arbeitstags an verschiedenen (oft in der Stadtmitte gelegenen) Aktivitäten teilnehmen kann, es wird auch viel einfacher, Mittag mit früheren Kollegen, neuen Beziehungen etc. zu

---

[12] Gerstenmaier (2012); Rada (2012).

essen. Zudem wird es durch einen attraktiven Standort auch leichter, zur Arbeit zu fahren, als wenn der Arbeitgeber in einem entfernten Industriegebiet angesiedelt ist.

Spaß bei der Arbeit muss richtig interpretiert werden: Für die Generation Y heißt Spaß nicht, dass man den ganzen Tag lacht und YouTube-Videos anschaut – es geht eher um ein Arbeitsumfeld mit positiver Stimmung, wo der junge Mitarbeiter eine Mitsprache hat, das geprägt ist von Fehlertoleranz, positiven Kollegen und einer proaktiven Attitüde. Da fühlen sich die Generation-Y-Individuen bestens und können gute Arbeit leisten. Der Arbeitsplatz kann gleichzeitig eine Arena der persönlichen Entwicklung und Selbstverwirklichung sowie für den Arbeitgeber ein Platz sein, an dem gut, effizient und zielgerecht gearbeitet wird.

Ein proaktiver Arbeitgeber sollte überlegen, eine solche Situation bzw. ein solches Arbeitsumfeld zu schaffen. Laut den Ergebnissen der oben genannten Studie ist es sinnvoll, das Arbeitsumfeld emotional attraktiv auszulegen. Die vier Faktoren, die als „sehr wichtig" betrachtet werden, sind alle emotional orientierte Faktoren.

8.5   Charaktermerkmale, die von der Entwicklung profitieren

Bestimmte persönliche Eigenschaften und Charaktermerkmale haben früher zum Erfolg am Arbeitsplatz geführt: Sorgfältigkeit und Genauigkeit, früh kommen und spät gehen – um ein paar Beispiele zu nennen. Inzwischen haben diese Eigenschaften an Bedeutung verloren, und es gibt andere Merkmale und Eigenschaften, die heute als wichtig gelten. Die Fähigkeit, sich auf verschiedenen Internetplattformen zu präsentieren, z. B. Xing und LinkedIn, gehört dazu, sowie klug mit der persönlichen und organisatorischen Integrität umzugehen. Um unter verschiedenen Umständen und in verschiedenen Umfeldern professionell und bewusst auftreten zu können, sind gute soziale Fähigkeiten, Flexibilität und Mut wichtige Charaktermerkmale.

Mitarbeiter, die besonders von der gesellschaftlichen und wirtschaftlichen Entwicklung profitieren, könnten auch zur Belebung des Arbeitgebers beitragen. Die meisten Unternehmen unterstützen Aktivitäten, die nicht zur Effizienz beitragen und keinen Kundennutzen haben. Diese Aktivitäten können durch die neuen Perspektiven und die Haltung von Generation-Y-Mitarbeitern identifiziert und eliminiert bzw. reduziert werden. Wenn frühere Generationen weniger kritisch waren und relativ hierarchisch dachten, sorgt die neue Generation für eine direktere Rückmeldung an den Arbeitgeber.

Beispiele von zu unkritischen älteren Kollegen und dem damit verbundenen organisatorischen Aufwand sind zahlreich. Im Folgenden ein paar Beispiele von Situationen, die durch die Entstehung einer neuen Arbeitnehmergeneration gelöst werden könnten.

- Eine Freikirche mit mehr als 2.000 Mitgliedern leidet an einem schweren Ungleichgewicht zwischen dem Einkommen, das niedriger ausfällt als früher, und einer zu großen Verwaltung, was zu einem großen Aufwand führt. Wegen der Mentalität der Leitung ist es sehr schwierig, Aktivitäten zu eliminieren bzw. zu reduzieren. Die Antwort auf die Frage, warum die älteren Pastoren fünf bis sechs Wochen im Jahr reisen müssen, lautet: „Was würden die Leute sagen? Wir sind seit vielen Jahrzehnten ein natürlicher Bestandteil dieser Konferenzen und Veranstaltungen". Angst, etwas zu verlieren bzw. zu verändern, treibt die Kirche in die – wenigstens aus einer wirtschaftlichen Perspektive betrachtet – falsche Richtung. Eine neue Mitarbeitergeneration würde mit frischen Augen die Situation betrachten und sich dann fragen: Was ist die allgemeine Zielsetzung dieser Freikirche? Warum müssen wir an all diesen Veranstaltungen teilnehmen, wenn wir die dazu erforderlichen Ressourcen nicht haben?

- Eine führende Universität verleiht einen Preis für den besten Syllabus. Der normale Aufwand für die Zusammenstellung eines Syllabus beträgt eine bis zwei Stunden. Die Sieger des Preises meinen, es hat mehr als 100 h gedauert, den Syllabus zusammenzustellen. Sollte ein Arbeitgeber diesen enormen Aufwand wirklich fördern, indem er einen Preis dafür vergibt? Ressourcen für nicht kritische oder strategische Aktivitäten zuzuteilen, fordert Zurückhaltung und Fingerspitzengefühl, weil der Zweck der Aktivitäten immer beachtet werden muss.

- Ein führender Automobilhersteller hat mehrere Preise für die beste Bedienungsanleitung des Jahres gewonnen. Davon inspiriert, ist diese Tätigkeit gepflegt und weiterentwickelt worden. Jedoch sagen mehr als 90 % der Generation-Y-Individuen, dass sie Bedienungsanleitungen überhaupt nicht verwenden. Offensichtlich geben Automobilhersteller – und viele andere Produzenten – viel Geld für gute Bedienungsanleitungen aus. Noch schlimmer: Diejenigen, die dafür arbeiten, werden gefordert und gefördert. Sich auf das zu konzentrieren, was den Kunden wichtig ist, wäre ein besseres Prinzip.

- Ein Student an einer führenden Universität mit 30.000 Studenten erfuhr zu seiner Enttäuschung, dass er nur zwei Mal im Jahr die Gelegenheit hat, seine Bachelor-Arbeit vorzustellen. Das passte offenbar nicht in seinen Karriereplan. Statt die Arbeit zu beenden und dann auf die nächste Gelegenheit zu warten, sie zu präsentieren, schrieb der Student eine E-Mail an den Vize-Kanzler der Universität, dessen Verwaltungspersonal nach einer Reihe von Treffen mit Mitarbeitern bzw. Kollegen einen Termin mit dem Student, dem Rektor, dem Studiengangsleiter, zwei Dekanen etc. vereinbarte. Die Frage, warum ein Rektor und sein Personal solche Termine eingehen sollten, ist noch unklar. Es gibt und gab eine Arbeitsverteilung und die führende Universität leidet nicht an einem Mangel an hochqualifizierten Studenten. Nur fehlt ihr die Fähigkeit, überzeugend aufzutreten und effizient mit den Ansprüchen der Generation Y umzugehen.

- Eine führende internationale Wirtschaftsprüfungsgesellschaft ist stark mit ihrem Employer Branding beschäftigt, auf eine systematische und durchdachte Art und Weise. Viele Employer-Branding-Aktivitäten werden jedes Jahr unternommen, um die Arbeitgebermarke zu stärken. Studenten scheint das Konzept zu gefallen, die Wirtschaftsprüfungsgesellschaft rangiert bei den Absolventen auf einer hohen Beliebtheitsstufe. Doch ein paar ältere Partner mit einem großen Einfluss auf die Wertegestaltung, die Kultur und die Umgangsformen des Unternehmens repräsentieren sehr altmodische Werte, was die jungen Kollegen stört. Witze wie „Arbeiten Sie Teilzeit?", wenn Kollegen um 19:30 Uhr das Büro verlassen, tragen dazu bei, dass Generation-Y-und Young-

Professionals-Kollegen sich einen anderen Job suchen. In dem von Partnern geführten Unternehmen sind die Einstellungen der älteren Kollegen besonders wichtig, da sie das Unternehmen vorantreiben und entscheiden, welche jungen Mitarbeiter die Gelegenheit bekommen, ihre Karriere zu entwickeln und schließlich Partner zu werden. Die Kombination aus zu wenig Wissen über die Generation Y und den hohen Zielen, junge Mitarbeiter zu rekrutieren, was für eine Prüfungsgesellschaft kritisch ist, führt zu einer prekären Situation: Junge Mitarbeiter werden vom gemischten Eindruck, den dieses Unternehmen hinterlässt, enttäuscht und die Prüfungsgesellschaft läuft Gefahr, dass hochqualifizierte Generation-Y-Mitarbeiter lieber für einen Konkurrenten arbeiten.

8.6   Schlusswort: Ist die Brand Society gut für Mitarbeiter und Arbeitgeber?

Offensichtlich geht die Entwicklung in Richtung Mitarbeitermacht. Arbeitgeber sind deshalb unter Druck, die Arbeitgebermarke attraktiv zu machen und überlegen immer mehr Marketingmaßnahmen zu nutzen um Mitarbeiter zu rekrutieren. Für den Arbeitgeber heißt diese Entwicklung, dass die Personalabteilung mit der Marketingabteilung zusammenarbeiten muss, um einen kohärenten sowie appellierenden Auftritt in Verbraucher- und Arbeitsmärkten zu gewährleisten. Insgesamt ist das eine gute Entwicklung für proaktive, konkurrenzfähige und leistungsfähige Arbeitgeber *und* Arbeitnehmer – problematisch ist es aber für diejenigen, die weniger proaktiv und leistungsfähig auftreten. Die Marktkräfte werden insgesamt durch die Brand Society stärker: Die Verschiebung Richtung Marken als wegweisend in einer konkurrenzintensiven und komplexen Gesellschaft muss nicht eine Verflachung von realen Werten, guten Betriebsstrukturen und gutem Management etc. bedeuten. Die Marken federn diese Verhältnisse ab und machen es für den einzelnen Menschen einfacher, in einer komplexen Gesellschaft zu navigieren. Die erhöhte Transparenz, die die heutige Gesellschaft prägt, stellt sicher, dass die Botschaften, die die Marken repräsentieren, in hohem Maße die realen unternehmerischen Qualitäten widerspiegeln.

Wie in allen Bereichen des Marketings sind Kreativität und Originalität unerlässlich und dies gilt auch für die Kommunikation der Marke – ein Thema, das im nächsten Kapitel behandelt wird.

Checkliste

- Wie wird Ihr Unternehmen bzw. Ihre Organisation – egal ob im öffentlichen Dienst oder gewinnorientiertes Unternehmen – von einer Markenperspektive aus betrachtet? Hier zählen sowohl interne (vorhandene Mitarbeiter) wie externe (Intressenvertreter wie Kunden, Konkurrenten, Behörde, Medien etc.) Perspektiven.
- Welche Implikationen hat die Brand Society für Ihr Unternehmen, Ihre Mitarbeiter verschiedener Generationen, die Branche, in der Ihr Unternehmen tätig ist, Deutschland und EU insgesamt?
- Welche Implikationen haben Kommerzialisierung, Deregulierung und Markenpolitik für Ihr Unternehmen bzw. Ihre Organisation?
- Wie hat sich die Attraktivität des Ortes, an dem Ihr Unternehmen tätig ist, in den letzten Jahrzehnten entwickelt?
- Ist Ihr Unternehmen in irgendeiner Art von Cobranding-Aktivitäten involviert? Welche?
- Welche Charaktermerkmale haben Ihre vorhandenen Mitarbeiter bzw. welche Charaktermerkmale werden angestrebt?

Handlungsempfehlungen

- Es ist egal, was die Führung des Unternehmens bzw. der Organisation von der Marke hält – was letztendlich zählt, ist der Markt bzw. die Verbraucher und Mitarbeiter. *Sie* haben recht, nicht das Unternehmen!
- Junge Mitarbeiter sind in der Brand Society aufgewachsen – kein Grund, sie dafür zu beschuldigen. Sie können es nicht ändern, dass sie von vielen Marken beeinflusst werden, und dass sie von ihren Eltern verzogen wurden (sofern man das behaupten kann) etc.
- Stellen Sie sicher, dass Ihre Partner gleiche Werte wie Ihr Unternehmen haben – eine Diskrepanz wird diesbezüglich von jungen Mitarbeitern als ein erheblicher Nachteil gesehen.

Fundiertes Employer Branding

9

> ▶ Im nachfolgenden Kapitel befassen wir uns mit der Positionierung von Unternehmen in der Wahrnehmung der Arbeitnehmer, mit der Bildung von Arbeitgebermarken, dem sogenannten *Employer Branding*: Fragen, die in diesem Kapitel beantwortet werden, sind folgende: Wie kann die Unternehmensidentität deutlicher verankert werden? Wie kann die Arbeitgebermarke wirksamer an verschiedene Zielgruppen kommuniziert werden?

Unabhängig davon, ob Hochkonjunktur oder Konjunkturflaute oder gar Rezession herrschen, ist die systematische Arbeit am Employer Branding für viele Unternehmen geradezu ein Muss. In der Tat: Studien zeigen, dass Unternehmen, die während einer Konjunkturflaute das Employer Branding stoppen, es später schwerer haben, qualifizierte Mitarbeiter anzuwerben[1]. Turbulenzen erleichtern die Profilierung eines Unternehmens, was für clevere Firmen eine Möglichkeit eröffnet, ihre Position aufzuwerten[2].

Employer Branding ist eine wichtige Investition, unabhängig von der allgemeinen Wirtschaftslage: Zahlreiche Studien bestätigen den Zusammenhang zwischen Employer-Branding-Aufwendungen und der finanziellen Leistungsfähigkeit. Eine Studie weist aus, dass Unternehmen, die in Employer Branding investieren, einen Umsatzzuwachs von 13 % – im Vergleich zu 7 % bei den anderen Unternehmen – sowie ein durchschnittliches Gewinnwachstum von 21 % – im Vergleich zu einem Gewinnrückgang von 44 % bei anderen – erwirtschaftet haben[3]. Unbestritten werden sich die Anforderungen an die Arbeitgeberattraktivität durch die Generation Y noch deutlich steigern, was auch einen erhöhten Bedarf an Employer Branding nach sich zieht. Die Veränderungen im Arbeitsmarkt setzen Unternehmen unter Druck, die Arbeitgebermarke zu profilieren und besser zu positionieren.[4]

---

[1] Parment und Dyhre (2009).

[2] Guthridge et al. (2008).

[3] Larkan (2007).

[4] Vgl. Parment und Dyhre(2009); Petkovic (2008).

A. Parment, *Die Generation Y,*
DOI 10.1007/978-3-8349-4622-5_9, © Springer Fachmedien Wiesbaden 2013

Talent Management und Employer Branding wurden als Begriffe seit dem Millenniumwechsel benutzt. Zu dieser Zeit war die Fokussierung auf die Toptalente extrem. Titeln wie *The War for Talent*[5], *Winning the Talent War*[6], *Winning the Talent Wars*[7], *Innovation in Human Resource Management: Tooling Up for the Talent Wars*[8] und *Winning the People Wars: Talent and the Battle for Human Capital*[9] wurden als Herausforderung für Unternehmensführungen präsentiert. Es zeigte sich aber, dass die Fokussierung auf Top-Talente übertrieben war, und man kam zu der Einsicht, dass der richtige Angestellte für den Arbeitgeber sinnvoller ist, als irgendein Toptalent mit Bestnoten von der Harvard-Universität. Toptalente mit hohen Ansprüchen an Gehalt und Selbstverwirklichung und die den Job wechseln, sobald es etwas noch Besseres gibt, könnten die Unternehmenskultur und Betriebsstrukturen zerstören[10].

Die Zeiten ändern sich, und wir uns mit ihnen. Jedes Unternehmen muss für sich entscheiden, ob Veränderungen als Chance genutzt werden, um die Wettbewerbsfähigkeit des Unternehmens durch strategische Maßnahmen zu verbessern. Mit der Veränderung erweitert sich auch der Rahmen für Kreativität in der Arbeit für jeden, der proaktiv ist. Für Nostalgiker allerdings, die sich lediglich die „guten alten Zeiten" zurückwünschen, wird es schwieriger. Die alten Zeiten sind vorbei und sind nicht zurückzuholen. Zu viele Unternehmer, Manager und andere Personen in leitenden Positionen sind nicht bereit, die Generation Y in ihren Verantwortungsbereich zu integrieren.

Unternehmen haben sich neu ausgerichtet. Die neuesten Technologien und die aktuellsten Fachkenntnisse sind gefragt. Erfahrung hat nicht mehr die Bedeutung, die sie einmal hatte. Viele Unternehmen richten sich anders aus – neue Vertriebsstrategien (zum Beispiel Internetvertrieb) werden gewählt, Produktionen werden ins Ausland verlegt, Synergien mit lokalen und globalen Partnern werden gesucht. Unternehmen werden größer, und mit zunehmender Konzentration müssen Mitarbeiter mit Fusionen, unterschiedlichen Organisationskulturen und Veränderungsprozessen umgehen. Keine leichte Aufgabe, denn sie fordert Flexibilität aufseiten des Mitarbeiters – Unternehmenskulturen unterscheiden sich deutlich, was das nicht immer überzeugende Ergebnis von Unternehmensfusionen zeigt. In der Automobilindustrie beispielsweise ist die Anzahl der globalen Konzerne gesunken: 36 waren es im Jahre 1970, 30 im Jahre 1980, 1990 noch 22 und zurzeit sind es nur noch 13[11] [12] [13]. Mit den Veränderungen werden neue Werte wichtig, die auch bei Mitarbeitern

---

[5] Michaels et al. (2001).

[6] Woodruffe (1999).

[7] Tulgan (2001).

[8] Reed (2001).

[9] Johnson (2000).

[10] Parment und Dyhre (2009).

[11] European Competitive Report.

[12] Kleine Autohersteller werden hier nicht beachtet.

[13] Die Nr. 13 basiert auf dem Stand im März 2009. Die Entwicklung der Automobilindustrie ist im Jahre 2009 sehr unsicher, und einige Automobilhersteller laufen Gefahr, im Jahre 2009 Pleite zu gehen.

vorausgesetzt werden. Eine Anstellung auf Lebenszeit kann kein Arbeitnehmer mehr erwarten. Je mehr Menschen den Job wechseln, desto häufiger werden Arbeitnehmer, die 10 oder sogar 20 Dienstjahre bei einem Unternehmen verweilen, als „unflexibel und festgefahren" angesehen. Die heutige Gesellschaft treibt das Tempo solcher Veränderungen naturgemäß zusätzlich an.

In der Ära der Generation Y bedeuten die Geschichte der eigenen Familie, Geld und Kontakte durchaus nicht wenig, für die eigene Karriere auf jeden Fall aber weniger als in vergangenen Zeiten. Talentierte Personen ohne finanzielle Voraussetzungen und soziale Netzwerke sind von der erhöhten Transparenz der Lage am Arbeitsmarkt begünstigt. Dies alles führt zu neuen Möglichkeiten für nicht entdeckte Talente.

An die neue Marktsituation müssen sich Arbeitnehmer selbstverständlich ebenfalls anpassen. Der HR-Leiter eines mittelständischen Unternehmens meinte, ein Kandidat hätte bei einer Suchmaschinen-Eingabe seines Namens zu wenig Treffer gehabt und sei aus diesem Grund als Leiter der Öffentlichkeitsarbeit abgelehnt worden. Man müsse sich selber vermarkten können und an Messen, Blogs, Cocktailpartys etc. teilnehmen, sonst passe man nicht in die Öffentlichkeitsarbeit, so der HR-Leiter.

9.1   Die Corporate Identity als Grundlage für eine attraktive Arbeitgebermarke

Für die Generation Y gilt Arbeit zunehmend als Ausdruck der eigenen Identität. Man sieht Arbeit und Arbeitgeber als eine Wahl, die man selbst treffen kann, grundsätzlich nicht anders als die Wahl zwischen Produkten und Dienstleistungen, die man als Konsument trifft: Welcher Anbieter kann mehr liefern bzw. leisten, und das möglichst für weniger Geld? Wer hat das emotionalste Produkt? Wer trägt zu meinem persönlichen Image bei?

Die Unternehmensidentität hat in den letzten Jahrzehnten zunehmend an Bedeutung für die erfolgreiche Unternehmensführung und Unternehmenskommunikation gewonnen. Eine formulierte und autoritative Corporate Identity wirkt als Leitlinie für die Unternehmensziele, Markt- und Rekrutierungsstrategien. Unternehmen, die ein Corporate-Identity-Denken entwickeln, kennen ihre Stärken und Schwachstellen und können damit offensive, aber ausgewogene und fundierte Strategien wählen und auf diese Weise ihre Wettbewerbsfähigkeit verbessern.

In diesem Zusammenhang sollte Wert auf die Verbindung zwischen Produktmarke und Arbeitgebermarke gelegt werden. Jemand, dessen Kenntnis eines Unternehmens, einer Branche oder einer Marke gering ist, assoziiert zunächst die Produktmarke mit dem Unternehmen, selbst wenn eigentlich die Arbeitgebermarke diskutiert wird. Die Erwartungen an das jeweilige Unternehmen als Arbeitgeber basieren in diesem Fall auf der Kenntnis der Produktmarke. Wenn die angebotenen Produkte emotional sind, geht der potenzielle Mitarbeiter davon aus, dass das Unternehmen auch als Arbeitsplatz emotional ansprechend ist. Durch das Image des Unternehmens hat der Abnehmer ein Anspruchsniveau entwickelt, an dem er die Ergebnisse misst. Besteht eine Image-Differenz zwischen dem Erscheinungsbild des Unternehmens (zum Beispiel in der Marktkommunikation) und den tatsächlichen Erfahrungen für Mitarbeiter, entwickelt sich zugleich ein Bedürfnis nach einer Corporate Identity. Die Erwartungen gegenüber der Marke werden über die Jahre aufgebaut. Identitätsarbeit kann nur wirksam werden, wenn sie langfristig angelegt ist, denn die integrative Kraft aller Komponenten der Marktkommunikation wird sich erst im Langzeitprozess ergeben.[14]

Die Erfahrung zeigt, dass die Corporate Identity – beabsichtigt oder nicht – die Mitarbeiter des Unternehmens fast unmittelbarer betrifft als die Umwelt. Dies hat primär Auswirkungen auf die Identifikation der Mitarbeiter mit dem Unternehmen[15].

Die Unternehmenskultur und die Corporate Identity sind eng miteinander verbunden. Die Unternehmenskultur ist eher ein Ausdruck von Werten, Normen, Leitphilosophie und Denkweisen, die sich im organisatorischen Alltag in allen Bereichen des Unternehmens manifestieren. Jede Aktivität in einem Unternehmen wird durch seine Kultur gefärbt und beeinflusst. Folglich ist die Steuerung der Unternehmenskultur eine effiziente Weise, das Verhalten von einzelnen Mitarbeitern zu beeinflussen: Diejenigen, denen die Kultur der Firma gefällt, leisten mehr und sind zufriedener. Dies hat auch auf das Ansehen der Firma im sozialen Umfeld eine positive Wirkung.[16]

Die Unternehmenskultur hat einen großen Einfluss auf das Unternehmensimage und die Einstellung verschiedener Interessenten gegenüber dem jeweiligen Unternehmen. Eine starke Kultur ist sehr wichtig, da sich beispielsweise potenzielle Mitarbeiter, wenn sie Kenntnis von dieser Kultur haben, sehr von dem Unternehmen angesprochen fühlen.[17]

Um eine erfolgreiche Arbeitgebermarke aufbauen zu können, müssen folgende Elemente berücksichtigt werden[18].

- *Die unternehmerische Identität kennen* – die Geschichte des Unternehmens und wie Interessenten (z. B. Kunden, Mitarbeiter und Investoren) die Marke, Kultur und Attraktivität des Unternehmens bewerten.

In diesem Zusammenhang muss auch betont werden, dass *der Markt immer recht hat* – wenn Topmanagement und Interessenten verschiedene Auffassungen von der Marke des Unternehmens haben, muss man, wohl oder übel, den Interessenten Recht geben. Interessenten investieren, kaufen, verhandeln, diskutieren und arbeiten – ihre Auffassungen zählen.

---

[14] Birkigt et al. (1992).

[15] Vgl. Birkigt et al. (1992).

[16] Parment (2008b).

[17] Parment (2008b).

[18] Dieser Teil baut auf folgenden Quellen auf: Birkigt et al. (1992); Du Gay (2000); Kapferer (2008); Keller et al. (2002); Maier (1992); Olins (2000); Parment (2008a); Parment und Dyhre (2009); Salzer (1994); Salzer-Mörling und Strannegård (2004).

- Die *wichtigsten Träger* der *unternehmerischen Identität verstehen* – Mitarbeiter, Produkte, Ausstellungsräume, in der Presse präsente Manager usw.

In dieser Hinsicht gibt es einen großen Unterschied zwischen Waren und Dienstleistungen. Waren zählen über Jahrzehnte zu den wichtigsten Identitätsträgern, z. B. Apple-Computer aus den 1980er Jahren – der erste Mac Computer mit dem sehr kleinen einfarbigen 9-Zoll-Bildschirm – und Mercedes-Benz Fahrzeuge aus den 1960er Jahren. Diese alten Produkte haben immer noch einen erheblichen Einfluss auf die unternehmerische Identität, sowohl intern als auch extern. Bei Mercedes-Benz wurde die sechste Generation der S-Klasse im Jahre 2005 vorgestellt. Zeitlosigkeit einerseits und Progression andererseits werden im Marketing der S-Klasse – oft als „das beste Auto der Welt" gesehen[19] – gleichzeitig, sozusagen in einem Atemzug, hervorgehoben. Vorgängermodelle der S-Klasse werden stets im Marketing einer neuen S-Klasse benutzt[20], um Geschichte, Kontinuität, Qualität und Progression zu betonen. Die Kontinuität wird mit der im Jahre 2013 vorgestellten (mit zwei hochauflösenden 12,3-Zoll-TFT-Farbdisplays ausgerüsteten) siebten Generation der S-Klasse fortgesetzt. Ikea-Gründer Ingvar Kamprad hat gesagt, „unsere Produkte sind unsere Identität".[21] Siemens, Philips, Electrolux und viele andere Unternehmen, die in der Geschichte sehr innovativ waren, nutzen die physischen Produkte, um die Kontinuität der Innovativität zu zeigen.

Dienstleister haben die Unterstützung, die von attraktiven Produkten ausgeht, nicht. Eine Dienstleistermarke basiert auf rein Immateriellem, wie Erfahrungen und Eindrücken; sie muss ohne materialisierte Zeugnisse auskommen. Trotzdem sind die größten Firmen der Welt nach Marktwert überwiegend Firmen mit einem großen Dienstleistungsanteil, z. B. Apple, Microsoft, IBM, Walt Disney und Google.

- *Die Elemente der Kommunikation verstehen*[22] – Mitarbeiter, Kooperationspartner (Lieferanten, Distributionskanäle, Partner der Öffentlichkeitsarbeit, Co-Branding-Partner usw.), Architektur, Gebäude und Einrichtungen etc., Kundenzentren, Kunden, Werbung etc. – sie alle sind Kanäle der unternehmerischen Kommunikation und müssen als solche verstanden werden. Die Kommunikation muss einen einheitlichen Eindruck vermitteln.

---

[19] Die Schlagzeile von auto motor & sport, Heft 8, 1975, war gerade „Das beste Auto der Welt?", was mit einem „Ja" beantwortet werden konnte, als der Mercedes Benz 450 SEL 6,9 getestet wurde, obwohl ein Testverbrauch von 23,3 Liter schon damals als hoch betrachtet wurde. Alle folgenden S-Klasse-Generationen wurden unter die Lupe genommen, um die Frage „noch dem besten Auto der Welt" beantworten zu können.

[20] AutoBild (2005).

[21] Scherer (1992).

[22] Birkigt et al. (1992) und der BMW-Fall, S. 381–467.

- *Die Ziele der Kommunikation verstehen*[23] – Kunden, vorhandene und zukünftige Mitarbeiter, Medien etc. sind oft wichtige Zielgruppen und werden auch als solche behandelt. Studenten, Lieferanten, Journalisten, Politiker und Arbeitsvermittler sind ebenfalls wichtige Zielgruppen – sie werden allerdings nicht immer als solche identifiziert.

9.2 Die Arbeit als Ausdruck der Ich-Identität

Der Personalvermittler eines mittelständischen Unternehmens erzählt: *„Beim Einstellungsinterview fragt sich die 1980er-Generation, ob die Arbeit zu einem passt, nicht, ob man die Arbeit bekommen kann."*[24] Ob die Arbeitsstelle aus Sicht des jeweiligen Arbeitnehmers ansprechend ist, hat nicht nur mit den Arbeitsaufgaben zu tun, sondern auch mit der jeweiligen Unternehmenskultur, mit dem Image und mit dem sozialen Umfeld. Um als Arbeitgeber attraktiv zu sein, reicht es nicht aus, sich auf die Tatsachen zu berufen – mehrere Sinne müssen angesprochen werden und Emotionen müssen geweckt werden.

Identitäten werden wie Marken immer wichtiger. In der heutigen Zeit, mit ihrem überfrachteten öffentlichen Raum und einer stark erweiterten Marktkommunikation, ist es zunehmend schwieriger, die Zielgruppe zu erreichen. Um effiziente Marktkommunikation gewährleisten zu können, muss eine deutliche Botschaft „rübergebracht" werden. Nur wenn man weiß, wer man ist, kann man mit den Kunden eine tiefe und langfristige Verbindung aufbauen – Unklarheit verkauft sich schlecht und wird von den Kunden als unattraktiv betrachtet. Um für Arbeitnehmer attraktiv zu sein, muss man ebenfalls wissen, wer man ist. Die Identitätsarbeit legt immer das Fundament für die Arbeitgebermarke, die langfristig aufgebaut werden kann, wenn ein deutlicher Wettbewerbsvorteil kommuniziert wird.

9.3 Die langfristige Ausrichtung des Employer Brandings

Starke Marken bauen immer auf eine konsequente Umsetzung der unternehmerischen Identität und auf zentrale Ideen, die im Unternehmen schon umgesetzt worden sind. Starke Marken sind von Kohärenz und authentischer Attraktivität gekennzeichnet. Um die Vorteile der Marke kommunizieren zu können, muss man das Unternehmen und seine Stärken und Schwächen kennen.

Der Aufbau einer Arbeitgebermarke erfolgt durch einen Top-down-Prozess. Feedback-Möglichkeiten sollten vorhanden sein, denn alle Teile des Unternehmens sollten den Prozess beeinflussen können. Klar ist aber, dass Dezentralisierung und zu viel Freiheit für Akteure, die die Marke repräsentieren, die Kohärenz der Marke gefährden können.

---

[23] Greiner (1992).
[24] Parment (2008b, S. 52).

„Als ich bei Novartis eintrat, war die Strategie der Personalbeschaffung dezentralisiert und, als Resultat dessen, uneinheitlich. Jedes Department und jede Region warben lokal an, sodass es wenig Kohärenz mit der Gesamtmarke gab. Eine einheitliche Werbung in der Personalbeschaffung zu haben, ist unerlässlich für den Erfolg der Arbeitgebermarke." (Veronica Foote, Global Head of Staffing, Novartis)

Das Prinzip, die Marke überall in gleicher Art und Weise zu präsentieren, bringt nicht nur Vorteile für die Identifikation der Marke, sondern fördert auch die Effizienz: Es spart Kosten, nur eine Version der Corporate Identity zentral aus einer Hand abzufassen und zu präsentieren, desgleichen die darauf fußenden Verlautbarungen, statt dass sich dezentral z. B. 175 Vertragshändler einer Automarke oder 290 Supermärkte einer Handelskette mit diesen Dingen befassen.

Weiterhin zählen zum erfolgreichen Employer Branding die folgenden drei Voraussetzungen:

- Das Employer Branding sollte von der Personalbeschaffung, dem Recruiting, getrennt werden. Das Recruiting ist die zeitlich begrenzte Periode, einen neuen Mitarbeiter zu finden, das Employer Branding hingegen die langfristige Arbeit daran, die Arbeitgebermarke in Bezug auf vorhandene und kommende Mitarbeiter zu verstärken.
- Das Employer Branding muss beim Arbeitgeber anfangen: Der Arbeitgeber muss herausfinden, warum ein kompetenter Arbeitnehmer es attraktiv finden könnte, bei ihm zu arbeiten.
- Das Employer Branding muss dazu führen, dass der Arbeitgeber konkrete Vorstellungen zur Persönlichkeit des jeweils gewünschten Mitarbeiters entwickeln kann. Damit kann an neue Mitarbeiter zielgerichteter kommuniziert werden und eine Anpassung zwischen der Markenpersönlichkeit[25] des Arbeitsgebers und der Persönlichkeit des Mitarbeiters stattfinden.

9.4   Der Wettbewerbsvorteil im Arbeitsmarkt: Employer Value Proposition

Die Employer Value Propositon (EVP) – der Wettbewerbsvorteil eines Arbeitsgebers – entspricht der im Verbrauchermarketing benutzten Unique Selling Proposition (USP). Sie gibt dem Arbeitnehmer Antwort auf die Frage „Warum sollte ich ausgerechnet hier arbeiten?", spiegelt also den Wettbewerbsvorteil des Arbeitgebers in den Augen des Arbeitnehmers wider.

Um erfolgreich zu sein, muss die EVP authentisch, attraktiv und differenzierend sein, damit sie von den Zielgruppen als ein echter Vorteil wahrgenommen werden kann.

---

[25] Kapferer (2012).

9.5 Die Ausrichtung des EVPs: Unternehmen- oder mitarbeiterorientiert?

Die EVP ist ein Mittel, die Arbeitgebermarke zielgerichtet und effizient zu kommunizieren. Die meisten Arbeitgeber legen in der Formulierung der EVP die Betonung darauf, was der Arbeitgeber vom Mitarbeiter erwartet, und nur wenig darauf, was der Arbeitnehmer vom Arbeitgeber erwarten kann. Eine Untersuchung recherchiert 15 Arbeitgeber, alle hoch rangiert, und welche Grundwerte und EVPs von ihnen kommuniziert werden[26]. Für 12 der 15 Arbeitgeber ist das Mismatching erheblich: Das Arbeitsangebot geht deutlich in die Richtung, was der Arbeitnehmer für den Arbeitgeber tun kann. Letzerer bekommt zwar Gehalt und Begünstigungen, das ist aber kein Grund, unbalancierte Erwartungen an den Arbeitnehmer zu kommunizieren. Hoch qualifizierte Arbeitnehmer haben in der Regel die Möglichkeit, zwischen unterschiedlichen Jobs zu wählen, d. h. wenn der eine Arbeitgeber viel fordert und wenig anbietet und der andere viel fordert und viel anbietet, wird der letztere gewählt. Daher kommt es, dass es klug ist, als Arbeitgeber eine Bilanz zwischen dem, was gefordert und dem, was angeboten wird, zu finden und zu kommunizieren. Die 15 Arbeitgeber in der Studie haben alle eine wünschenswerte Position aus Sicht des Arbeitgebers: Sie sind bei Studenten und Young Professionals beliebt. Bei der Rekrutierung zeigt sich aber, dass die Arbeitgeber mit einem eher unbalancierten Angebot ihre Attraktivität nicht ausnutzen können.[27]

9.6 Datensammlung und Leistungsmessung

Um die Arbeiten zum Employer Branding effizient durchführen zu können, müssen zuerst Daten über die vorhandene Attraktivität erhoben werden. Die Daten werden in späteren Stufen der Bearbeitung benutzt. Sowohl interne als auch externe Daten tragen zum Gesamtbild bei. Interne Daten sind z. B. Mitarbeiterzufriedenheit, Karrieremöglichkeiten – wie Mitarbeiter Karriere machen sowie die dafür vorhandenen Möglichkeiten – und demografische Daten der Mitarbeiter. Sinnvoll ist, die für das Employer Branding erforderlichen Daten in den Fragebogen zur Mitarbeiterzufriedenheit zu integrieren.

Fragen, die einbezogen werden können, sind folgende:

- Haben Sie sich in den letzten sechs Monaten um eine Arbeitsstelle beworben? Wenn ja, warum?
- Welches sind für Sie die wichtigsten Vorteile, bei uns zu arbeiten?

---

[26] Das Ranking basiert auf Umfragen an Studierende aus den Bereichen Wirtschaft, Recht, Technik und HR, d. h. weitgehend das gleiche Profil, wie das der Befragten. Während die Arbeitgeber betonen, Leistung und was die Mitarbeiter für den Arbeitgeber bereit sind zu tun, sind potenzielle Mitarbeiter mehr darauf konzentriert, was ihnen Arbeitgeber in Bezug auf Selbstverwirklichung und berufliches Fortkommen anbieten können.

[27] Parment A. (2013) „Applicants' Criteria and Corporations' Reputation: Generation Y as Coworkers", unterliegt einem Begutachtungsverfahren.

- Sind Sie stolz, für das Unternehmen zu arbeiten? Warum/warum nicht?
- Können Sie eine Anstellung bei diesem Unternehmen empfehlen? Warum/warum nicht?

Nicht nur die Anzahl qualifizierter Antragsteller für einen Job zählt, sondern auch die Qualität der Bewerber. Es kommt sogar vor, dass Unternehmen Forschung betreiben, um zu verstehen, warum Mitarbeiter ein Angebot nicht akzeptieren.

Externe Daten sind z. B. „Ich mag die Marke"-Daten, Rangordnungen von Arbeitgebern und Branchenperspektiven. Ergebnisse von Fragebogenaktionen unter Studenten und Berufsanfängern tragen zum Bild darüber, wie die Arbeitgebermarke interpretiert wird, bei.

9.7   Die Attraktivität messen

Die Marktkräfte werden immer deutlicher und betreffen durch die höhere Personalfluktuation auch jedes Unternehmen: Mitarbeiter, die nicht sehr viel leisten, können die fehlenden Leistungen nicht mehr verschleiern. Leistungsstarke Mitarbeiter haben viele Wege, um die Erwartungen in ihre Leistungen zu bestätigen, und die Generation Y kennt die effizientesten Methoden, einen guten Lebenslauf zu verwirklichen. Die intensive Konkurrenz in den meisten Branchen zwingt Unternehmen dazu, nur die besten Talente einzustellen, und man kann sich immer weniger leisten, unproduktive Mitarbeiter zu halten. Die Leistungen müssen gemessen werden, um ein genaues Bild von der Produktivität und Effizienz der Firma zu gewinnen – schließlich gelingt es auf Dauer keinem Unternehmen, attraktiv zu sein, wenn es an Effizienz mangelt.

Um den Erfolg des Employer Brandings überprüfen zu können, sollten relevante Daten gemessen werden. Hier gibt es eine schier unbegrenzte Reihe von Möglichkeiten. Was passt und was eventuell nicht passt, hängt mit der Situation des Unternehmens, vorhandenen Daten und dem Ziel des Employer Brandings zusammen. Nachfolgend ein paar Beispiele dazu:

- Zeitspanne zwischen Eintritt des Bedarfs und Anstellung – attraktive Arbeitgeber können den Bedarf an weiteren Mitarbeitern schneller befriedigen.
- Realisierung der erwünschten Persönlichkeitsprofile bei der Personalbeschaffung.
- Relatives Image der Arbeitgebermarke unter strategischen Zielgruppen.

Um langfristig und strategisch messen zu können, sind Zeitreihen unerlässlich, und diese entstehen nur, wenn die Wirksamkeitsmessung des Employer Brandings langfristig angelegt ist.

Ein Modell, anhand dessen die Attraktivität eines Unternehmens umfassend bewertet werden kann, ist der Anwerbungstrichter (Recruitment Funnel)[28]. Man gliedert den Pro-

---

[28] Siehe z. B. Universum Quarterly, Issue 1, 2007, p. 8–9.

zess der Personalgewinnung in fünf aufeinander folgende Phasen und misst dementsprechend die Unternehmensattraktivität auf fünf gegeneinander abgestuften Niveaus:

Markenbekanntheit (Awareness) Je höher die Bekanntheit unter Zielgruppen, die hier normalerweise breit definiert werden, desto höher die Aufmerksamkeit gegenüber dem Unternehmen. Bei hoher Markenbekanntheit erzielt eine Stellenanzeige eine vergleichsweise große Zahl von Bewerbungen etc.

Vertrautheit (Familiarity) Auf dieser Stufe hat eine Person einige Kenntnis über das Unternehmen, ein Gefühl der Vertrautheit mit dem, was das Unternehmen repräsentiert. Solche Vertrautheit unterscheidet sich jedoch von klarem Bewusstsein: Fragen dazu, wie die Marke wahrgenommen wird, welche Produkte das Unternehmen liefert, wo die Büros und Fertigungsstätten liegen etc., können hier beantwortet werden.

Gefallen finden (Liking) Das Gefallen macht den Unterschied. Ein beliebter Arbeitgeber hat eine wesentlich größere Chance, die erwünschten potenziellen Mitarbeiter auf sich aufmerksam zu machen, und wird demzufolge mehr Bewerbungen bekommen.

Bevorzugung und Berücksichtigung (Preference) Ein Arbeitgeber wird gegenüber anderen Arbeitgebern bevorzugt, und damit wird eine Anstellung von ihm ernsthaft in Erwägung gezogen. Der potenzielle Arbeitnehmer lässt sich in den meisten Fällen von Secondhand-Informationen, die er selber aussucht, leiten. Besonders Arbeitnehmer, die im Arbeitsmarkt attraktiv sind, haben hier die Wahl – einige Arbeitgeber gefallen, aber einer wird bevorzugt.

Bewerbung Um eine Bewerbung zu bekommen, muss das Jobangebot richtig kommuniziert werden, folglich muss man von bevorzugten Arbeitnehmern Kenntnis haben: Wissen wir, wie sie erreicht werden können? Haben wir eine Liste von bevorzugten Arbeitnehmern? Aspekte, die den Einzelnen daran hindern könnten, seine Bewerbung einzureichen, müssen eliminiert werden. Spontanbewerbungen müssen effizient und zielgerichtet behandelt werden: Attraktive Unternehmen bekommen jährlich unzählige Spontanbewerbungen. Dies ist auch eine Gelegenheit, die Vermarktung der Produkte zu befördern: Wer eine Spontanbewerbung an ein Unternehmen einreicht, hat schon den Anwerbungstrichter weitgehend durchschritten, und unsere Produkte gefallen ihm wahrscheinlich.

Akzeptanz Auf dieser letzten Stufe trifft der Bewerber schließlich seine endgültige Entscheidung. Dabei ist sehr wichtig, wie wir auf ihn wirken – der erste Eindruck zählt. Der Bewerber kommt zu uns, um herauszufinden, ob er für uns arbeiten will. Eine positive, ehrliche und transparente Einführung in das Unternehmen ist von entscheidender Bedeutung, um einen guten ersten Eindruck sicherzustellen. Die erste Lohnverhandlung und Diskussionen zu anderen Bedingungen sind sehr wichtig und sollten natürlich auch die Marktlage widerspiegeln. Attraktive Unternehmen können jedoch in der Regel ein – an der Marktlage gemessen – niedrigeres Einkommen anbieten, und trotzdem die besten Mitarbeiter für sich gewinnen.

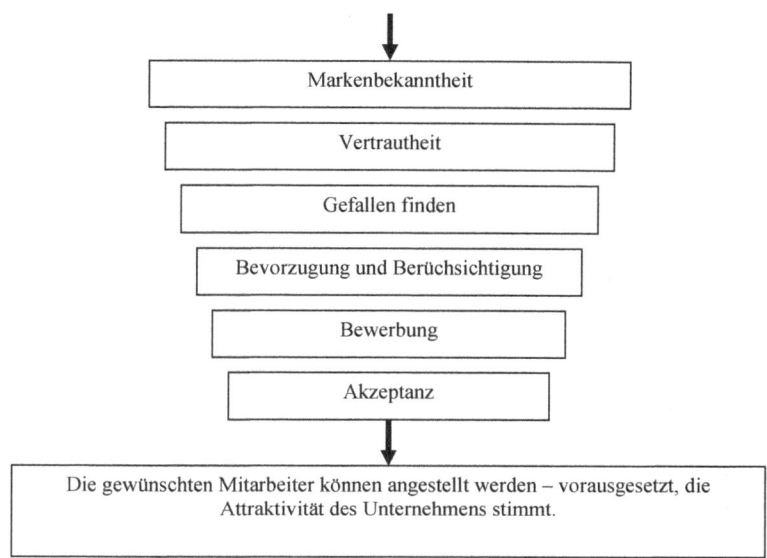

Abb. 9.1 Der Anwerbungstrichter. (Quelle: Parment und Dyhre 2009, S. 81, „The Recruitment Funnel")

Noch wichtiger als das Einkommen sind für die Generation Y emotionale Wohlfühlfaktoren, wie Spaß, Führung, soziales Umfeld und Entwicklungsmöglichkeiten (vgl. Kap. 4).

Zwischen den verschiedenen Stufen im Anwerbungstrichter besteht eine Wechselwirkung. Eine hohe Markenbekanntheit basiert oft zu erheblichem Anteil auf einer erfolgreichen Vergangenheit, die mit einem wohlbekannten Hauptgeschäftsführer, mit besonders innovativen Produkten etc. verbunden ist. Es kann auch durchaus sein, dass die Markenbekanntheit durch negative Erfahrungen gewachsen ist (Abb. 9.1).

Mit dem Anwerbungstrichter wird die Anwerbung wie Produktmarketing behandelt. Diese Perspektive gewinnt an Akzeptanz und Einfluss, je mehr die Generation Y den Arbeitsmarkt prägt.[29]

9.8   Bessere Strategien der Personalbeschaffung vollziehen die durchdachte Employer-Branding-Strategie

Die Grundlage für eine starke Arbeitgebermarke sind die Unternehmensattraktivität und durchdachte Strategien für die Kommunikation der attraktiven Botschaft. In der Verhandlungsphase, der letzten Stufe des Anwerbungstrichters, ist die *Flexibilität des Angebots* sehr wichtig. Hier gibt es allerdings, auch bei sehr begehrten Arbeitgebermarken, Nachholbedarf: Flexibilität ist angesagt und erfordert ein durchgreifendes Umdenken, was besonders bei großen Firmen schwierig ist.[30]

---

[29] Vgl. Kap. 5.

[30] Parment (2008b).

Manche Arbeitnehmer wollen früher nach Hause gehen und arbeiten gerne abends von zu Hause aus – das ist sinnvoll, wenn man kleine Kinder hat. Andere wollen lieber vier Tage lang arbeiten und am Freitag einem Hobby nachgehen. Manche haben gerne acht Wochen Urlaub, anderen sind vier Wochen völlig ausreichend. Manche wollen ein hohes Grundgehalt, ein Bonus ist dafür nicht so sehr von Bedeutung. Andere ziehen ein Modell mit einem kleinen Grundgehalt und einem Riesenbonus bei Erfolg vor. Einige sind vielleicht auch mit den notwendigsten, vom Staat vorgeschriebenen sozialen Leistungen zufrieden, während andere Mitarbeiter viele Nebenleistungen wollen, um Risiken möglichst gering zu halten und die persönliche wirtschaftliche Stellung zu sichern. Der risikobereite Arbeitnehmer kann dann selbst entscheiden, was er mit dem Geld erwerben will: soziale Sicherheit über eine private Versicherung, ein tolles Sommerhaus, ein schnelles Auto oder eine Ausbildung für die Kinder. Der risikoscheue Arbeitnehmer will weniger eigene Entscheidungen treffen müssen und legt Wert auf Nebenleistungen, die der Arbeitgeber anbietet.

Flexibilität ist für Verkäufer nichts Neues: Der Verkäufer weiß, dass Kunden unterschiedliche Vorlieben und Wünsche haben und gestaltet demzufolge das Angebot individuell. Im Umgang mit Mitarbeitern sind zahlreiche Unternehmen jedoch überhaupt nicht flexibel; für sie gilt meistens: „Gleiches für alle!" Um das Interesse der Generation Y zu wecken, kann es nur von Vorteil sein, mehr Flexibilität in neuen Bereichen anzustreben.

Wenn die Loyalität der Arbeitnehmer abnimmt und die Arbeitnehmer weniger Engagement und Verantwortung in Bezug auf die langfristigen Absichten des Unternehmens zeigen, geht man das Risiko ein, dass sich die Zufriedenheit der Mitarbeiter und Kunden sowie die Qualität der Arbeit verschlechtern. Viele Arbeitnehmer werden ihre Leistungen so koordinieren, dass sie davon maximal profitieren. Das sind zweifellos kurzfristige Ziele, und Unternehmen gehen das Risiko ein, nur kurzfristig Erfolge zu haben. Um diese Entwicklung zu kompensieren, muss es Anreize geben, die die Mitarbeiter auch zu längerfristigem Denken anregen – vielleicht sogar über ihr Ausscheiden aus der Firma hinaus. Und es muss eine langfristig wirkende, in der unternehmerischen Identität verankerte Kultur geben, die nicht nur einzelne Mitarbeiter betrifft. Selbst wenn viele Mitarbeiter das Unternehmen verlassen, können eine starke Unternehmenskultur und Organisationsidentität dennoch langfristige Ziele, Kundenorientierung, Kompetenz und Konsistenz in den verschiedenen Ausdrucksmitteln des Unternehmens gewährleisten.

Checkliste

- Arbeitet das Unternehmen derzeit mit Employer Branding? Wie? Wer ist dafür verantwortlich?
- Wie viel kosten die Employer-Branding-Aktivitäten im Jahr? Diese Frage ist nicht ganz einfach zu beantworten, weil die Grenzen zwischen Employer Branding und

anderen Aktivitäten, wie z. B. Recruiting, nicht immer klar sind. Wie sieht es mit der Arbeitgeber- bzw. Arbeitnehmerorientierung der EVP aus?

- Wie wird die Arbeitgebermarke von wichtigen Zielgruppen wahrgenommen?
- Welches sind die wichtigsten Träger der unternehmerischen Identität? Welche Mischung aus Waren und Dienstleistungen produziert das Unternehmen?
- Welche Wettbewerbsvorteile – Employer Value Propositions – hat das Unternehmen im Arbeitsmarkt?
- Inwieweit wird das Recruiting von der Employer-Branding-Strategie beeinflusst? Gibt es eine durchdachte Strategie, nach der bestimmt wird, welche Eigenschaften ein neuer Mitarbeiter besitzen sollte?
- Wie wird die Attraktivität der Arbeitgebermarke gemessen? Eine solide Messung reduziert das Problem, dass schlecht fundierte Ansichten und Analysen die Strategien des Unternehmens beeinflussen. Außerdem ist eine kontinuierliche (normalerweise jährliche) Messung eine Voraussetzung, den langfristigen Erfolg zu sichern und bestimmte Probleme zu identifizieren.

Handlungsempfehlungen

- Employer Branding – und natürlich auch Consumer Branding – sollte in der unternehmerischen Identität verankert sein. Wer seine Identität nicht kennt, geht das Risiko ein, dass Strategien für Produkte, Marketing und Branding nicht auf dem, was das Unternehmen wirklich kann, basieren. Damit verliert das Unternehmen an Vertrauen, Attraktivität und Rentabilität.
- Sicherstellen, dass sich die interne und externe Unternehmenskommunikation auf konsistente, mit der Identität verbundene Weise und unter Einhaltung der Marke vollziehen.
- Das erhöhte Interesse an Branding und emotionalem Inhalt ernst nehmen: „Beim Einstellungsinterview fragt sich die 1980er-Generation, ob die Arbeit zu einem passt, nicht, ob man die Arbeit bekommen kann." Diese Entwicklung ist grundsätzlich positiv und fördert die Zielsetzung „Jeder am rechten Platz!" – Warum sollte ein präsumtiver Mitarbeiter, der sich von unserem Unternehmen nicht angesprochen fühlt, bei uns arbeiten?
- Eine Bilanz zwischen Arbeitgeber- und Arbeitnehmerbetonung in der EVP finden.

Kommunizieren der Arbeitgebermarke

10

▶ Nachdem eine erfolgreiche Positionierung des Unternehmens in der Wahrnehmung der Arbeitnehmer gelungen ist, ist es an der Zeit, die Arbeitgebermarke
wirksam und effizient an die unterschiedlichen Zielgruppen zu kommunizieren. Besonders in der heutigen, von kommerziellen Botschaften bedrängten
Gesellschaft müssen Botschaften spezifisch, differenzierend und profilierend
sein, um einen guten und beständigen Eindruck hinterlassen zu können.
Dieses Kapitel befasst sich mit zentralen Aspekten des Kommunizierens der
Arbeitgebermarke.

10.1 Neue Kommunikation erfordert neues Denken

Jedes Unternehmen, das gerne effizient mit der Generation Y kommuniziert, sollte darauf
achten, dass die bevorzugten Kommunikationskanäle benutzt werden. Es sollte darauf bedacht sein, dass es ihm an Mut nicht mangelt, traditionelle Kanäle zu verlassen und neue
Kanäle zu prüfen. Selbstverständlich kann nicht das gesamte Budget auf neue, bisher unge-
prüfte Kanäle verwendet werden. Eine weitreichende Modernisierung der Marktkommunikation wird zumeist nur schrittweise durchgeführt werden können.

Die wichtigsten Kommunikationskanäle, die die Generation Y präferiert, sind Mitarbeiter des künftigen Arbeitgebers, die Homepage des Unternehmens und Foren bzw.
Homepages, die Berichte derzeitiger respektive ehemaliger Arbeitnehmer anbieten. Hier
gibt es vermehrt Möglichkeiten, sich über Arbeitgeber zu informieren, und diese Möglichkeiten werden zunehmend besser organisiert. Ein Beispiel ist www.glassdoor.com, eine
Homepage mit Berichten, Interviews und Informationen zu Gehalt, Bonus und Ausgestaltung für rund 25.000 Unternehmen. [1] Hier kann sich ein präsumtiver Arbeitnehmer über
verschiedene Arbeitgeber gut informieren.

---

[1] Stand Mai. (2009).

A. Parment, *Die Generation Y,*
DOI 10.1007/978-3-8349-4622-5_10, © Springer Fachmedien Wiesbaden 2013

Die Generation Y zögert auch nicht, im Falle eines zukünftigen Arbeitsplatzes Mitarbeiter des betreffenden Unternehmens zu kontaktieren. „Der Arbeitgeber hat nach Referenzen gefragt – jetzt frage ich beim Arbeitgeber nach", so eine junge Frau, die bei einer Wirtschaftskanzlei einen Job suchte. Es wird immer üblicher, dass ein Arbeitnehmer Gespräche mit Mitarbeitern wünscht, um sich über den ins Auge gefassten neuen Arbeitsplatz zu informieren. Man fragt etwa: „Wie lange hast du hier gearbeitet?" oder „Wie muss ich mich verhalten, um befördert zu werden?". oder „Wie viel muss gearbeitet werden?" Es wird zunehmend schwieriger für einen Arbeitgeber, falsche Informationen über die Arbeitssituation zu kommunizieren.

Die Wahl der für das Employer Branding adäquaten Kommunikationskanäle ist auch eine Frage der allgemeinen Wahrnehmung der Arbeitgebermarke. Wenn die Markenbekanntheit niedrig ist, muss das Unternehmen sich darum bemühen, die Bekanntheit zu steigern. Wenn die Bekanntheit fehlt, wird es schwierig, auf einer Messe neue Mitarbeiter zu gewinnen bzw. das Interesse potenzieller Mitarbeiter zu wecken. Der Anwerbungstrichter (siehe Kap. 9.7/Abb. 9.1) ist diesbezüglich hilfreich: Um clevere Kommunikationsstrategien etablieren zu können, muss Kenntnis darüber vorhanden sein, wie das Unternehmen gegenwärtig gesehen wird. Erst dann kann die Employer-Branding-Strategie effizient und zielgerecht umgesetzt werden. Viel zu oft werden Kommunikationskanäle gewählt, die von der Zielgruppe nicht bevorzugt werden (Abb. 10.1).[2]

10.2   Der Kommunikationsstil muss die Zielgruppen ansprechen

Da die Homepage eine wichtige Informationsquelle ist, sollte auf die Entwicklung ihres Inhalts sowie auf das Kommunikationsverhalten viel Energie und Aufmerksamkeit verwendet werden. Hier muss aber betont werden, dass die Adressaten der Informationen andere Präferenzen haben können als Empfänger von Informationen der Investor Relations, der Kundenbetreuung etc. Die Kommunikation mit Studenten und Berufsanfängern der Generation Y profitiert von einem direkteren und weniger formellen Stil.

Die Personalabteilung hat in vielen Fällen nur wenig Einfluss auf die Homepage. Es kann jedoch auch von Vorteil sein, wenn die Personalabteilung zum Stil der Kommunikation beiträgt. Eine technisch-nüchterne Sprache passt zwar zum Image eines Ingenieurs, kann aber dazu führen, dass die für das Unternehmen besten jungen Mitarbeiter sich nicht angesprochen fühlen. Hier könnte ein intern-politisches Problem entstehen. Zu beachten ist allerdings, dass der Stil der Employer-Branding-Kommunikation nicht nur mit dem unternehmerischen Kommunikationsstil abgestimmt werden muss; er muss auch die Zielgruppen ansprechen.

Auf Messen und anderen Veranstaltungen mit Mitarbeitern als zentralen Kommunikationselementen hat das Unternehmen die Möglichkeit, das gewünschte Bild des Unternehmens zu vermitteln. Was kommuniziert wird, sollte nicht zu sehr von der Realität

---

[2] Siehe Parment und Dyhre (2009).

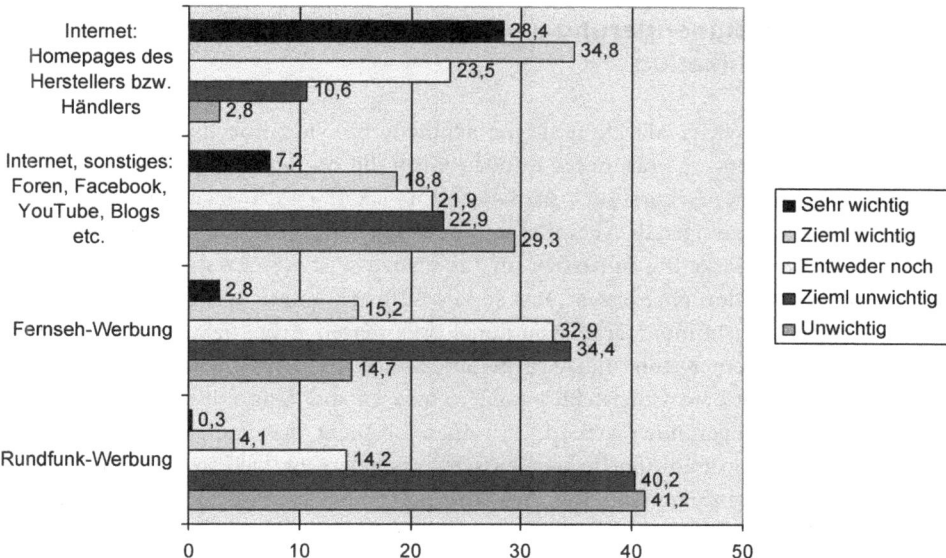

Abb. 10.1 a Wie wichtig sind dir im Allgemeinen folgende Kommunikationskanäle bzw. Informationsquellen? **b** Wie wichtig sind dir im Allgemeinen folgende Kommunikationskanäle bzw. Informationsquellen? **c** Wie wichtig sind dir im Allgemeinen folgende Kommunikationskanäle bzw. Informationsquellen? (Quelle: Employer-Branding-Fragebogen)

abweichen, kann aber durchaus eine gewisse Ausrichtung auf die zukünftige Unternehmensidentität haben. Ein Unternehmen, das Probleme aufgrund eines zu geringen Anteils weiblicher Mitarbeiter hat, kann etwa zu einer Messe drei weibliche und drei männliche Repräsentanten schicken – nur weibliche Vertreter zu schicken, könnte als ein Versuch gedeutet werden, ein Bild, das nicht mit der Realität übereinstimmt, vermitteln zu wollen. Ein Unternehmen, das als kulturell sehr homogen betrachtet wird, kann eine gemischte Gruppe von Mitarbeitern unterschiedlicher Herkunft, Kultur und Lebensstil zur Messe schicken, um einem falschen Eindruck entgegenzuwirken. In der Zusammensetzung seiner Messevertretung sollte das Unternehmen in geeigneter Weise auch dem für die Generation Y so wichtigen Spaßfaktor Rechnung tragen.[3] Kompetente Mitarbeiter, die „nur" nett und freundlich sind, hinterlassen zwar einen seriösen Eindruck, vermitteln aber nicht unbedingt auch diejenigen Aspekte der Arbeitgebermarke, ohne die sich Adressaten aus der Generation Y weniger stark oder gar nicht angezogen fühlen. Missverständnisse und falsche Vorstellungen, die die Wirksamkeit der Arbeitgebermarke reduzieren, lassen sich hinterher meist nur mit erhöhtem Aufwand korrigieren.

---

[3] Vgl. Ende des Kapitels – Es geht darum, Spaß zu vermitteln, ohne einen unseriösen Eindruck zu hinterlassen. Für Personen der Generation Y muss das keine Widerspruch sein.

10.3   Marktfragmentierung und zielgruppenspezifische Kommunikation

Die Fragmentierung der Märkte und eine deutliche Individualisierung der Verbraucher reduzieren die Chancen, präsumtive Kunden mit traditionellen Kommunikationsmitteln zu erreichen.[4] Mit der Generation Y wird diese Entwicklung noch viel deutlicher. Dadurch wird es immer schwieriger, die veränderten Präferenzen und Anforderungen aufseiten des Verbrauchers im Marketing zu treffen. Im Arbeitsmarkt ist dieser Aspekt mindestens genauso wichtig, hat dort aber bisher nicht so viel Aufmerksamkeit erlangt wie im Verbrauchermarkt. Um die immer stärker emotional orientierten Arbeitnehmer ansprechen zu können, müssen neue Kommunikationsmethoden her, und Arbeitnehmer, die die Werte und die Kultur mit dem Unternehmen teilen, müssen sorgfältig mit zielgruppenspezifischen Maßnahmen gefunden werden. Wer einen Job sucht, der emotionalen Ansprüchen genügt, dem werden traditionelle Medien schwerlich gerecht, weil sie nicht ausreichend wiedergeben, wie den fragmentierten Arbeitnehmerpräferenzen Rechnung getragen wird.

Am effizientesten wird die Arbeitgebermarke durch die vorhandenen Mitarbeiter kommuniziert. Wenn unsere Mitarbeiter gerne mit Freunden und Familie sowie in sozialen Netzwerken, Alumni-Vereinen etc. kommunizieren, erhöhen sich der Bekanntheitsgrad der Arbeitgebermarke sowie die Attraktivität des Unternehmens.

Unternehmen müssen das soziale Umfeld der Mitarbeiter und neue Methoden der Kommunikation kennenlernen. Virtuelle Welten, soziale Netzwerke und andere neue Wege, Kontakte aufrechtzuerhalten, gewinnen an Bedeutung und werden von Mitarbeitern genutzt. Man kann nicht mehr sicher sein, dass das Unternehmen die Zentrale für Informationen bildet. Auch in der Marktkommunikation gilt es, der Entwicklung zu folgen. Bisherige Methoden verlieren an Bedeutung, während Internetmarketing, Eventmarketing und Marketing durch Ambassadeure unserer Marke – um ein paar Beispiele zu nennen – an Bedeutung gewinnen.

10.4   Die neue Kommunikationslandschaft

Denk- und Verhaltensmuster ändern sich. Mit der zunehmenden Relevanz und Anwendung der sozialen Medien wird die Markenbildung noch wichtiger: Wenn das Unternehmen die Kommunikation der Marke nicht führt, wird die Positionierung und Interpretation der Marke von anderen Quellen bestimmt.

Mit dem steigenden Einsatz sozialer Medien wandelt sich die Kommunikationskultur. Arbeitgeber bzw. Unternehmen und andere Organisationen – ob Behörden, Fachverbände, Kirchen, Cafés oder politische Parteien – stehen unter ständiger Beobachtung der Verbraucher, Mitarbeiter, präsumtiven Mitarbeiter und Interessenvertreter.[5] Die Transparenz

---

[4] Christensen et al. (2006).

[5] Parment (2011); Ramos und Piper (2006).

führt dazu, dass Unternehmen schneller und dialogorientierter handeln und kommunizieren müssen. Glaubwürdigkeit wird immer wichtiger.

Gesellschaftliche Veränderungen und Veränderungen im Marktumfeld haben wesentlich zur Veränderung der Marktkommunikation bzw. der Kommunikationslandschaft beigetragen. Viele Unternehmen haben die Veränderungen und deren Implikationen nicht ganz verstanden. Mit der Generation Y als qualifizierte Mitarbeiter und bewusste Verbraucher wird es noch wichtiger, die Kommunikationslandschaft zu verstehen und die Marktkommunikationsstrategien zu überdenken. Technische Entwicklung führt zu bemerkenswerten Veränderungen in der Art und Weise der unternehmenischen Kommunikation mit Kunden, und die Zielgenauigkeit ist tendenziell viel besser: Webseite-Clicks resultieren in Mustern, die viel über die Webseite-Besucher aussagen. Die angesammelte Kenntnis aus Forschung und Untersuchungen über Verbraucherreaktionen ist größer denn je.

Auf der anderen Seite ist die Möglichkeit, effizient und zielgerecht zu kommunizieren, sehr schwierig geworden. Verbraucher haben jetzt mehr Kontrolle darüber, welche Botschaften sie wann auswählen und aufnehmen bzw. sie sind besser informiert und kritischer als jemals zuvor. Verbraucher, Mitarbeiter etc. können sich ganz einfach mit anderen in Verbindung setzten, um Informationen auszutauschen, was letztendlich zu einer noch kritischeren Beurteilung der vom Unternehmen veröffentlichten Informationen führt. Die Zahl der Internetseiten, die auf Bewertungen der Verbraucher bzw. des Mitarbeiters bauen, ist größer denn je, und die Zielgenauigkeit hat sich erhöht. Auf der anderen Seite – was für die Zukunft kritisch zu sein scheint – ist die Werbeintensität kräftig gestiegen. Internetseiten wie Tripadvisor, Glassdoor.com und YouTube leiden jetzt unter der Werbeintensität. Das ist interessant, weil diese Internetseiten als eine Reaktion auf die mächtigen, werbungsintensiven Unternehmen begonnen haben.

Es wird immer schwieriger, durch den Medienlärm zu kommen, was dazu führt, dass jeder lauter schreit, neue Methoden nutzt, über Verbraucher und soziale Medien kommuniziert (vgl. Likes auf Facebook) oder die Wettbewerbsintensität steigert. Unterm Strich profitiert ein proaktives Unternehmen von der Entwicklung während Organisationen, die eher reaktiv sind und sich an die neue Kommunikationslandschaft nicht anpassen, einen erheblichen Nachteil haben.

Direkte Vergleiche zwischen Verbraucher- und Arbeitsmärkten können nicht vorgenommen werden, denn sie sind naturgemäß unterschiedlich. Loyalität ist immer vorhanden, wenn ein Arbeitnehmer angestellt ist – möglicherweise weniger oder anders interpretiert als vor ein paar Jahrzehnten, aber nicht launisch, wie in einem Verbrauchermarkt, wo der Kunde zu jedem Zeitpunkt einen neuen Lieferant aufsuchen kann. Ein Kunde kann jederzeit schimpfen, jammern und klagen – und wird trotzdem letztendlich vergessen, weil die meisten Unternehmen mehrere unzufriedene Kunden haben. Auch wenn der Arbeitnehmer den Job gewechselt hat, wird der vorherige Arbeitgeber im Bewusstsein bleiben: Er ist ein Teil des Lebenslaufs. Dennoch sind alle beiden Märkte von der neuen Kommunikationslandschaft beeinflusst. Die Auftritte im Arbeits- und Verbrauchermarkt eines Unternehmens überlappen sich, daher wird es schwierig, sich ganz anders zum Arbeitsmarkt zu verhalten, nur weil die Zielgruppe etwas loyaler ist.

10.5 Mit der Generation Y kommunizieren

Um eine gut fundierte und dauerhafte Beziehung mit der Generation Y zu gewährleisten, ist es wichtig, die Kommunikation früh anzufangen. Junge Individuen sind flexibler von ihrer Haltung her und ihre Markenpräferenzen sind einfacher zu beeinflussen. Mit zunehmendem Alter sind Individuen bewusster, haben mehr Informationen über Marken etc., und es wird zunehmend schwierig, die Einstellungen der Zielgruppe zu beeinflussen. Viele Unternehmen wollen Hochschulstudenten erreichen. Im ersten Jahr eines vierjährigen Ausbildungsprogramms haben die meisten Studenten relativ wenig Informationen und Kenntnisse von spezifischen Marken. Im Laufe der Zeit wird durch viele Einflüsse – Unternehmen, die aus Employer-Branding-Gründen an Messen, am Unterricht etc. teilnehmen; Berichte und Analysen von Unternehmen im Unterricht; Unternehmen und andere Organisationen werden kritischer betrachtet durch Einsichten, die im Unterricht erworben wurden; Diskussionen mit Kommilitonen über Arbeitnehmer und Unternehmenspraxis etc. – die Möglichkeit, eine Arbeitgebermarke zu kommunizieren, enger. Während der Studienzeit entwickeln Individuen ihre Werte und Einstellungen – daher ist es sinnvoll für einen Arbeitgeber, früh in diesen Prozess einzutreten. Es ist vergleichsweise günstig mit jungen Menschen zu kommunizieren, vor allem, wenn sie Studenten sind, denn da gibt es viele Möglichkeiten zu effizienter und zielgerichteter Kommunikation, z. B. durch Campus-Aktivitäten, Zusammenarbeit mit Studentenorganisationen, Gastvorlesungen, Messeaktivitäten (viele Studentenorganisationen führen jährlich Messen zum Thema Job, Zukunft und Karriere durch – eine sehr sinnvolle Arena für Employer Branding-Aktivitäten). Das Feedback direkt von Studenten ist für Arbeitgeber sehr sinnvoll[6] – das gilt nicht nur für das Arbeitgeberangebot, sondern auch für die Gelegenheit, die Ansichten, Präferenzen und Einstellungen von jungen Verbrauchern kennenzulernen. Für den Erfolg ist es sehr wichtig, die für die Situation besten Mitarbeiter zu bekommen.[7]

10.6 Früh mit der Marktkommunikation beginnen

Junge Menschen sind einfacher zu überzeugen als ältere[8], und Studentenaktivitäten gelten generell als günstige Gelegenheiten, das Unternehmen zu vermarkten. Man muss aber die eigene Identität und Marke kennen. Die Generation Y sucht Erlebnisse und immaterielle Werte – eine emotional aufgeladene Arbeitgebermarke kann zu einem Erfolgsfaktor von großer Bedeutung werden, während eine rein funktionelle und langweilige Darstellung der Marke eher schädlich ist.

Die Generation Y denkt frühzeitig darüber nach, wo sie arbeiten möchte. In den Studienjahren werden Beziehungen zwischen Student(inn)en und Arbeitgebern hergestellt,

---

[6] Vgl. Zupko (2007).

[7] Parment und Dyhre (2009); Dyhre und Parment (2013).

[8] Parment (2008c).

und es gibt viele Möglichkeiten für proaktive Unternehmen, sich mit talentierten Student(inn)en in Verbindung zu setzen. Studentenvertreter können ausgewählt werden, die dann Botschafter einer Arbeitgebermarke werden. Durch den Studentenvertreter können Gastvorlesungen und andere Studentenaktivitäten kanalisiert werden. Die Profilierung eines Unternehmens als attraktiver Arbeitgeber ist in einer Gesellschaft mit viel Medienlärm sehr wichtig. Wenn man bereits in den Studienjahren eine gute Marktposition auf Basis der Kontakte mit Student(inn)en aufbaut, hat man gute Chancen, die besten Mitarbeiter zu gewinnen.

Viele Unternehmen stellen sich auf Messen vor, u. a. Jobmessen und Studentenmessen, um ihre Arbeitgebermarke gefällig zu präsentieren. Diese Methode schafft natürlich gute Möglichkeiten, Kontakte mit Studenten und eventuellen Mitarbeitern herzustellen sowie ein ordentliches und direktes Feedback darüber zu bekommen, wie Studenten und andere die Arbeitgebermarke verstehen, interpretieren und kritisieren. Die Teilnahme an Messen könnte allerdings die Arbeitgebermarke auch gefährden, weil es viele Kontaktmöglichkeiten gibt, und damit auch viele Möglichkeiten, einen schlechten Eindruck zu hinterlassen. Falsche Personen an der falschen Stelle trüben das Gesamtbild. Repräsentation auf einer Messe ist personalintensiv, und der hinterlassene Eindruck ist in hohem Maße von den Personen abhängig, die das Unternehmen auf der Messe repräsentieren.

10.7   Der Employer-Branding-Prozess

Das Verständnis darüber, wie mit der Arbeitgebermarke die Umsetzung der Unternehmensstrategie wirksam unterstützt werden kann, wird wesentlich gefördert, wenn man das Modell des Employer Brandings selbst vor Augen hat.

Nach diesem Modell ist das Employer Branding ein logischer Prozess, der die folgenden wichtigen Aspekte einbezieht:

1. Employer Branding und Personaleinstellung sollten voneinander getrennt sein. Recruiting ist ein kurzfristiger Prozess, bei dem der Arbeitgeber die offenen Stellen zu besetzen hat. Das Employer Branding ist ein langfristiger Prozess, um eine gute Arbeitgebermarke zu kreieren.
2. Das Employer Branding fängt innerhalb des Unternehmens an, d. h. die organisatorische Identität sowie die Stärken und Schwächen des Unternehmens müssen verstanden werden. Nachdem eine tiefgreifende Analyse darüber Klarheit geschaffen hat, muss kommuniziert werden, was das Unternehmen einzigartig macht und von anderen Unternehmen unterscheidet. Das heißt, ein potenzieller Arbeitnehmer muss sich die Frage beantworten können, warum er ausgerechnet für dieses Unternehmen arbeiten sollte.
3. Das Employer Branding sollte auch dazu beitragen, die idealen Mitarbeiter zu finden und einzustellen. Es sind nicht immer die Toptalente, die letzten Endes zu bevorzugen sind; es sollten eher die richtigen Talente für das Unternehmen sein. Was für den einen

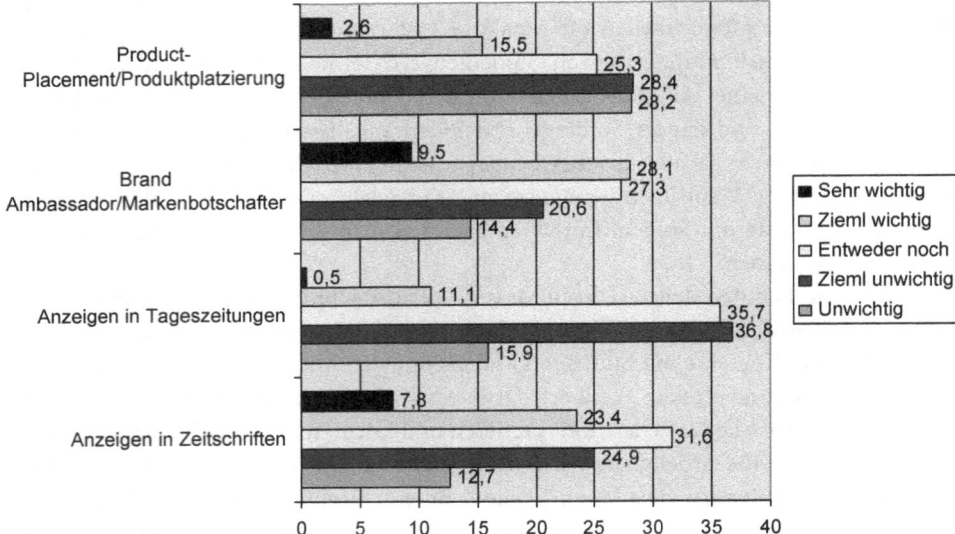

Abb. 10.2 a Wie wichtig sind dir folgende Informationsquellen bei der Suche nach Informationen über einen Arbeitgeber? **b** Wie wichtig sind dir folgende Informationsquellen bei der Suche nach Informationen über einen Arbeitgeber? (Quelle: Employer-Branding-Fragebogen)

Arbeitgeber als Toptalent gilt, muss für andere Arbeitgeber keineswegs als die beste Wahl gelten.

10.8   Die Arbeitgebermarke kommunizieren

Wenn eine Employer Value Propositon (EVP) – der Wettbewerbsvorteil eines Arbeitgebers – definiert und fundiert ist, muss sie auch kommuniziert werden. Hier geht es darum, verschiedene Botschaften und Kommunikationskanäle sowie die Employer-Branding-Aktivitäten zu planen und zu koordinieren (Abb. 10.2).

10.9   Jeder Arbeitgeber kommuniziert – ob er nun will oder nicht

Man kann nicht „nicht kommunizieren", denn jede Kommunikation (nicht nur mit Worten) ist Verhalten und genauso wie man sich nicht „nicht verhalten" kann, kann man nicht „nicht kommunizieren".[9]

---

[9] Watzlawick (1990, S. 53); Watzlawick ist Begründer einer Kommunikationstheorie, die auf fünf Grundregeln aufbaut. Die ersten zwei sind: 1.: Man kann nicht nicht kommunizieren; 2.: Jede Kommunikation hat einen Inhalts- und einen Beziehungsaspekt. Siehe auch Achterholt (1988, S. 29). Achterholt betont die immer präsente Kommunikation in einem Corporate-Identity-Kontext.

Es wird immer und überall kommuniziert, und ein Unternehmen kann nicht wissen, wann und von wem kommuniziert wird. Daher ist eine breite Kommunikation auch mit Personen, die nicht für das Unternehmen arbeiten wollen – oder umgekehrt: die das Unternehmen nicht beschäftigen will – wichtig. Es kann darüber diskutiert werden, wie viel Aufmerksamkeit auf diesen Typ von Kommunikation verwendet werden sollte, und auch darüber, wie viel das kosten darf. Fest steht jedoch, dass auch diese „Nichtmitarbeiter" über das Unternehmen reden und gegebenenfalls Ansichten vermitteln, selbst dann, wenn sie auch früher noch nicht im Unternehmen tätig waren und auch keine Kunden sind.

10.10   Unternehmensidentität als Leitbild

In der Kommunikation darf niemals vergessen werden, dass die ganze Attraktivität in der Unternehmensidentität fundiert sein muss. Wenn die eigenen Mitarbeiter fühlen, dass die äußere Kommunikation mit der internen Kommunikation nicht übereinstimmt, wird das Arbeitgeberimage darunter leiden. Manchmal verwenden Unternehmen auf die Kommunikation mit der Außenwelt viel mehr Zeit und Mühe als auf die Kommunikation mit ihren derzeitigen Mitarbeitern. Wenn dann die Mitarbeiter über ihr Unternehmen aus externen Kommunikationskanälen mehr erfahren als von ihrem eigenen Management, so ist das ein sicheres Zeichen dafür, dass die interne Kommunikation dringend verbessert werden muss.

Ein Unternehmen mit einer starken Arbeitgebermarke hat in der Regel einen relativ offenen Informationsfluss vom Management zu den Mitarbeitern. Damit jedoch die Mitarbeiter als die besten Botschafter für das Unternehmen in Erscheinung treten können, müssen die verschiedenen Bemühungen, die die einzelnen Abteilungen initiieren, synchronisiert werden. Erst dann fußt eine starke Arbeitgebermarke auf einem soliden tragfähigen Fundament.

Emotionen zu kommunizieren, ist wichtig – das muss allerdings sinnvoll vonstatten gehen. Um überhaupt einen Eindruck in einer von kommerziellen Botschaften bedrängten Gesellschaft hinterlassen zu können, müssen Botschaften spezifisch, differenzierend und profilierend sein. Zu allgemeine Äußerungen, auch wenn sie politisch korrekt sowie zeitgemäß sind und gut kommuniziert werden, werden kaum wahrgenommen. Ein Merkmal der heutigen Kommunikationslandschaft ist, dass Unternehmen das Risiko, irgendwelche Interessenten zu irritieren und zu enttäuschen, beinahe zwangsläufig eingehen müssen. Nur Botschaften, die sich aus der allgemeinen Informationsschwemme abheben können, die aufregend und inspirierend wirken, erfüllen die Anforderungen an die Effizienz in der Marktkommunikation.

10.11 Interne Koordination der Kommunikation

Indem das Unternehmen seine Stärken, Schwächen und EVPs kennt, hat es eine solide Grundlage, um die Arbeitgebermarke zu kommunizieren. Auf dieser Stufe muss ein Kommunikationsplan auf jede Zielgruppe zugeschnitten werden, die das Unternehmen zu erreichen versucht. Die Kommunikation muss effektiv sein, um Ressourcen des Unternehmens zu sparen und sicherzustellen, dass das Marketing das Geld weise ausgibt.

Die Kommunikation der Arbeitgebermarke muss nicht nur mit anderen Abteilungen und internen Aktivitäten koordiniert werden. Das Employer Branding muss auch mit anderen Marktkommunikationskanälen koordiniert werden, weil Kunden zugleich potenzielle Mitarbeiter sein können – im Verbrauchermarkt gibt es immer eine gewisse Übereinstimmung zwischen Arbeitgebermarke und Produktmarke.

Personen, die für die Arbeitgebermarke verantwortlich sind, sollten sich darum bemühen, anderen Kollegen in Bezug auf den Informationsgrad voraus zu sein. Wer proaktiv arbeitet und sich über geplante Aktivitäten der verschiedenen Abteilungen informiert, hat gute Voraussetzungen, die Employer-Branding-Aktivitäten gut zu koordinieren und zu timen. Wer darauf wartet, dass ihn Kollegen über geplante Aktivitäten informieren, wird viele Informationen erst spät bekommen. Folglich werden sowohl Kollegen als auch Adressaten der Employer-Branding-Aktivitäten diese schlecht koordiniert finden. Fragen wie „Warum wurde unsere Abteilung nicht informiert?" oder „Warum wurde das Employer-Branding-Material für die Gastvorlesung nicht geschickt?" oder „Warum war der Vertriebsleiter nicht da – er/sie hätte gerne teilgenommen und war schon in der Stadt?!" führen zu Frustration sowie geringerer Effizienz und sollten vermieden werden.

10.12 Der Einfluss des Unternehmens auf die Kommunikation

Die Generation Y ist an hohe Transparenz gewöhnt und bevorzugt Kanäle mit offener Kommunikation. Ein Unternehmen mit einem lebendigen Intranet sollte sich überlegen, die Informationen auch für potenzielle Arbeitnehmer zu öffnen. Wie geheim müssen die Informationen gehalten werden? In einer transparenten Welt hat ein Unternehmen kaum Chancen, sich vor der Öffentlichkeit abzuschirmen. Mitarbeiter reden, denken und diskutieren. Wie kann denn da die Schnittstelle Mitarbeiter/Nichtmitarbeiter kontrollierbar gehalten werden? Schließlich können sich sowohl Kunden als auch potenzielle Arbeitnehmer und andere Interessenten ausführlich über das Unternehmen informieren. Es erhebt sich, einstellungsbezogen, nur die Frage, ob die Informationen durch das Unternehmen oder außerhalb des Unternehmens vermittelt werden. Ersteres ist natürlich vorzuziehen: Das Unternehmen behält einigermaßen die Kontrolle, potenzielle Arbeitnehmer und andere Interessenten haben das Gefühl, dass sich das Unternehmen um sie kümmert, und das Unternehmen hat die Chance, die Arbeitgebermarke direkt an die Zielgruppen zu kommunizieren. Wenn Homepages wie www.glassdoor.com Realität sind, gibt es kaum Argumente, die Informationen aus dem Intranet vor potenziellen Arbeitnehmer zu sperren.

10.13   Für Unterstützungsfunktionen rekrutieren

> Kommunikationsmaterial ist das endgültige Bindeglied zwischen Arbeitgeber und Arbeitnehmer. Es sollte die Unternehmensidentität und das, was der Arbeitgeber zusammen mit vorhandenen und künftigen Arbeitnehmern ins Werk setzen will, widerspiegeln. (Parment und Dyhre 2009)

Ein Problem entsteht, wenn Mitarbeiter für einen Bereich rekrutiert werden sollen, der nicht direkt zum Kerngeschäft gehört, sondern eher unterstützende Funktionen wahrzunehmen hat: ein Rechtsanwalt in der Lebensmittelkette, ein Betriebswirt im Krankenhaus oder ein Ingenieur in der Gesundheitswirtschaft. Wenn die folgenden Punkte nicht beachtet werden, riskiert das Unternehmen, das Potenzial der Arbeitgebermarke nur bedingt nutzen zu können, d. h., die für das Unternehmen besten potenziellen Mitarbeiter ziehen das Unternehmen als zukünftigen Arbeitgeber gar nicht erst in Betracht.

1. Sicherstellen, dass spezifische Kommunikationsmaßnahmen durchgeführt werden. Hier geht es darum, kleine Segmente zu finden und eher durch interpersonelle Beziehungen zu kommunizieren – Massenmarketing funktioniert hier nicht. Betriebswirte für Jobs im Krankenhaus sind schwer zu finden, wenn keine zielgruppenspezifische Kommunikation stattfindet.
2. Verstehen, dass die besten Spezialisten für unterstützende Aufgabenbereiche nicht für uns arbeiten wollen, wenn man sich nur mit den Branchen befasst, die unsere Hauptprofessionen vertreten.

Eine Lebensmittelkette hat nur wenige Juristen, und so braucht man kompetente und clevere Mitarbeiter, die ein Interesse an der Branche haben sowie qualifizierte Juristen sind. Wenige Juristen bzw. Jura-Student(inn)en kommen auf die Idee, in der Lebensmittelbranche zu arbeiten – im schlimmsten Fall bewerben sich nur die um den Job, die woanders keinen finden können. Dass ein führender Lkw-Hersteller wie MAN oder Scania qualifizierte Ingenieure findet, ist eine Folge beliebter und qualitativ hochwertiger Produkte sowie zufriedener Mitarbeiter (wenigstens solange die Konjunktur nicht nachlässt). Gute IT-Techniker, Juristen und Verhaltenswissenschaftler brauchen sie natürlich auch, obwohl in geringerer Anzahl als Ingenieure – diese Fachleute ziehen es jedoch oft vor, dort zu arbeiten, wo die eigene Profession die Kernkompetenz des Unternehmens verkörpert bzw. mitverkörpert.

Banken haben einen großen Bedarf an qualifizierten Mitarbeitern aus der IT-Branche. Bewerber mit diesem Hintergrund sehen sie allerdings nicht als potenzielle Arbeitgeber.

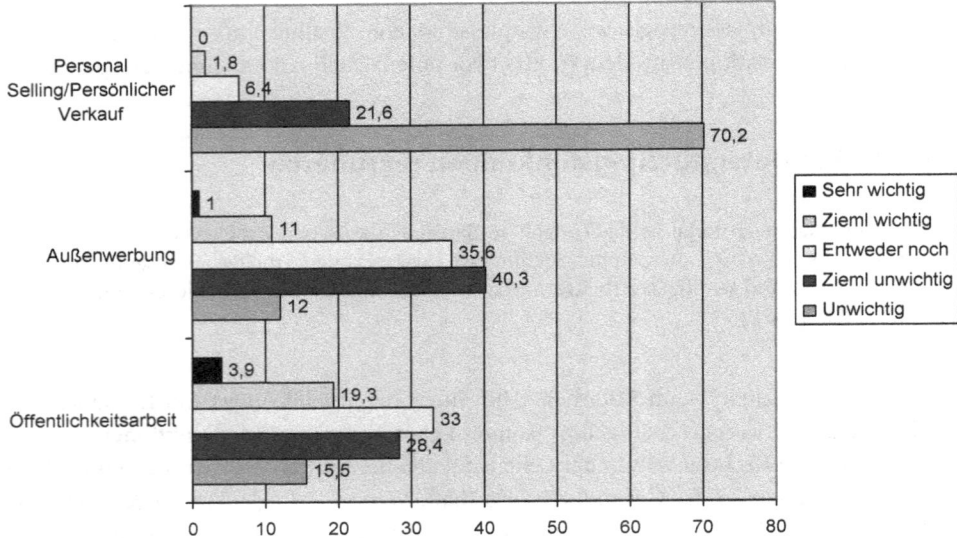

Abb. 10.3 Das Ziel der Kommunikation des Employer Brandings variiert mit dem Bedarf. (Quelle: Parment und Dyhre 2009, S. 135)

10.14 Kommunikation des Employer Brandings bzw. der Arbeitgebermarke

Die Kommunikation des Employer Brandings bzw. der Arbeitgebermarke ist ein Kontinuum, das sich am Ende in zwei Wege gabelt:

1. Allgemeine Kommunikation zur Stärkung des Employer Brandings unter allen Zielgruppen.
2. Zielgruppenspezifische Kommunikation bei der Realisation der allgemeinen Branding- und Marketingstrategien auf die einzelnen Gruppen zugeschnitten.

Beide Kommunikationstypen sind sinnvoll. Abbildung 10.3 zeigt die Anwendungsbereiche der Employer-Branding-Kommunikation. In den meisten Fällen wird die breitgefächerte Kommunikation benutzt, um generelle Auffassungen zu verändern, während die spezifische Kommunikatorin verwendet wird, um spezifische Zielgruppen zu rekrutieren.

Die Notwendigkeit der breitgefächerten Kommunikation – linke Seite der Abb. 10.3– hängt stark mit zwei Aspekten zusammen, die in Abb. 10.4 konzeptualisiert sind, nämlich erstens damit, ob das Unternehmen in einem Verbrauchermarkt operiert (horizontale Dimension der Abbildung) und zweitens damit, ob das Unternehmen Produkte oder Dienstleistungen von allgemeinem Interesse anbietet, sodass das Employer Branding einen breiten Kreis von Verbrauchern potenziell anspricht (vertikale Dimension).

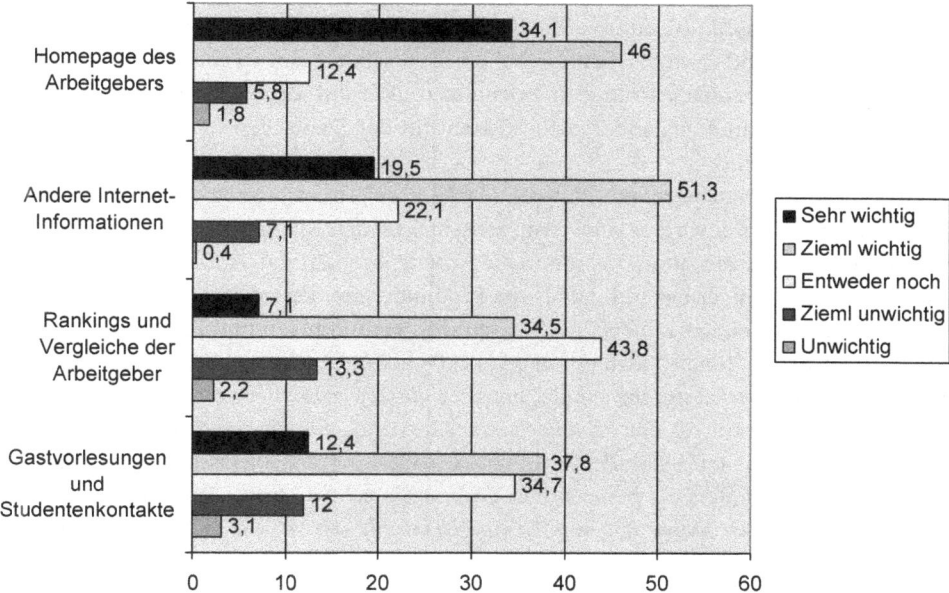

Abb. 10.4 Bereiche der Employer-Branding-Kommunikation. (Quelle: Parment und Dyhre 2009, S. 136)

In den beiden Fällen 1. und 2. muss die breite, allgemeine Kommunikation nicht priorisiert werden. Wenn beide Dimensionen – die vertikale und die horizontale in Abb. 10.4 – erfüllt sind, gibt es eine starke Überschneidung zwischen Produktmarke und Arbeitgebermarke. Bekannte Beispiele sind Microsoft, Toyota, nationale Eisenbahngesellschaften, Telefongesellschaften, Tankstellen, Unternehmen in der Unterhaltungsbranche etc. Die Menschen gehen davon aus, dass diese Unternehmen als Produktanbieter und Dienstleister ähnlich wirken. (2.) repräsentiert zahlreiche Unternehmen sowie viele Organisationen im öffentlichen Bereich mit wenig spezifischer Kommunikation der Marke. Employer Branding ist hier zwar nicht unwichtig, aber der Umfang des Employer Brandings muss je nach Kontext, Zusammenhang und finanziellen Prioritäten erwogen werden. Wenn die Überschneidung zwischen Produktmarke und Arbeitgebermarke stark ist (4.), assoziieren die Menschen sofort eine Reihe von Vorstellungen der Produktmarke, wenn sie an das Unternehmen als Arbeitgeber denken.

10.15   Produktmarke und Arbeitgebermarke

Besonders deutlich wird die Situation gemäß Beispiel 4 in Abb. 10.4, wenn das Unternehmen ein typisches Dienstleistungsunternehmen ist, das physische Produkte kaum oder überhaupt nicht anbietet. Die Deutsche Bahn ist dafür ein gutes Beispiel: Pünktlichkeit, Kundenbehandlung, Kundenpflege, Qualität der Internetbuchung und Sauberkeit im

Bahnhof – alles das sind Faktoren, die das Erlebnis, mit der Deutschen Bahn zu fahren, prägen. Falls jemand erwägt, einen Job bei der Deutschen Bahn zu suchen, entspricht die Arbeitgebermarke zunächst nur den Erlebnissen als Fahrgast, bis Erfahrungen mit der Personalabteilung und aus anderen Kontakten mit der Deutschen Bahn als Arbeitgeber hinzugekommen sind.

Wenn die Arbeitgebermarke und die Marke im Verbrauchermarkt sehr eng miteinander verknüpft sind, wird es schwierig, zwischen beiden Marken zu differenzieren. Am schwierigsten ist es, aus diesem Verbund die Arbeitgebermarke zu isolieren, weil sie in den meisten Fällen weniger bekannt ist als die Produktmarke. Personen, die keinerlei Erfahrung mit dem Arbeitgeber haben, assoziieren ihre Vermutungen und Erwartungen zuerst mit den Produkten. Jonas Bjurman[10] begann 2008 bei Audi mit der Händlernetz-Entwicklung: *„Schon bevor ich angefangen habe, hatte ich die Gelegenheit, die gesamte Produktpalette zu erleben. Alle zwei Wochen bekam ich ein neues Auto – bis ich sämtliche Modelle geprüft hatte".* Dass Mitarbeiter die Marke erlebt haben, sollte eine Selbstverständlichkeit sein – ist es aber nicht. Besonders ein neuer Mitarbeiter ist ein sehr wichtiger Kommunikationskanal. *„Schon im ersten Monat haben mich einige Freunde gefragt, wie sich ein Audi fährt im Vergleich zu der Marke, die ich vorher gefahren habe. Ohne die Produkterlebnisse wäre diese Frage schwierig zu beantworten",* meint Jonas Bjurman. Auch im Übrigen sind die ersten Erlebnisse mit Audi ein gutes Beispiel dafür, wie ein neuer Angestellter eingeführt werden könnte. *„Alles hat von Anfang an gut funktioniert, und ich wurde herzlich von meinen Kollegen begrüßt".* Eine wichtige Erklärung sind die guten Produkte, meint Jonas Bjurman: *„Viele von meinen Freunden fahren gerne Audi, es ist für viele Menschen ein Traumauto. Und die meisten Freunde haben Assoziationen zu den Autos gehabt, nicht zu dem, was ich eigentlich bei meiner neuen Arbeit tue".*

Wichtig ist, nach einer erfolgreichen Einführung in das Unternehmen zu halten, was versprochen worden ist, und das kann kaum gelingen, wenn die Attraktivität des Unternehmens fehlt. Eine Konjunkturflaute und damit verknüpfte Einsparungen schränken die Freude an der Arbeit noch nicht notwendigerweise ein: *„Wir mussten gewisse Einsparungen machen, nicht aber zu Lasten der Händler, die gute Stimmung konnte aber beibehalten werden, die Händler sind noch Stolz darauf, mit Audi zu arbeiten, weil wir schon einige Jahre sehr erfolgreich gewesen sind, und Händler sowie Audi-Angestellte mögen die Marke."*

Die Beziehung zwischen Produktmarke und Arbeitgebermarke muss unterstrichen werden: Selten ist diese Beziehung so stark wie bei emotionalen Produkten – Autos, Bekleidung und Restaurants. Wer die Produkte nicht mag, sollte sich einen anderen Arbeitgeber suchen, weil jeder Mitarbeiter zugleich auch – sozusagen rund um die Uhr – Ambassadeur der Marke ist. Dies setzt auch den Arbeitgeber unter Druck, Produkte zu entwickeln und herzustellen, die seine Mitarbeiter ebenfalls mögen. Mitarbeiter können auch als sehr wichtige Feedback-Kanäle fungieren. Das setzt Mitarbeiter mit Fingerspitzengefühl voraus: Sie sollten erkennen und verstehen, wie sich die Auffassung/Wertschätzung der Marke nach außen entwickelt.

---

[10] Das Interview wurde von Anders Parment im Mai. 2009 geführt.

10.16   Eine starke Arbeitgebermarke spiegelt ein attraktives Unternehmen wider

Marken wecken Bilder im Kopf. Sie vermitteln uns eine Haltung und geben uns in einer komplexen Welt Richtlinien und Orientierung. Daher kommt es, dass es nicht nur für Konsumgüter, sondern auch für Arbeitgeberangebote sinnvoll ist, Marken strategisch aufzubauen und zu führen.

Eine zentrale Einsicht der Marketinglehre ist die, dass eine starke Marke nicht erstellt werden kann, wenn die Attraktivität der Produkte fehlt. Mit anderen Worten, eine starke Marke spiegelt Produkte und Angebote wider, die über die Zeit hin attraktiv sind. Allerdings kann schlechtes Marketing dazu führen, dass die Attraktivität nicht publik wird und dadurch das Potenzial, das in ihr steckt, nicht ausgeschöpft werden kann.

Gleiches gilt für das Employer Branding: Es muss kommuniziert werden. Erst dann kann das Unternehmen die Vorteile einer starken Arbeitgebermarke voll ausnutzen. Die Marke muss aber ihr Versprechen halten. Wenn es klappt, können gut geführte Marken sich selbst in schwierigen Zeiten gut behaupten.

Die Welt wird immer transparenter. Das erschwert u. a., Botschaften zu kommunizieren, die nicht die tatsächlichen Verhältnisse am Arbeitsplatz widerspiegeln.

10.17   Wie stärkt man die Arbeitgebermarke durch Kommunikation?

Kommunikation an sich kann die richtige Strategie sein, um die langfristige Arbeit am Aufbau einer starken Arbeitgebermarke zu beginnen. Dafür gibt es viele Gründe, insbesondere:

1. Werden Informationen unter Nutzung positiver Konnotationen kommuniziert, können psychologisch aufbauende Wirkungen erreicht werden. So kann es z. B. für den Einfluss auf die Stimmungslage im Unternehmen einen erheblichen Unterschied ausmachen, ob man etwa sagt: „12 % unserer Mitarbeiter sind mit der Arbeit unzufrieden", oder ob man sagt: „88 % unserer Mitarbeiter sind zufrieden".
2. Eine Kultur des Klagens wird zumindest teilweise durch ein positives Arbeitsklima ersetzt. Meistens gab es zuvor keinen oder nur wenig Einfluss von Seiten der Unternehmensleitung auf negative Attitüden – jetzt versucht die Leitung, positive Ergebnisse und Ereignisse zu identifizieren und zu kommunizieren.
3. Plötzlich nehmen Mitarbeiter und Führungskräfte Fortschritte und Stärken wahr, die vorher nicht kommuniziert wurden.

Viele Unternehmen haben die eigenen Stärken in Bezug auf den Arbeitsmarkt nicht entdeckt und identifiziert – und folglich auch nicht kommuniziert. Folgende Stärken und Vorzüge können als Wettbewerbsvorteile im Hinblick auf potenzielle Mitarbeiter gelten – oder wenigstens ein Grund für eine erhöhte Attraktivität sein:

1. Standort – Liegt das Büro bzw. der Arbeitsplatz in der Stadtmitte bzw. in einer anderen attraktiven Gegend? Wenn die Antwort „Ja!" ist, könnte das ein Wettbewerbsvorteil sein.
2. Mitarbeiterzufriedenheit – Daten und Ergebnisse von Mitarbeiter-Fragebogenaktionen und anderen Untersuchungen unter der Belegschaft können interessante Informationen enthalten, die sich im Employer-Branding-Prozess sinnvoll nutzen lassen.
3. Produkte – Besonders in den Bereichen Ingenieurwesen, Informatik und Medizintechnik ziehen es viele potenzielle Mitarbeiter vor, für ein Unternehmen zu arbeiten, das attraktive Produkte entwickelt, herstellt und vermarktet.
4. Bezahlung und andere finanzielle Vorteile – Gibt es Möglichkeiten, relativ schnell Partner bzw. Teilhaber/Inhaber zu werden und damit wesentlich mehr Geld zu verdienen?
5. Internationale Karriere – Die Möglichkeit, im Ausland zu arbeiten, in Form von Dienstreisen oder indem man dorthin zeitweilig entsendet wird, lockt viele Arbeitnehmer gerade aus der Generation Y.

Natürlich sind noch weitere Vorzüge denkbar, die es wert sind, kommuniziert zu werden.

10.18   Liefern, was versprochen wird!

Wir sehen die Arbeitgebermarke als ein Produkt, das wir verkauft haben und das Arbeitnehmer gekauft haben. Es ist uns wichtig zu wissen, dass sie nach der Lieferung zufrieden sind und wir die Versprechungen einhalten, die wir ihnen gegeben haben.[11]

Dieser Aspekt unterscheidet sich nicht von der Durchsetzung anderer wichtiger Strategien, wie den Strategien der sozialen Verantwortung des Unternehmens, der permanenten Qualitätsverbesserung, der Sicherung der Kundenzufriedenheit und der Durchsetzung eines neuen Personalmanagements – was versprochen wurde, sollte auch geliefert werden. Ziele zu haben und zu kommunizieren, ist vergleichsweise einfach, sie durchzusetzen, ist ungleich schwerer. Die Menschen – Führungskräfte, Politiker, Mitarbeiter, Akademiker und Unternehmensanalytiker eingeschlossen – reden eine Menge über Dinge, manchmal unter dem Druck verschiedener Interessengruppen. Je transparenter die Welt ist, desto schwieriger ist es, Aussagen zu verstecken und vergessen zu machen!

10.19   Transparenz und die neue Informationslandschaft: Zentralisierung der Informationsaufgabe

Die erhöhte Transparenz hat einige wichtige Auswirkungen auf das Informationsmanagement des Unternehmens. Auf der einen Seite werden Aussagen einfacher gespeichert – jeder kann etwas mit dem Handy aufnehmen und filmen. Zudem gibt es viele Möglichkei-

---

[11] Jean-Claude Le Grand, Corporate Strategic Recruitment Director, L'Oréal: Le Grand (2005, S. 61).

ten, Aussagen, Versprechungen und Eindrücke im Internet zu diskutieren. Auf der anderen Seite will ein Unternehmen, dass Mitarbeiter als Kommunikationskanäle fungieren. Spricht diese Entwicklung für eine gewisse Steuerung der Kommunikation? Es gibt ganz klar Argumente dafür, die Kommunikation zu steuern, weil eine Zentralisierung der Informationsausgabe die Aufblähung der Informationen minimiert. Das Problem ist, dass eine Strategie der Zentralisierung sich nur bedingt mit einer Strategie des Employer Brandings durch soziale Medien kombinieren lässt.

Die Generation Y kommuniziert gerne mittels sozialer Medien – Facebook, Internet-Foren, Blogs etc. – allerdings gerne auch von Angesicht zu Angesicht. Dieser Typ von Kommunikation ist schwer zu kontrollieren, und so besteht das Risiko, dass Unternehmen einerseits versuchen, die Informationsausgabe durch Zentralisierung zu steuern, andererseits aber nicht mitbekommen, dass die Informationen, die von Mitarbeitern übermittelt werden, an Bedeutung und Umfang gewinnen. Das Ergebnis ist klar: Auf diese Weise ist eine Dezentralisierung entstanden, und diese Entwicklung wird noch schneller verlaufen, wenn sich die Abnehmer der Information von der zentralisierten Informationsausgabe ebenfalls nicht angesprochen fühlen. Die Entwicklung der Informationsnutzung spricht eher dafür, dass soziale Medien und direkte Informationen von Mitarbeitern an Bedeutung gewinnen.[12] Die zentralisierte Informationsausgabe wird naturgemäß als zu allgemein, standardisiert und „langweilig" angesehen.

Es gibt nur eine Lösung: ein lebendiges, schönes und transparentes Arbeitsumfeld erschaffen und den Mitarbeiter als einen natürlichen Bestandteil in die Unternehmenskommunikation einbeziehen! Die Informationsausgabe könnte allerdings gesteuert werden; es sollte hier jedoch eine Zusammenarbeit mit den Ambassadeuren – den Mitarbeitern – geben: Mitarbeiter in der Unternehmenskommunikation machen die Arbeitgebermarke lebendig und interessant. Wenn die Kommunikation solide in der Unternehmensidentität und der Unternehmensstrategie verankert ist, fällt es leichter, einzelne Mitarbeiter mit Kommunikationsaufgaben zu betrauen – beste Voraussetzungen für eine lebendige und attraktive Kommunikation.

10.20　Menschen machen den Unterschied – wähle Mitarbeiter, die das Unternehmen bestens repräsentieren

In den vorigen Kapiteln wurde herausgearbeitet, dass die Mitarbeiter sehr wichtig sind, um das Employer Branding realisieren zu können und um die Arbeitgebermarke mit Leben zu erfüllen. Obwohl jedes größere Unternehmen viele Mitarbeiter unterschiedlicher Profilierung hat, ist die Auswahl von Mitarbeitern, die für die externe Kommunikation besonders gut geeignet sind, keine ganz einfache Aufgabe. Die Wahl muss intern-politische Erwägungen und Widerstände überstehen – wer schon lange dem Unternehmen angehört oder

---

[12] Siehe Parment und Dyhre (2009).

gute Leistungen vorweist, ist nicht unbedingt der Beste für die externe Kommunikation. Bestimmte Menschen sind für ein mediales Umfeld einfach besser geeignet als andere.

10.21   Fallen bei der Wahl von Mitarbeitern für die externe Kommunikation

Basierend auf Erfahrungen aus erfolgreichem Employer Branding, sollten die folgenden Typen von Mitarbeitern in der externen Kommunikation vermieden werden:

- Mitarbeiter, die zu jung und/oder unerfahren sind. Zuerst muss der Mitarbeiter die Fähigkeit erwerben, jenseits von Standardphrasen zu denken, und das gelingt nur bedingt, wenn der betreffenden Person Erfahrungen mit dem Arbeitgeber noch fehlen. Der Kandidat muss die Unternehmenskultur verinnerlicht haben. Die Art und Weise, zu sprechen und Fragen zu beantworten, muss dann geeignet sein, das Unternehmen gut repräsentieren zu können. Spezifische Kenntnisse von Fragen zur Personalpolitik, zu Karrierewegen und Entwicklungsmöglichkeiten können ebenfalls fehlen, wenn der betreffende Mitarbeiter neu im Unternehmen ist.
- Personen, die zu lustig und locker sind.[13] Eine Verfahrensweise, die oft von älteren Menschen, die die Generation Y nicht kennen, initiiert wird, besteht darin, ein paar junge, spaßige Personen auszuwählen, die gut aussehen und den Eindruck vermitteln können, dass die Arbeit wirklich Spaß macht. Vorsicht – das könnte negative Auswirkungen haben! Die Generation Y schätzt es durchaus nicht, wenn Arbeitgeber versuchen, der Arbeit einen Anstrich von (vermeintlichem) Spaß zu geben. Spaß kommt nur von erlebter Freude in der Arbeit, und die Generation Y recherchiert fleißig nach Arbeitgebern, bevor sie sich um einen Job bewirbt. Die spaßigen jungen Mitarbeiter können auch einen unseriösen Eindruck vermitteln – die Generation Y zieht es vor, erfahrene und seriöse Mitarbeiter (die natürlich auch Spaß an der Arbeit vermitteln!) zu treffen.[14] Und schließlich geht es um eine von wenigen Gelegenheiten für den Arbeitgeber, eine oder zwei Stunden lang, das Unternehmen potenziellen Mitarbeitern zu präsentieren.
- Zu langweilige Menschen: Dieser Punkt muss kaum erklärt werden. Ein paar Stunden über ein Thema zu sprechen, ohne Begeisterung zu wecken, vermittelt einen schlechten Eindruck von dem Unternehmen. Lieber keine Gastvorlesung als eine langweilige!

Was vorstehend beschrieben wurde, gilt generell auch für andere Kontakte mit Studenten und potenziellen Mitarbeitern.

---

[13] Vgl. 10.2. „Der Kommunikationsstil muss die Zielgruppe ansprechen". Es geht darum, Spaß zu vermitteln, ohne einen unseriösen Eindruck zu hinterlassen. Für Personen der Generation Y muss das kein Widerspruch sein.

[14] In Gastvorlesungen mit jungen und spaßigen Mitarbeitern von großen Unternehmen haben etwa zwei Drittel der Generation Y die Vorlesung als „unseriös" empfunden. Siehe auch Parment und Dyhre (2009).

Checkliste

- Alle Kommunikationspunkte in Bezug auf Kunden und Mitarbeiter identifizieren – man kann ja nicht „nicht kommunizieren".
- Werden Nichtkunden und Nichtmitarbeiter auch als Informations-/Kommunikationskanäle gesehen?
- Wird das Potenzial der Mitarbeiter als effizienter und glaubwürdiger Kommunikationskanal der Arbeitgebermarke genutzt?
- Ein (Gestaltungs- und) Kommunikationskonzept ist erforderlich: Ist der visuelle Auftritt des Unternehmens ein Ausdruck der organisatorischen Identität? Sind Informationen zum Unternehmen auf www.glassdoor.com oder ähnlichen Homepages verfügbar? Wie wird das Unternehmen in solchen Foren dargestellt?
- Wie stellt man sicher, dass die Arbeitgebermarke wirklich zielgruppenorientiert kommuniziert wird?
- Inwiefern werden traditionelle bzw. neue Kommunikationskanäle benutzt?
- Wie wird die Generation Y in der Marktkommunikation behandelt?
- Werden Ausdrucksweise und Sprache an die Kommunikation mit unterschiedlichen Zielgruppen angepasst?
- Wie sieht die interne Kommunikationsarbeit aus? Wird sie mit der externen Kommunikation abgestimmt und einheitlich ausgeführt?
- Spricht die Arbeitgebermarke sowohl auf einer emotionalen als auch auf einer rationalen Ebene wichtige Zielgruppen an?
- Gibt es eine interne Koordination der verschiedenen Kommunikationsaktivitäten?
- Ist eine Strategie für das Employer Branding der Unterstützungsfunktionen vorhanden?
- Wie werden Personen für die Kommunikation mit Gymnasiasten und Studenten ausgewählt?

Handlungsempfehlungen

- Die Kommunikationsstrategien von Grund auf definieren und kreieren – sie basieren auf den tatsächlichen Bedürfnissen. Viele Unternehmen zögern, neue Kommunikationskanäle zu nutzen. Ein noch größeres Problem kann aber sein, dass man die alten Kanäle nicht zu verlassen wagt. Es könnte teuer, unübersichtlich und komplex werden.
- Die neue Kommunikationslandschaft kennenlernen.
- Mitarbeiter sind sehr wichtige Kommunikationskanäle. Sie können zu jeder Zeit gefragt werden – im Urlaub, bei der Familienfeier, auf einer Fähre zwischen Puttgarden und Rödby oder in einem Café in Paris – telefonisch, über E-Mail, in Facebook oder unter vier Augen. Die falschen Mitarbeiter können negative Bewertungen vorneh-

men und sie an Dritte vermitteln, obwohl die Realität nicht so schlimm wie beschrieben ist. Gute Mitarbeiter lügen nicht, haben grundsätzlich eine positive Einstellung zu ihrem Arbeitgeber und können so die (hoffentlich überwiegend) positiven, und die (hoffentlich nicht so vielen) negativen Erfahrungen ehrlich, ausgewogen und vorteilhaft präsentieren.

- Möglichkeiten für präsumtive Mitarbeiter, Studenten etc. einrichten, in Kontakt mit Mitarbeitern zu treten. Mit Personen, die mit ähnlichen Aufgaben befasst sind, wie man sie selber bearbeitet oder gern bearbeiten würde, statt mit der Personal- oder Informationsabteilung zu sprechen, macht einen lebendigeren und authentischeren Eindruck.

- Seien Sie sich darüber im Klaren, dass Mitarbeiter nicht nur in alltäglichen sozialen Situationen – d. h. mit Verwandten, Freunden, Nachbarn etc. –, sondern auch auf Internetseiten über Missstände des Arbeitsplatzes berichten können. Auf der einen Seite könnten solche Berichte als sehr illoyal angesehen werden, auf der anderen Seite ist es rein psychologisch üblich, dass Unzufriedenheit irgendwie, irgendwo und irgendwann mit anderen geteilt wird. So war es eigentlich immer – es wurde aber vor dem Internet-Zeitalter nicht so offenkundig. Das beste Rezept, Probleme mit schlechten Mitarbeitererlebnissen zu vermeiden, ist die Kreation eines attraktiven Unternehmens. Wenn obendrein durch gute Informations- und Kommunikationsstrategien eine attraktive Arbeitgebermarke durchgesetzt wird, können nicht einmal ein paar negative Mitarbeitererlebnisse den guten Eindruck der Marke zerstören – starke Marken schaffen eine relativ stabile Grundlage an positiven Einstellungen und Assoziationen. Das Gegenteil gilt für schwache Marken.

- Die richtigen und auf die Zielgruppe abgestimmten Personen im externen Marketing verwenden: Hier müssen die Strategien die interne Unternehmenspolitik und Kostenaspekte (junge Mitarbeiter sind „günstiger") überstehen – schließlich geht es darum, das Unternehmen in Konkurrenz mit anderen Unternehmen so gut wie möglich darzustellen.

Die 1990er-Generation und die Zukunft 11

Das Buch hat sich bisher in erster Linie mit der Generation Y beschäftigt und diese Generation in vielerlei Hinsicht analysiert und diskutiert. Dieses Kapitel wird sich mit der 1990er-Generation beschäftigen, einer Generation, die noch keinen generell akzeptierten Namen hat. Obwohl eine Definition fehlt, gibt es gute Voraussetzungen, den Charakter der 1990er-Generation zu beschreiben. Dazu werden in diesem Kapitel ein paar Trends, die die Zukunft prägen, beschrieben. Dieses abschließende Kapitel befasst sich somit mit zentralen Aspekten der Zukunft des Arbeitsmarkts.

11.1 Höchste Zeit, die 1990er-Generation kennenzulernen

Jedes Unternehmen, das sich darum bemüht, ein attraktiver Arbeitgeber nicht nur für die vorhandenen Mitarbeiter, sondern auch für die nächste und übernächste Generation zu sein, muss frühzeitig neue Generationen kennenlernen. Nach der Sozialisationshypothese, die im ersten Kapitel eingeführt wurde, entstehen die grundlegenden Wertvorstellungen eines Menschen weitgehend in der Sozialisation und reflektieren die während der formativen Phase, d. h. zwischen dem 16. und 24. Lebensjahr, vorherrschenden Bedingungen. Daher gibt es erst heute einen wissenschaftlich fundierten Grund, etwas über Individuen, die in der 1990er Jahren geboren wurden, zu sagen.

Es geht darum, die Veränderungen zu verstehen und ihnen zu folgen, auch wenn es nicht ganz einfach ist, die genaue zukünftige Richtung der Entwicklung zu prognostizieren. Große Veränderungen führen immer zu Schockeffekten und die jeweiligen Vorstellungen werden in ihre Schranken verwiesen. Altbundeskanzler Helmut Schmidt unterschätzte während seiner Amtszeit die Umweltbewegung und die Grünen, in den sehr frühen 1980er Jahren eine sehr einflussreiche Gruppe, und musste später zugeben, dass er die Veränderungen zu früh als eine vorübergehende Zeitgeist-Erscheinung abgetan hat.

In diesem Kapitel über die Zukunft werden einige Daten über die 1990er-Generation im Zusammenhang mit neuen Wohlfühlaspekten, die für die 1990er-Generation wichtig

A. Parment, *Die Generation Y,*
DOI 10.1007/978-3-8349-4622-5_11, © Springer Fachmedien Wiesbaden 2013

sind, präsentiert. Sie sollen nicht als endgültig betrachtet werden, denn wir wissen viel mehr über die 1980er-Generation. Die 1990er-Generation befindet sich im besten Fall am Ende des Erwachsenwerdens und diejenigen, die in der späten 1990er Jahren geboren wurden, sind noch nicht in der formativen Phase.

In den kommenden Jahren werden mehr qualifizierte Daten einfließen, daher sollte jeder Arbeitgeber sich darum bemühen, seine Rekrutierungs- und Employer-Branding-Strategien zu entwickeln, wenn die Erkenntnisse über die 1990er-Generation in den kommenden Jahren besser werden.

Weil es noch nicht festgestellt werden kann, unter welchem Namen die 1990er-Generation auftreten wird, werden sie ganz einfach in diesem Kapitel die 1990er-Generation genannt. Die meisten Daten gelten für Individuen, die zwischen 1990 und 1996 geboren wurden.

11.2   Das Erwachsenwerden der 1990er-Generation

Nach der vorher beschriebenen Sozialisationshypothese fing das Erwachsenwerden für die ersten Individuen der 1990er-Generation etwa 2006 bis 2007 an. Sie können sich an den Fall der Berliner Mauer nicht erinnern, weil sie damals nicht lebten. Eine Selbstverständlichkeit, aber auch eine Erinnerung, wie jung diese Individuen noch sind.

Auf den drei Ebenen, die in Kap. 2 eingeführt wurden, ist die Welt, in der die 1990er-Generation aufgewachsen ist, in mancher Hinsicht anders als zuvor.

Die gesellschaftliche Ebene wird durch ein paar Ereignisse geprägt: die Finanzkrise im Jahr 2008, die noch fünf Jahre später Wirkung hat, diesmal eher über Staaten als einzelne Schuldner. Der amerikanische Präsident, seit dem 1. Januar 2009 Barack Obama, hat im Vergleich dazu, was sich frühere Generationen von einem amerikanischem Präsidenten vorstellten, eine ganz andere Situation zu bewältigen – die USA haben an Einfluss verloren. Die Welt hat sich grundsätzlich verändert und die Macht hat sich in Richtung Osten verschoben.

Frauen in leitenden Positionen sind für die 1990er-Generation eine Selbstverständlichkeit. Angela Merkel ist seit November 2005 Bundeskanzlerin. Damit ist sie eine der ersten Frauen in einer hohen Führungsposition, aber nicht die allererste – Sirimavo Bandaranaike war die erste (Ceylon/Sri Lanka 1960–1965 + 1970–1977 + 1994–2000), dann Indira Ghandi (Indien, 1966–1977, 1980–1984), Golda Meir (Israel, 1969–1974) und Isabel Martinéz de Perón (Argentina, 1974–1976). In Europa waren Margaret Thatcher (Großbritannien, 1979–1990) und Gro Harlem Brundtland (Norwegen, 1980, 1986–1989, 1990–1996) noch früher in führenden Positionen. Während eine Frau in leitender Position früher als eine Ausnahme galt, ist diese Möglichkeit für die 1990er-Generation eine Selbstverständlichkeit – nicht nur in Deutschland.

11.2.1   Nostalgie – ein Thema in der ganzen westlichen Welt

Die in der ganzen westlichen Welt sich ausbreitende Nostalgie ist ein Indiz dafür, dass die Gesellschaft und vor allem die jungen Menschen keine allzu große Hoffnung für die Zukunft haben – die Geschichte wird in positiver Weise interpretiert, weil die Zukunft von großen Unsicherheiten charakterisiert ist. Die Nostalgie wird auf vielerlei Weise ausgedrückt: Retro-Design, Story-Telling, Ostalgie, die Geschichte eines Produktes wird starkt betont etc. Kaum ein neues Auto wird vorgestellt, ohne deutliche Referenzen zu Produkten aus der Geschichte des Unternehmens – Designer legen viel Wert darauf, „der Geschichte des Unternehmens treu zu sein". Gleiches gilt für Architekten, die gerne Referenzen zur Geschichte vorbringen, während das eher selten in Entwicklungsländern zutrifft.

Produktdesign, Marketing und Architektur waren immer Professionen, die von einem Entwicklungsoptimismus charakterisiert wurden. Hat sich das geändert? Ein Designer oder ein Marketingmanager muss heute sowohl auf die Geschichte sowie die erhoffte und erstrebte Zukunft zugreifen.

„Die Nostalgie ist in den meisten Ländern sehr verbreitet, wo wir als Unternehmen tätig sind", meint Ulrik Simonsson, Geschäftsführer von Universum in Südafrika. „So etwas gibt es in Südafrika, China, Indien und vielen anderen Ländern nicht – da blickt man in die Zukunft und denkt, es kann nur besser werden. Nostalgie ist in Entwicklungsländern kein Thema!"

11.3   Die 1990er-Generation und Vorstellungen von guten Arbeitgebern

Noch in der1990er Jahren gab es ein paar Beratungsunternehmen, die gerne und laut ihre Rekrutierungsstrategien kommunizierten: Bei uns wird sehr hart gearbeitet, und jeder Mitarbeiter soll einen Koffer mit Kleidung für eine Woche bereit halten – ein Partner des Unternehmens kann nämlich zu jeder Zeit anrufen und fordern, dass der Mitarbeiter in einer Stunde am Flughafen ist, um nach New York oder Singapore zu fliegen. Außerdem schätzen die Mitarbeiter flache Organisationshierarchien, die eine schnelle Karriere ermöglichen; Trainee-Programme werden angeboten sowie Status und die Möglichkeit, oft und weit weg zu reisen. So wurde es argumentiert.

Wer noch diese Vorstellungen als Ausgangspunkt für die Employer-Branding-Praxis hat, ist auf dem falschen Weg. Daten zum Traumarbeitgeber der1990er-Generation sprechen eine ganz andere Sprache. Eine ausführliche Studie zu diesem Thema aus dem Jahr 2011 zeigt Muster, die ganz anders sind als die traditionellen Vorstellungen von jungen, ambitionierten Individuen bei der Arbeit. Tabelle 11.1 illustriert die Veränderungen (Tab. 11.2).

Tab 11.1 Kriterien bei der Arbeitgeberwahl. (Quelle: Jugendbarometer 2011/2012)

Kriterien für die Arbeitgeberwahl	Unbedingte Forderung	Wichtig, aber nicht entscheidend	Nicht wichtig	Weiß nicht
Interessanter Arbeitsinhalt	80	16	2	3
Soziale Gemeinschaft bei der Arbeit, unterhaltsame Kollegen	62	32	3	2
Meine Arbeit wird geschätzt	58	35	4	3
Abwechslungsreiche Arbeitsaufgaben	55	37	5	3
Work-Life-Balance	54	39	5	3
Meine Arbeit entspricht meiner Ausbildung	53	35	8	3
Ethik und Moral	52	37	6	5
Gute/-r Chef/-in, dem/der ich vertrauen kann und der/die als Vorbild dient	46	45	6	3
Mit spannenden Produkten arbeiten	45	42	9	4
Gleichberechtigung der Geschlechter	44	38	14	4
Herausfordernde Arbeitsaufgaben	42	44	10	3
Inspirierendes Management	41	45	8	6
Die soziale Verantwortung des Arbeitgebers	38	48	10	4
Das Renommee des Arbeitgebers	38	51	8	3
Die Arbeit wird eine gute Referenz für meine künftige Karriere	35	54	7	4
Die Gelegenheit, bei der Arbeit viele neue Menschen kennenzulernen	30	53	14	3
Hohes Gehalt	28	67	3	2
Interne Bildungsmaßnahmen	24	57	7	11
Familienfreundliche Bedingungen	24	42	14	20
Nähe zum Wohnort/Kurzer Anfahrtsweg	23	63	11	2
Meine Arbeit beeinflusst die gesellschaftliche Entwicklung positiv	23	49	22	6
Internationale Karrieremöglichkeiten	23	48	25	4
Große Verantwortung bei der Arbeit	23	58	15	4
Mitarbeitervielfalt	22	49	22	7
Andere Vergünstigungen	21	66	10	3
Innovatives Unternehmen	18	50	16	17
Flexible Arbeitszeiten/die Möglichkeit, von zu Hause aus zu arbeiten	18	60	19	4
Anreizsystem/Bonus	16	61	19	4
Das Unternehmen ist erfolgreich	16	57	23	4
Die Möglichkeit, schnell Karriere zu machen	15	69	12	4

Tab 11.1 *Fortsetzung*

Kriterien für die Arbeitgeberwahl	Unbedingte Forderung	Wichtig, aber nicht entscheidend	Nicht wichtig	Weiß nicht
Ausgeprägte Unternehmenskultur	14	50	23	13
Arbeitgeberstatus	13	52	31	4
Viele Dienstreisen	13	53	31	4
Flache und wenig hierarchische Organisation	9	41	37	13
Trainee-Programm	7	42	24	27

In der Studie wurden 13.109 Individuen zwischen 15 und 24 Jahren befragt. Die Datensammlung fand in Schweden zwischen dem 4. und 28. Oktober 2011 statt

11.4   Was wird in Zukunft passieren?

Was in der nahen und entfernten Zukunft passieren wird, ist ein wichtiges Thema, wofür sich ein Arbeitgeber unbedingt interessieren sollte. Hier werden ein paar Trends diskutiert.

11.4.1   Konsumisierung der Arbeitswelt

Für die Generation Y steht der Wunsch nach Selbstverwirklichung nicht nur bei der Arbeit, sondern als übergeordnetes Lebensziel viel deutlicher im Vordergrund als für frühere Generationen. Wenn Selbstverwirklichung und andere emotionale Faktoren einen guten Arbeitsplatz definieren, hat die konsumorientierte Gesellschaft definitiv Einzug im Arbeitsmarkt gehalten. Während es bei der Arbeit für frühere Generationen in erster Linie um das Überleben und die Versorgung der Familie ging, besteht heute kein Zweifel daran, dass sich die Arbeitswelt durch die Konsumisierung nun in einer ganz anderen Situation befindet. Qualifizierte Arbeitnehmer wählen heute ihre Arbeit auf eine Art und Weise aus, die sehr an die Auswahl von Konsumartikeln erinnert.

Man könnte vermuten, dass die Generation Y eine schwierige Gruppe ist, weil Selbstverwirklichung bei der Arbeit für sie einen hohen Stellenwert einnimmt. Im Gegensatz zu früheren Generationen versteckt die Generation Y auch nicht ihre Werte und Ziele: Sie will Spaß bei der Arbeit haben und sie will die Möglichkeiten, die das Leben bietet, maximal ausnutzen. Dennoch nimmt sie das Berufsleben ernst und arbeitet hart, um ihre Ziele zu verwirklichen und um eine gute Karriere zu machen. Erfolgreiches Personalmanagement hinsichtlich der Generation Y beinhaltet besondere Anforderungen an die Arbeitgeber, die Generation-Y-Mitarbeiter mit gutem Profil beschäftigen wollen.

2013 ist in vielerlei Hinsicht ein schwieriges Jahr. Wir erleben eine tiefgehende Krise nicht nur in Europa, sondern weltweit. Der beste Schutz in schlechten Zeiten ist, für den Arbeitsmarkt attraktiv zu sein. Das wissen qualifizierte Mitarbeiter der 1980er- bzw.

Tab 11.2 Kriterien bei der Arbeitgeberwahl. (Quelle: Jugendbarometer 2013)

Kriterien für die Arbeitgeberwahl	Unbedingte Forderung	Wichtig, aber nicht entscheidend	Nicht wichtig	Weiß nicht
Interessanter Arbeitsinhalt	79	17	2	2
Soziale Gemeinschaft in der Arbeit, unterhaltsame Kollegen	56	39	3	2
Work-Life-Balance	54	39	4	3
Meine Arbeit wird geschätzt	44	49	5	3
Durch meine Arbeit kann ich anderen helfen	34	49	14	4
Hohes Gehalt/Hoher Status	30	61	7	2
Die soziale Verantwortung des Arbeitgebers	29	53	12	6
Meine Arbeit beeinflusst die gesellschaftliche Entwicklung positiv	23	51	20	6
Große Verantwortung bei der Arbeit	20	55	21	4
Das Unternehmen ist erfolgreich	19	59	19	4
Die Möglichkeit, schnell Karriere zu machen	16	60	21	4
Die Gelegenheit an technischen Aufgaben zu arbeiten	16	32	46	6

Die Daten wurden zwischen dem 20. September und 15. Oktober 2012 für das schwedische „Jugendbarometer" (Ungdomsbarometern) gesammelt. 11.589 Antworten verteilten sich auf 54,7 % Frauen und 43,5 % Männer im Alter von 15 bis 24 Jahren

der 1990er-Generation, und sie wissen auch, dass sie die Macht haben, bessere Arbeitsbedingungen zu erwirken. Diese Entwicklung wird sich fortsetzen. Langfristig ist es für Arbeitnehmer und Arbeitgeber gesund, wenn die Machtbilanz zwischen ihnen ausgeglichen ist.

Checkliste

- Hat Ihr Unternehmen Mitarbeiter, die in der 1990er Jahren geboren wurden? Wie unterscheiden sich diese Individuen von früheren Generationen?
- Wir arbeitet Ihr Unternehmen mit Gleichberechtigung von Frauen und Männern? Wie wird diese Anstrengung von Mitarbeitern verschiedener Generationen gesehen?
- Benutzt Ihr Unternehmen Nostalgie in der Werbung?

- Wie sieht es in der Kultur des Unternehmens mit Nostalgie versus Zukunfts-orientierung aus?
- Inwiefern sind die im Kapitel angegebenen Vorstellungen von Arbeitgebern unter Individuen der 1990er-Generation konsistent mit den Personal- und Employer-Branding-Strategien Ihres Unternehmens?
- Was halten Sie von der Beschreibung der Konsumisierung der Arbeitswelt?

Handlungsempfehlungen

- Die 1990er-Generation kennenlernen und eine proaktive Einstellung entwickeln und einsetzen. Was sagen Studien über die kommende Generation? Was berichten Medien? Was kann man von Kindern, Verwandten, Nachbarn etc. lernen?
- Nostalgie für Marketingzwecke nutzen – aber nicht übertrieben! Nicht vergessen, dass es effizient und zielgerecht ist, jene Ereignisse in der Werbung etc. zu nutzen, die die jeweilige Zielgruppe während ihres Erwachsenwerdens geprägt haben.
- Die richtigen Personen für die externe Kommunikation nutzen.

Literatur

Aaker, D. A. 2007. *Strategic market management*. Hoboken: Wiley.

Achterholt, G. 1988. *Corporate Identity. In zehn Arbeitsschritten die eigene Identität finden und umsetzen*. Wiesbaden: Gabler.

Ad Age. 1993. Generation Y, 30. August 1993, S. 16.

Aggarwal, P. 2004. The effects of brand relationships norms on consumer attitudes and behavior. *Journal of Consumer Research*. 31:87–101.

Åhlander, Å. C. 2004. Generation Y – vägrar bli vuxen, *Sydsvenskan, Kropp & Själ*, 23. Jan.

AutoBild. 2005. Sechs Generationen S-Klasse.

AutoBild. 2007. Wird der neue Fabia ein Gassenhauer? Vergleich vier kleine Stadtflitzer. Nr. 32, S. 18–23.

Baacke, D., K. Sander, and K. Vollbrecht. 1991. Medienwelten Jugendlicher. Opladen.

Bandura, A., und R. H. Walters. 1963. Social learning and personality development. New York.

Barrow, S., und R. Mosley. 2005. *The employer brand. Bringing the best of brand management to people at work*. West Sussex: Wiley.

Bass, B. M. 1985. *Leadership and performance beyond expectations*. New York.

Batra, R., V. Ramaswamy, D. L. Alden, J.-B. E. M. Steenkamp, und Ramachander, S. 2000. Effects of brand local and nonlocal origin on consumer attitudes in developing countries. *Journal of Consumer Psychology*, 9 (2): 83–95.

Battaglio, S. 2010. Who are TV's top earners? www.tvguide.com. Accessed 1 Feb 2011.

BBC. 2002. Girl Power goes Mainstream, BBC News, 17. Jan.

Bence, B. 2009. *How you are like shampoo for job seekers: The proven personal branding system to help you succeed in any interview and secure the job of your dreams (How you are like shampoo)*. Global Insight Communications.

Bergqvist, E. 2009. *Du är din generation* [You are your generation]. Stockholm: Norstedts.

Birkigt, K., M. M. Stadler, und H. J. Funck. 1992. *Corporate identity, grundlagen, funktionen, fallbeispiele*. Landsberg: Verlag Moderne Industrie.

Björkman. 2009. Investigation Report on the Capsizing on 28 September 1994 in the Baltic Sea of the Ro-Ro Passenger Vessel MV. Estonia, German Group of Experts. http://www.estoniafeerydisaster.net\t_blank www.estoniafeerydisaster.net.

Bloom, P. N., und S. A. Greyser. 1981. The Maturing of Consumerism. *Harvard Business Review*. 59(Nov.-Dez.):130–139.

Boxall, P., K. Macky, und E. Rasmussen. 2003. Labour turnover and retention in New Zealand: The causes and consequences of leaving and staying with employers. *Asia Pacific Journal of Human Resources*. 41:196–214.

Buddensieg, T., H. Rogge, und B. Whyte. 1985. Industriekultur. Peter Behrens and the AEG, 1907–1914. *Design Issues*. 2(1):90–93.

Bush, V. 1945, July. As we may think. Atlantic Monthly, 47–61.

Christensen, L. T., S. Torp, und A. F. Firat 2006. Integrated market communication and postmodernity: an odd couple? *Corporate Communications: An International Journal.* 10(2):156–167.

Coupland, D. 1991. *Generation X: Tales for an accelerated culture.* New York.

Cutler S. J. 1977. Aging and voluntary association participation. *Journal of Gerontology.* 32:470–479.

DAK. 2010. Psychische Krankheiten steigen bei Jüngeren überdurchschnittlich stark an, Pressemitteilung, 12.07.2010 (http://www.presse.dak.de).

DAK. 2011. Gesundheitsreport 2011. Schwerpunktthema: Wie gesund sind junge Arbeitnehmer? Hamburg.

Day, G. S., und D. A. Aaker. 1997. A guide to consumerism. *Marketing management,* Springs, S. 44–48.

Debevec, K., C. D. Schewe, T. J. Madden, und W. D. Diamond. 2013. Are today's millennials splintering into a new generational cohort? Maybe! *Journal of Consumer Behaviour.* 12(1):20–31.

de Chernatony, L., M. McDonald, und E. Wallace. 2011. *Creating powerful brands,* Fourth edition. Butterworth-Heinemann.

DeMan, A. P. 1994. 1980, 1985, 1990: A Porter exegesis. *Scandinavian Journal of Management.* 10(4):437–450.

Dessler, G. 2001. *A framework for human resource management.* New Jersey: Prentice Hall.

Du Gay, P. 2000. Markets and meanings: Re-imagining organisational life. In *The Expressive Organization,* Hrsg. M. Schultz, M. J. Hatch, M. H. Larsen. Oxford: Oxford University Press.

Dychtwald, K., und D. Baxter. 2007. Capitalizing on the new mature workforce. *Public Personnel Management.* 36(4):325–334.

Dyhre, A., und A. Parment. 2013. *Allt du måste veta om Employer Branding [Alles Wissenswerte über Employer Branding],* Malmö: Liber.

Ehrenberg, A. 2011. *Das Unbehagen in der Gesellschaft.* Suhrkamp.

Eichhorst, W., und E. Thode. 2011. Erwerbstätigkeit im Lebenszyklus. Benchmarking Deutschland: Steigende Beschäftigung bei Jugendlichen und Älteren. Gütersloh.

EMCC (European Monitoring Centre on Change). 2004. Trends and drivers of change in the European automotive industry: Mapping report. *European Foundation for the Improvement of Living and Working Conditions.* Dublin.

Forrester Report. 2006. Is Europe ready for the millennials? innovate to meet the needs of the emerging generation. Cambridge.

Fournier, S. 1998. Consumers and their brands: Developing relationship theory in consumer research. *Journal of Consumer Research.* 24(March):343–375.

Frankfurter Allgemeine Zeitung. 2005. Studie: Wikipedia kaum schlechter als Encyclopaedia Britannica. *Feuilleton,* 15. Dez.

GALLUP. 2009. Präsentation Pressegespräch Marko Nink – Engagement Index Deutschland 2008, Berlin 14.01.2009.

Gensicke, T. 2010. Wertorientierungen, Befinden und Problembewältigung. In *Jugend 2010. Eine pragmatische Generation behauptet sich,* Hrsg. Shell Deutschland Holding, 187–242. Frankfurt a. M..

Gerstenmaier, K. 2012. Alle wollen in die Innenstadt. *Oberhessische Presse,* 8. Okt.

Gerstner, R., und G. Hunke. 2006. *55plus Marketing. Zukunftsmarkt Senioren.* Wiesbaden: Gabler.

Gregor, S., und M. Maegele. 2005. Deutsche Tsunami-Opfer: Verletzungsmuster und Wundmanagement, *Deutsches Ärzteblatt* 102, Ausgabe 18, A-1260/B-1056/C-998.

Greiner, P. 1992. ABB. Die Kunst, weltweit zu Hause zu sein – CI für einen neuen Weltkonzern. In *Corporate Identity, Grundlagen, Funktionen, Fallbeispiele,* Hrsg. K. Birkigt, M. M. Stadler, und H. J. Funck. Landsberg/Lech: Verlag Moderne Industrie.

Guthridge, M., J. McPherson, und W. Wolf. 2008. Upgrading talent. *The McKinsey Quarterly.* December.

Hatch, M. J., und M. H. Larsen, eds. 2000. *The expressive organization*. Oxford: Oxford University Press.

Himma, K. E. 2007. The concept of information overload: A preliminary step in understanding the nature of a harmful information-related condition. *Ethics and Information Technology* 9:259–272.

Holbrook, M. B., und R. M. Schindler. 1989. Some exploratory findings on the development of musical tastes. *Journal of Consumer Research*. 16:119–124.

Holbrook, M. B., und R. M. Schindler. 1994. Age, sex and attitude toward the past as predictors of consumers' aesthetic tastes for cultural products. *Journal of Marketing Research*. 31:412–42.

IBM Institute for Business Value. 2010. *Inheriting a complex world. Future leaders envision sharing the planet*. New York.

Inglehart, R. 1977. *The Silent Revoution*. New Jersey: Princeton.

Johnson Controls. 2010. Generation Y and the workplace annual report 2010. London.

Kadatz, H. J. 1977. *Peter Behrens – Architekt, Maler, Grafiker und Formgestalter 1868-1940*. Leipzig.

Kalina, T., und C. Weinkopf. 2005. Beschäftigungsperspektiven von gering Qualifizierten, IAT-Report, 10/2005, Wuppertal.

Kapferer, J-N. 2008. *The new strategic brand management, 4th revised edition*. London: Kogan Page.

Keller, K. L., B. Sternthal, und A. Tybout. 2002. Three questions you need to ask about your brand. *Harvard Business Review*. 80(9):80–86.

Kienbaum. 2010. Absolventenstudie 2009/2010, Gummersbach.

Klaffke, M., und K. Senius. 2008. Ideenwettbewerb fördert Innovationen bei der Bekämpfung der Jugendarbeitslosigkeit. Ergebnisse der Evaluation des Wettbewerbs Deutscher Förderpreis „Jugend in Arbeit", NDV, Mai 2008, S. 226–230.

Klaffke, M. 2009. Personal-Risiken und -Handlungsfelder in turbulenten Zeiten. In *Strategisches Management von Personalrisiken – Konzepte, Instrumente, Best Practices*, Hrsg. M. Klaffke, 3–23. Wiesbaden.

Klaffke, M. 2011. Coaching von Führungskräften in Change Management Prozessen. *Zeitschrift für Organisationsberatung, Supervision, Coaching*. 18(1/2011):5–16.

Klaffke, M., J. Opitz, und F. Sommerrock. 2006. Ideenwettbewerb zur Bekämpfung der Jugendarbeitslosigkeit, NDV, August 2006, S. 398–400.

Klein, N. 2002. *No Logo. Der Kampf der Global Players um Marktmacht. Ein Spiel mit vielen Verlierern und wenigen Gewinnern*. Riemann.

Kneissler, M. 2011. Wo die coolen Kerle rackern. *Lufthansa Exclusive*, 04/2011, S. 38–42.

Larkan, K. 2007. *The talent war. How to find and retain the best people for your company*. Marshall Cavendish.

Le Grand, J.-C. 2005. Corporate strategic recruitment director, L'Oréal, zitiert in Universum Quarterly, 61.

Leven, I., G. Quenzel, und K. Hurrelmann. 2010. Familie, Schule, Freizeit: Kontinuitäten im Wandel. In *Jugend 2010. Eine pragmatische Generation behauptet sich*, Hrsg. Shell Deutschland Holding, 53–128. Frankfurt a. M..

Lindgren, M., B. Luthi, und T. Fürth. 2005. *The MeWe generation. What business and politics must know about the next generation*. Bookhouse Publishing.

Lyttkens, L. 1988. *Politikens klichéer och människans ansikte*. Stockholm: Akademeja.

Lyttkens, L. 1989. Of human discipline: Social control and long-term shifts in values: Final report on the project: Shifting values in the Swedish Society. Stockholm.

Lyttkens, L. 1991. *Uppbrottet från lagom. En essä om hur Sverige motvilligt tar sig in I framtiden*. Akademeja.

Lyttkens, L. 1994. *Arbetet som lyx. En essä om det post-materiella arbetet med anledning av Ingenjörsvetenskapsakademiens projekt Tekniken och det framtida arbetet*. Ingenjörsvetenskapsakademien.

Maier, H.-D. 1992. Corporate Identity und Marketing-Identität. In *Corporate Identity. Grundlagen, Funktionen, Fallbeispiele*, Hrsg. K. Birkigt, M. M. Stadler, und H. J. Funck. Landsberg/Lech: Verlag Moderne Industrie.

Malorny, C., und T. Hummel. 2002. *Total Quality Management Tipps für die Einführung*. Hanser Fachbuch.

Mannheim, K. 1952(1927). The problem of generations. In *Essays on the Sociology of Knowledge*, Hrsg. P. Kecskemeti, 276–320. Oxford University Press.

Merchant, K., und W. van der Stede. 2007. *Management control systems: Performance measurement, evaluation and incentives*. 2. Aufl. Prentice Hall.

Meredith, G., und C. Schewe. 1994. The power of Cohorts. *American Demographics*. 16(22):22–31.

Meulemann, H. 2006. *Soziologie von Anfang an: Eine Einführung in Themen, Ergebnisse und Literatur*. Greifenstein.

Michaels, E., H. Handfield-Jones, und B. Axelrod. 2001. *The war for talent*. Harvard: Harvard Business Press.

Millward, N., A. Bryson und J. Forth. 2000. *All change at work?* London: Routledge.

Mobray, K. 2009. *The 10ks of personal branding: Create a better you*. Iuniverse.com

Muniz, A. M. Jr., und T. C. O'Guinn. 2001. Brand community. *Journal of Consumer Research*. 27(March):412–432.

Olins, W. 2000. How brands are taking over the corporation. In *The expressive organization*, Hrsg. M. Schultz, M. J. Hatch, und M. H. Larsen. Oxford: Oxford University Press.

Park, H.-J., N. J. Rabolt und K. S. Jeon. 2008. Purchasing global luxury brands among young Korean consumers. *Journal of Fashion Marketing and Management* 12 (2): 244–259.

Parment, A. 2006. *Distributionsstrategier. Kritiska val på konkurrensintensiva marknader [Vertriebs-strategien. Kritische Entscheidungen auf wettbewerbsintensive Verbrauchermärkte]*. Liber.

Parment, A. 2008a. *Generation Y. Framtidens konsumenter och medarbetare gör entré [Generation Y. Der Eintritt von einer neuen Generation von Verbrauchern und Mitarbeitern]*. Malmö: Liber.

Parment, A. 2008b. Erwartungen der Generation Y an den Arbeitgeber. *Oscar Trends*. 1(2):47–55.

Parment, A. 2008c. *Marknadsför till 55 plus [Marketing für 55 plus]*, Liber.

Parment, A. 2009. *Die Generation Y – Mitarbeiter der Zukunft*. Wiesbaden: Gabler.

Parment, A. 2011. *Generation Y in consumer and labour markets*. London: Routledge.

Parment, A. 2013. Generation Y vs. Baby boomers: Shopping behavior, buyer involvement and impli-cations for retailing. *Journal of Retailing and Consumer Services*. 20(2):189–199.

Parment, A., und A. Dyhre. 2009. *Sustainable employer branding. Guidelines, worktools and best practices*. Malmö: Liber/Copenhagen Business School Press.

Petkovic, M. 2008. *Employer Branding. Ein markenpolitischer Ansatz zur Schaffung von Präferenzen bei der Arbeitgeberwahl*, Hochschulschriften zum Personalwesen. Rainer Hampp Verlag.

Pine, B. J., und J. H. Gilmore. 1999 *The experience economy. Work is theatre and every business a stage*. Harvard Business School Press.

Pine, J., und S. Davis. 1999. *Mass customization: The new frontier in business competition*. Massachu-setts.

Pink, D. 2002. *Free agent nation: The future of working for yourself*. Warner Books.

Porter, M. E. 1980. *Competitive strategy: Techniques for analyzing industries and competitors*. New York: Free Press.

Porter, M. E. 1985. *Competitive advantage: Creating and sustaining superior performance*. New York: Free Press.

Porter, M. E. 1990. *Competitive advantage of nations*. New York: Free Press.

Rada, U. 2012. Urbanität kann man nachrüsten, *taz die Tageszeitung*, Sept. 16th.

Ramos, M., und P. S. Piper. 2006. Letting the grass grow: grassroots information on blogs and wikis. *Reference Services Review* 34 (4): 570–574.

Reed, A. 2001. *Innovation in human resource management: Tooling up for the talent wars*. Wimbledon: Chartered Institute of Personnel and Development.

Reichwald R. et al. 2008. Service-Individualisierung, CLIC Executive Briefing Note No. 003, Leipzig 2008.

Rentz, J.O, F. D. Reynolds, und R. G. Stout. 1983. Analyzing Changing Consumption Patterns with Cohort Analysis. *Journal of Marketing Research*. 20:12–20.

Rogler, L. H. 2002. Historical generations and psychology: The case of the Great Depression and World War II. *The American Psychologist*. 57(12):1013–1023.

Rose, M. 1994. Job satisfactions and skills. In Skill and occupational change, Hrsg. R. Penn, M. Rose, and J. och Rubery, 244–280. Oxford: Oxford University Press.

Rothberg, D. 2006. Generation Y for Dummies. *IT Management*, eWeek.com, 24. Aug.

Rump, J., und S. Eilers. 2006. Managing Employability. In *Employability Management: Grundlagen, Konzepte, Perspektiven*, Hrsg. J. Rump, T Sattelberger, und H. Fischer, 13–73. Wiesbaden.

Ryder, N. B. 1985(1959). The cohort as a concept in the study of social change. In *Cohort Analysis in Social Research*, Hrsg. W. M. Mason und S. E. Fienberg, 9–44. Springer Verlag.

Sacks, D. 2006. *Scenes from the Culture Clash*.

Salzer, M. 1994. *Identity Across Borders*, Doctoral Dissertation. Linköping University.

Salzer-Mörling, M., und L. Strannegård. 2004. Silence of the Brands. *European Journal of Marketing*. 38(1/2):224–238.

Scherer, B. 1992. IKEA. Eine Idee fällt auf fruchtbaren Boden – Deutsche Wohnkultur aufgemöbelt mit Licht, Luft und Leichtigkeit. In *Corporate Identity, Grundlagen, Funktionen, Fallbeispiele*, Hrsg. K. Birkigt, M. M. Stadler, und H. J. Funck. Landsberg/Lech: Verlag Moderne Industrie.

Schewe, C., und G. Meredith. 2004. Segmenting global markets by generational cohorts: Determining motivations by Age. *Journal of Consumer Behaviour*. 4:51–63.

Schewe, C. D., K. Debevec, T. J. Madden, A. Parment, und W. D. Diamond. 2013. If you've seen one, you've seen them all! Are young millennials the same worldwide? *Journal of International Consumer Marketing*. 25(1):3–15.

Schneekloth, U., und M. Albert. 2010. Entwicklungen bei den "großen Themen": Generationsgerechtigkeit, Globalisierung, Klimawandel. In *Jugend 2010. Eine pragmatische Generation behauptet sich*, Hrsg. Shell Deutschland Holding, 165–185. Frankfurt a. M.

Scholz, C. 2000. *Personalmanagement, Informationsorientierte und verhaltenstheoretische Grundlagen, fünfte Edition*, Verlag Wahlen, Vahlens Handbücher der Wirtschafts- und Sozialwissenschaften.

Schuman, H., und J. Scott. 1989. Generations and Collective Memories. *American Sociological Review*. 54(3):359–381.

Sheahan, P. 2009. *Generation Y: thriving and surviving with generation Y at Work*. Prahran: Victoria.

Shell Deutschland Holding, Hrsg. 2010. *Jugend 2010. Eine pragmatische Generation behauptet sich*, Frankfurt a. MSisson, K., 2001. Human resource management and the personnel function. In *Human Resource Management: A Critical Text*, Hrsg. J. Storey, 2. Aufl. 78–95. Thomson Learning.

Skinner, B. F. 1938. *The behaviour of organisms. An experimental analysis*. New York.

Stanik, C. 2009. *Erfolgreich studieren, Definition des Personalmanagements – PGM*. www.allesgelingt.de (3. März).

Statistisches Bundesamt. 2010. Bruttoinlandsprodukt 2009 für Deutschland (Begleitmaterial zur Pressekonferenz am 13. Januar 2010 in Wiesbaden).

Stolz, M. 2005. Generation Praktikum, in: *Die Zeit*, 31. März 2005

Stotz, W., und A. Wedel. 2009. *Employer Branding. Mit Strategie zum bevorzugten Arbeitgeber*. München.

Strauss, G. 2001. HRM in the USA: Correcting some British impressions. *The International Journal of Human Resource Management*. 12(6):873–897.

Sutherland, J., und D. Canwell. 2004. *Key concepts in human resource management.* Basingstoke Hampshire: Palgrave Macmillan.

Szita, J. 2007. Work: The next generation. Jobs as we know them are disappearing. That's not necessarily a bad thing. *Holland Herald,* 26–29.

Tulgan, B., und C. A. Martin. (2001). *Managing generation Y. global citizens born in the late seventies and early eighties.* Massachusetts: HRD Press.

United Minds. 2010. *80-talisterna: så funkar de* [Die 1980er Generation: wie sie sind]. Stockholm.

Urde, M. 1997. *Märkesorientering.* Lund University Press.

Ware, B. L. 2008. Retaining top talent. *Leadership Excellence.* 25(1).

Watzlawick, P. 1990. Reality adaptation o radapted 'reality'? Constructivism and psychotherapy. In *Münchhausen's Pigtail: Or Psychotherapy and 'reality' - Essays and Lectures,* Hrsg. P. Watzlawick. New York; W. W. Norton & Co.

Windisch, E., und N. Medman. 2008. Understanding the digital natives. *Ericsson Business Review.* 1/2008:36–39.

Woodruffe, C. 1999. *Winning the talent war: A strategic approach to attracting, developing and retaining the best people.* Oxford: John Wiley & Sons.

Zhou, L., und M. K. Hui. 2003. Symbolic value of foreign products in the People's Republic of China. *Journal of International Marketing* 11 (2): 36–58.

Zupko, J. 2007. Career decisions depend on personal connection. *Universum Quarterly* 1:17.

Sachverzeichnis

A. Parment, *Die Generation Y*,
DOI 10.1007/978-3-8349-4622-5, © Springer Fachmedien Wiesbaden 2013

Lizenz zum Wissen.

Sichern Sie sich umfassendes Wirtschaftswissen mit Sofortzugriff auf tausende Fachbücher und Fachzeitschriften aus den Bereichen: Management, Finance & Controlling, Business IT, Marketing, Public Relations, Vertrieb und Banking.

Exklusiv für Leser von Springer-Fachbüchern: Testen Sie Springer für Professionals 30 Tage unverbindlich. Nutzen Sie dazu im Bestellverlauf Ihren persönlichen Aktionscode C0005407 auf *www.springerprofessional.de/buchkunden/*

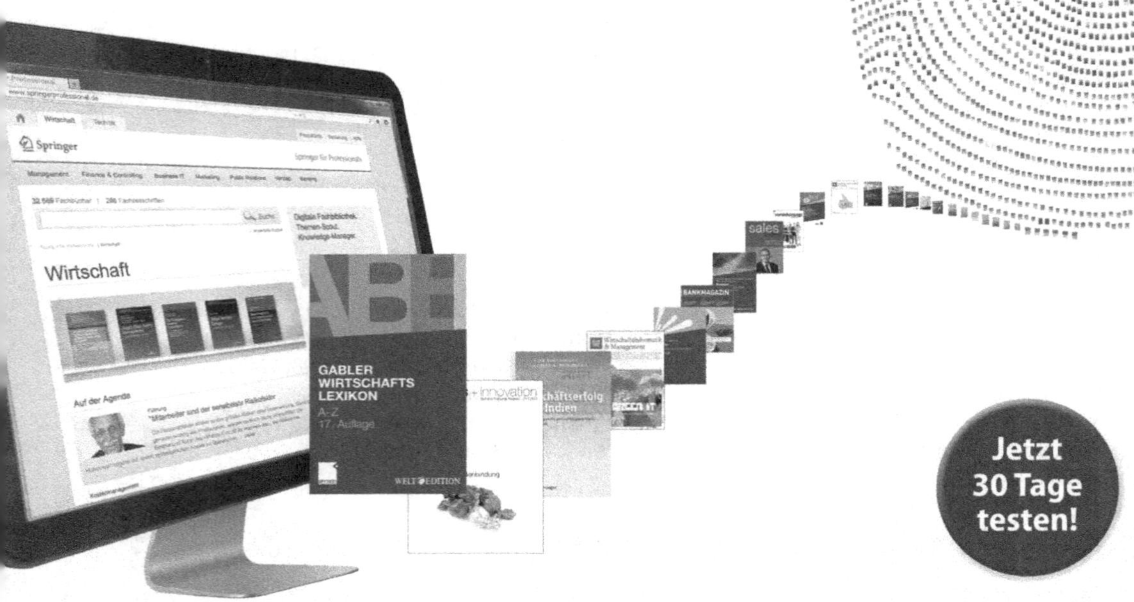

Jetzt 30 Tage testen!

Springer für Professionals.
Digitale Fachbibliothek. Themen-Scout. Knowledge-Manager.

- Zugriff auf tausende von Fachbüchern und Fachzeitschriften
- Selektion, Komprimierung und Verknüpfung relevanter Themen durch Fachredaktionen
- Tools zur persönlichen Wissensorganisation und Vernetzung

www.entschieden-intelligenter.de

Springer für Professionals